普通高等学校计算机教育“十三五”规划教材

微机原理与接口技术（第3版）

Principle & Interface Technique of Micro-Computer (3rd Edition)

周明德 张晓霞 兰方鹏 著

名家系列

人民邮电出版社
北京

图书在版编目（C I P）数据

微机原理与接口技术 / 周明德，张晓霞，兰方鹏著
. -- 3版. -- 北京 : 人民邮电出版社，2018.1（2024.6重印）
普通高等学校计算机教育“十三五”规划教材
ISBN 978-7-115-46291-6

Ⅰ. ①微… Ⅱ. ①周… ②张… ③兰… Ⅲ. ①微型计算机－理论－高等学校－教材②微型计算机－接口技术－高等学校－教材 Ⅳ. ①TP36

中国版本图书馆CIP数据核字(2017)第262439号

内 容 提 要

本书以最基本、最常用的 8086 处理器为基础，介绍微机系统原理、Intel 系列微处理器结构、8086 指令系统、汇编语言程序设计、主存储器及常用的各种接口技术，并进一步介绍了微处理器的最新发展（并行处理技术、多核技术），力求构建出微型计算机的完整轮廓和清晰结构。

本书从基础性、实用性和时代性出发，根据当前计算机教学改革的要求与授课需要，在第 2 版的基础上做了必要的精简与补充。

本书适合各类高等院校作为教材使用。

◆ 著　　　　周明德　张晓霞　兰方鹏
责任编辑　邹文波
责任印制　沈　蓉　彭志环

◆ 人民邮电出版社出版发行　　北京市丰台区成寿寺路 11 号
邮编　100164　　电子邮件　315@ptpress.com.cn
网址　http://www.ptpress.com.cn
北京天宇星印刷厂印刷

◆ 开本：787×1092　1/16
印张：16.5　　　　　　2018 年 1 月第 3 版
字数：423 千字　　　　2024 年 6 月北京第 15 次印刷

定价：49.80 元

读者服务热线：(010)81055256　印装质量热线：(010)81055316
反盗版热线：(010)81055315

第3版前言 PREFACE

当前，随着微处理器技术的快速发展，超线程、双核/多核、64 位微处理器的广泛应用，微型计算机的结构也越来越复杂。因此，在对微型计算机的学习过程中除了要强调基础知识和基本原理外，也要融入当今的新技术。

本书第 1 章从 PC 的基本构成入手，引入计算机和微机的基本结构，通过一个模型机介绍微机的工作原理，同时针对高性能 PC 也做了简要的介绍，以满足读者对各种微型机基础知识的学习需要。第 2 章、第 3 章从 IA-32 结构的系统出发，讨论 IA-32 结构的微处理器和指令系统，虽然各微处理器型号不同，但它们之间有很多相同之处。第 4 章以 8086（8088）为基础，介绍 8086（8088）的汇编语言程序设计。第 5 章介绍 8086 的引脚和时序以及系统总线。第 6 章介绍主存储器（包括 SDRAM、RDRAM 和闪存）及其与 CPU 的接口。第 7 章介绍输入和输出的基本知识（包括 DMA 控制器 8237 和 8259 中断控制器）。第 8 章着重介绍各种常用的微机接口，包括可编程定时/计数器 8253、可编程并行接芯片 8255、串行接口芯片 8251、D/A 和 A/D 转换器接口。第 9 章结合微处理器的发展，介绍能提高微处理器性能的技术。

本书在修订过程中，除了对第 2 版第 1~6 章进行了修订外，还特别对第 2 版中接口相关内容进行了删改，更加强调常用的接口技术。同时为了增进读者对微型计算机发展过程的了解，增加了第 9 章微处理器性能提高技术。

本书由周明德主编，参与编写的还有张晓霞、兰方鹏。其中，第 1~3 章、第 5~7 章由周明德编写，第 4 章和第 8 章由张晓霞编写，第 9 章由兰方鹏编写。

周明德

2018 年 1 月

目录 CONTENTS

01 第1章　概述

自从 1981 年 IBM 公司进入微型计算机领域并推出 IBM-PC 以后，计算机的发展就进入了一个新的时代——微型计算机时代。微型计算机（以下简称微机）的迅速普及，使计算机真正广泛应用于工业、农业、科学技术领域以及社会生活的各个方面。以前的大型机（Main Frame）、中型机、小型机的界线日益模糊甚至已经消失。随着微机应用的普及和技术的发展，微机的功能日渐丰富、性能迅速提高，其功能已远远超过了 20 世纪 80 年代以前的中、小型机，甚至是大型机。

到了 20 世纪 90 年代，随着局域网、广域网、城际网以及 Internet 的迅速普及与发展，微机从功能上可分为网络工作站（客户端、Client）和网络服务器（Server）两大类型。网络工作站（客户端）又称为个人计算机（Personal Computer，PC）。

1.1 IA-32 结构的发展概要

1971 年，Intel 公司发布了 Intel 4004，这是一个 4 位微处理器，被认为是世界上第一个微处理器。从此，微处理器得到了极其迅速的发展。直至今天，微处理器性能的提升基本上符合摩尔定律（每 18 个月微处理器芯片上的晶体管数翻一番）。

20 世纪 70 年代中期，微处理器的主流是 Intel 的 8080、8085，Motorola 的 6800 和 zilog 的 Z80 等 8 位微处理器。其中，Z80 稍占优势。随后，各个公司都向 16 位微处理器发展。

1981 年，计算机界的巨头——IBM 公司（当时，IBM 公司的销售额占整个计算机行业销售额的 50%以上）进入了个人计算机领域，推出了 IBM-PC。在 IBM-PC 中采用的微处理器是 Intel 的 8088 微处理器。

IBM-PC 的推出极大地推动了个人计算机的发展，在 20 世纪 80 年代中期，个人计算机的年产量已经超过了 200 万台，而到 20 世纪 80 年代后期，已经超过了 1 000 万台。

个人计算机的迅猛发展，造就了两个新的“巨人”——Microsoft 公司和 Intel 公司。今天，Intel 公司在微处理器市场占据着绝对的垄断地位。

30 年来，Intel 公司的微处理器有了极大的发展，从 8086（8088）到 80286、80386、80486、奔腾（也称为 80586）、奔腾 MMX、奔腾 PRO（也称为 80686）、奔腾 II、奔腾 III，直至最新的奔腾 4、奔腾 D 等，形成了 IA（Intel Architecture）32 结构。

计算机的强大功能和个人计算机拥有量的指数增长使得计算机成为 20 世纪后期社会发展的最重要的力量之一。在将来的技术、业务和其他新领域中，计算机仍将继续扮演决定性的角色，因为新技术、新应用（例如，国际互连网、数字媒体和遗传学研究）等极度依赖于计算功能的增强。

领先的体系结构、强大的功能及优越的性能，使 IA-32 Intel 结构已经处在计算机大变革的最前沿。下面简要地介绍 IA-32 结构处理器的发展历史，从它初始的 Intel 8086 处理器到奔腾（Pentium）D 处理器的版本。

1.1.1 通用微处理器

根据微处理器的应用领域，微处理器大致可以分为两大类：通用微处理器和专用微处理器。一般而言，通用处理器追求高性能，它们用于运行通用软件，配备完备、复杂的操作系统。目前，在桌面计算领域，Intel 公司的处理器和 AMD 公司的处理器在 PC 市场上各占半壁江山，而 Intel 公司的处理器起步最早，下面就以 Intel 公司的处理器为例介绍其相关产品及其技术沿革。

（1）8086 处理器

IA-32 结构的起源能追溯到 Intel 8086。在 IA-32 结构系统引进 32 位处理器之前，采用的都是 16 位的处理器，包括 8086 处理器和随后很快发布的 80186 与 80286。从历史的观点来看，IA-32 结构同时包括了 16 位处理器和 32 位处理器。现在，对于许多操作系统和应用程序来说，32 位 IA-32 结构是最流行的微处理器结构。

IA-32 结构的最重要的成就之一，是 1978 年 Intel 公司在那些早期处理器上建立的目标程序仍能在 IA-32 结构系列最新的处理器上执行。

8086 有 16 位寄存器和 16 位外部数据总线，具有 20 位地址总线，可寻址 1MB 地址空间。

8086 处理器引进了段结构。16 位的段寄存器包含最大为 64KB 的内存段的指针。8086 处理器一次用四个段寄存器，能寻址到 256KB 而无需在段之间切换。用段寄存器指针和附加的 16 位指针能形成 20 位地址，提供总共可达 1MB 的地址范围。

Intel 286（80286）处理器在 IA-32 结构中引进了保护方式操作。这种新的操作方式用段寄存器的内容作为选择子表或描述符表的指针。描述符提供 24 位基地址，允许最大的物理存储器的容量为 16MB，支持在段对换基础上的虚拟存储器管理和各种保护机制。这些保护机制包括段界限检查、只读和只执行段选择检查，及具有多至 4 个特权级以从应用程序和用户程序保护操作系统代码。此外，硬件任务切换和局部描述符表允许操作系统在应用程序和用户程序之间实现保护。

（2）386 处理器

386 处理器是 IA-32 结构系列中的第一个 32 位处理器。它在结构中引入了 32 位寄存器，用于容纳操作数和地址。每个 32 位寄存器的后一半保留两个早期处理器版本（8086 和 80286）的 16 位寄存器的特性，以提供完全的后向兼容。Intel 386 还提供了一种新的虚拟 8086 方式，以在新的 32 位处理器上最有效地执行为 8086 处理器建立的程序。

Intel 386 处理器有 32 位地址总线，能支持多至 4GB 的物理存储器。32 位结构为每个软件进程提供逻辑地址空间。32 位结构同时支持分段的存储模式和“平面（flat）”存储模式。在“平面”存储模式中，段寄存器指向相同地址，且每个段中的所有 4GB 可寻址空间对于软件程序员都是可访问的。

原始的 16 位指令用新的 32 位操作数和新的寻址方式得到增强，并提供完全新的指令，包括那些位操作指令。

Intel 386 处理器把分页引进了 IA-32 结构，用 4KB 固定尺寸的页提供一种虚拟存储管理方法，它比分段更为优越。分页对于操作系统更为有效，且对应用程序完全透明，对执行速度没有明显影响。4GB 虚拟地址空间的支持能力、存储保护与分页支持一起，使 IA-32 结构成为高级操作系统和众多应用程序的首选。

IA-32 结构已经考虑到维护在目标码级向后兼容的任务，以保护 Intel 公司的客户在软件上的大量投资。同时，在每一代 IA-32 结构的微处理器上，Intel 公司将最有效的微结构和硅片制造技术应用于生产高性能的处理器。在 IA-32 处理器的每一代中，Intel 公司构思并采用不断发展的新技术应用到它的微结构中，以制造运行速度更快的微处理器。Intel 386 处理器是首个包括若干并行操作部件的 IA-32 结构处理器，各种形式的并行处理技术使微处理器的性能得到极大的增强。

（3）486 处理器

486 处理器把 386 处理器的指令译码和执行单元扩展为 5 个流水线段，增加了更多的并行执行能力，其中每个段（当需要时）与其他的并行操作最多可在不同段上同时执行 5 条指令。每个段已能在一个时钟周期内执行一条指令的方式工作，所以，Intel 486 处理器能在每个时钟周期执行一条指令。

80486 的一个重大改进是在 IA-32 处理器的芯片中引入了缓存。在芯片上增加了一个大小为 8KB 的一级缓存（Cache），使得大量指令，包括操作数在一级 Cache 中的存储器访问指令，能在一个时钟周期内被执行。

Intel 486 处理器也是世界上首次把 x87 FPU（浮点处理单元）集成到处理器上，并增加了新的引脚、位和指令，以支持更复杂和更强有力的系统（二级 Cache 支持和多处理器支持）。

至 Intel 486 处理器这一代，Intel 公司把设计用于支持电源保存和其他的系统功能加入到 IA-32 主流结构和 Intel 486 SL 增强的处理器中。这些功能是在 Intel 386 SL 和 Intel 486 SL 处理器中开发的，是特别为快速增长的笔记本电脑市场提供的。

（4）奔腾（Pentium）处理器

Intel 奔腾（Pentium）处理器增加了第二个执行流水线以达到超标量性能（两个已知的流水线 u 和 v，一起工作就能实现每个时钟执行两条指令）。

芯片上的一级 Cache 也加倍了，8KB 用于代码，另外的 8KB 用于数据。数据 Cache 使用 MESI 协议，以支持更有效的回写方式以及由 Intel 486 处理器使用的写通方式。加入的分支预测和芯片上的分支表增加了循环结构的性能。加入了扩展使虚拟 8086 方式更有效，并像允许 4KB 页一样允许 4MB 页。主要的寄存器仍是 32 位，但内部数据通路是 128 位和 256 位以加速内部数据的传送，且外部数据总线已经增加至 64 位。增加了高级的可编程中断控制器（Advanced Programmable Interrupt Controller，APIC）以支持多个奔腾处理器系统，新的引脚和特殊的方式（双处理）设计以支持无连接的两个处理器系统。

奔腾系列的最后一个处理器（具有多媒体扩展指令集技术（Multi-media Extension Technology，MMX）的奔腾处理器）把 Intel MMX 技术引入 IA-32 结构。Intel MMX 技术用单指令多数据（Single Instruction Multiple Data，SIMD）的方式执行并行计算。此技术极大地增强了处理器在高级媒体、影像处理和数据压缩应用程序方面的性能。

（5）P6 系列处理器

1995 年，Intel 公司引入了 P6 系列处理器。此系列处理器基于新的超标量微结构，它建立了新的性能标准。P6 系列微结构设计的主要目的之一，是在使用相同的 0.6μm、四层金属 BICMOS 制程的情况下，使处理器的性能相较于奔腾处理器有明显的提升。而在用与奔腾处理器同样制程的基础上提高性能，只能对处理器的微结构进行改进。

Intel Pentium Pro 处理器是基于 P6 微结构的第一个处理器。P6 处理器系统随后的成员是 Intel Pentium II、Intel Pentium II Xeon（至强）、Intel Celeron（赛扬）、Intel Pentium III 和 Intel Pentium III Xeon（至强）处理器。

（6）Pentium II 处理器

Pentium II 处理器把 MMX 技术应用到 P6 系列处理器上，采用了新的包装结构，并增强了若干硬件的性能。处理器核心包装在电解亚铅镀锌钢板（SECC）上，这样的包装方式使其具有了更灵活的母板结构。第一级数据和指令 Caches 扩展至 16KB，支持二级 Cache 的大小为 256KB、512KB 和 1MB。

Pentium II Xeon（至强）处理器组合 Intel 处理器前一代的若干额外特性，例如 4way、8way（最高）可伸缩性和运行在“全时钟速度”后沿总线上的 2MB 二级 Cache，以满足中等和高性能服务器与工作站的要求。

（7）Pentium III 处理器

Pentium III 处理器引进流 SIMD 扩展（Streaming SIMD Extension，SSE）至 IA-32 结构。SSE 扩展把由 Intel MMX 引进的 SIMD 执行模式扩展为新的 128 位寄存器。

Pentium III Xeon 处理器用 Intel 公司的 0.18μm 处理技术的全速高级传送缓存（Advanced Transfer Cache）扩展了 IA-32 处理器的性能级。

（8）Pentium 4 处理器

Pentium 4 处理器是 Intel 公司于 2000 年推出的 IA-32 处理器，它是第一个基于 Intel NetBurst 微结构的处理器。Intel NetBurst 微结构是全新的 32 位微结构，它允许处理器在比以前的 IA-32 处理器更高的时钟速度和性能等级上进行操作。

（9）Intel 超线程处理器

Intel 公司于 2002 年推出了具有超线程（Hyper-Threading，HT）技术的 IA-32 处理器。超线程技术允许单个物理处理器用共享的执行资源并发地执行两个或多个分别的代码流（线程），以提高 IA-32 处理器运行多线程操作系统与执行多线程应用程序代码时的性能。

从体系结构上说，支持 HT 技术的 IA-32 处理器，在一个物理处理器核心中有两个或多个逻辑处理器，每个逻辑处理器有它自己的 IA-32 体系结构状态。每个逻辑处理器由全部的 IA-32 数据寄存器、段寄存器、控制寄存器与大部分的 MSR（Model Specific Register）构成。

图 1-1 所示为支持 HT 技术（用两个逻辑处理器实现的）的 IA-32 处理器与传统的双处理器系统的比较。

与用两个或多个单独的 IA-32 物理处理器的传统的 MP 系统配置不同，在支持 HT 技术的 IA-32 处理器中的逻辑处理器共享物理处理器的核心资源。其中，包括执行引擎和系统总线接口。在加电和初始化以后，每个逻辑处理器能独立地直接执行规定的线程、中断或暂停。

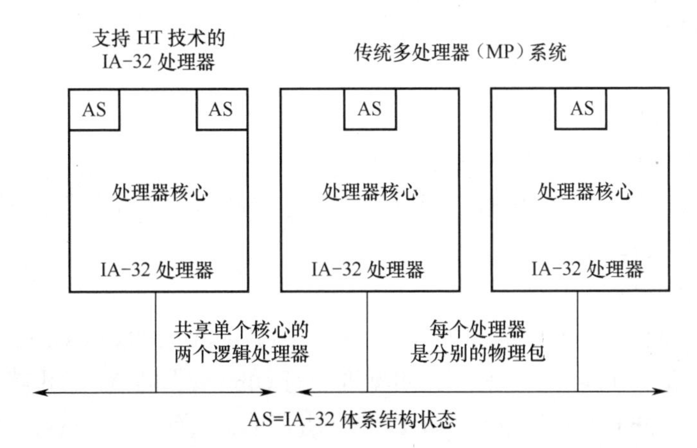

图 1-1　支持 HT 技术的 IA-32 处理器与传统的双处理器系统的比较

（10）Intel 双核技术处理器

2005 年 Intel 公司推出了使用双核技术的奔腾处理器极品版 840 IA-32 处理器。这是首个在 IA-32 结构中引入双核技术的处理器。该处理器用双核技术与超线程技术一起提供硬件多线程支持。双核技术是在 IA-32 结构中硬件多线程能力的另一种形式。双核技术由在单个物理包中的两个分别的执行核心提供硬件多线程能力。因此，Intel Pentium 处理器极品版在一个物理包中提供 4 个逻辑处理器（每个处理器核有两个逻辑处理器）。

Intel Pentium D 处理器也以双核技术为特色。该处理器用双核技术提供硬件多线程支持，但它不提供超线程技术。因此，Intel Pentium D 处理器在一个物理包中提供两个逻辑处理器，每个逻辑处理器拥有处理器核的执行资源，如图 1-2 所示。

Intel 奔腾处理器极品版中引入了 Intel 扩展的存储器技术（Intel EM64T），对于软件增加线性地址空间至 64 位并且支持物理地址空间至 40 位。此技术还应用了称为 IA-32e 模式的新操作模式。

IA-32e 模式在两种子模式之一上操作：①兼容模式允许 64 位操作系统不修改地运行大多数 32 位软件，②64 位模式允许 64 位操作系统运行应用程序访问 64 位地址空间。

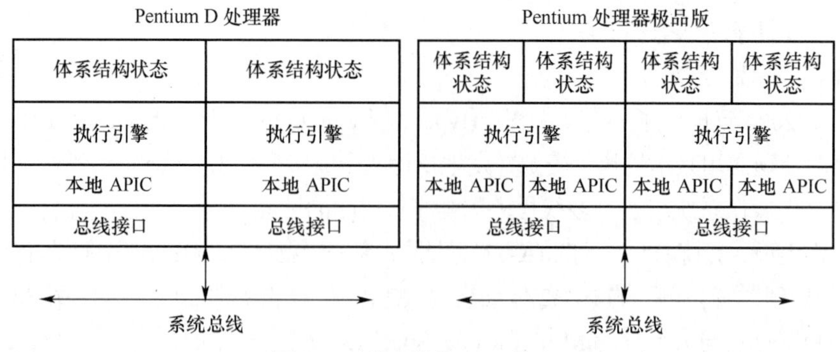

图 1-2　支持双核的 IA-32 处理器

在 Intel EM64T 的 64 位模式中，应用程序可以访问以下内容：

- 64 位平面线性寻址；
- 8 个附加的通用寄存器（GPR）；
- 流 SIMD 扩展（SSE、SSE2 与 SSE3）的 8 个附加的寄存器；
- 64 位宽的 GPR 与指令指针；
- 统一的字节寄存器寻址；
- 快速中断优先权机制；
- 一种新的指令指针相对寻址方式。

Intel EM64T 的处理器支持 IA-32 软件，因为它能运行在非 64 位传统模式。大多数已存在的 IA-32 应用程序也能在兼容模式运行。

（11）Intel 64 位处理器

64bit 处理器技术是相对于 32bit 而言的，这个 bit 指的是 CPU GPRs（General-Purpose Registers，通用寄存器）的数据宽度为 64 位，64bit 指令集就是运行 64bit 数据的指令，也就是说处理器一次可以运行 64bit 数据。和 32bit 处理器相比，64bit 处理器是具有很大优势的，它可以进行更大范围的整数运算，以及支持更大的内存。但是对 64bit 处理器还存在以下两方面的误区。

① 处理速率上的误区。

不能因为数字上的变化，而简单的认为 64bit 处理器的性能是 32bit 处理器性能的两倍。实际上在 32bit 应用下，32bit 处理器的性能甚至会更强，即使是 64bit 处理器，也只是在 64bit 应用下性能更强。

② 运行环境的误区。

要实现真正意义上的 64bit 计算，仅有 64bit 的处理器是不行的，还必须得有 64bit 的操作系统以及 64bit 的应用软件才行，三者缺一不可，缺少其中任何一种要素都是无法实现 64bit 计算的。这就是为什么在有些环境下有的 32bit 处理器的性能甚至比 64bit 处理器的性能还强。

目前，64bit 的主流技术主要有 AMD 公司的 AMD64 位技术、Intel 公司的 EM64T 技术、和 Intel 公司的 IA-64 技术。其中 IA-64 是 Intel 独立开发，不兼容传统的 32 位计算机，仅用于 Itanium（安腾）以及后续产品 Itanium 2，一般用户不会用到。

EM64T 全称 Extended Memory 64 Technology，即扩展 64bit 内存技术。EM64T 是 Intel IA-32 架构的扩展，即 IA-32e（Intel Architectur-32 extension）。IA-32 处理器通过附加 EM64T 技术，便可在兼容 IA-32 软件的情况下，允许软件利用更多的内存地址空间，并且允许软件进行 32 bit 线性地址写入。

EM64T 特别强调的是对 32 bit 和 64 bit 的兼容性。Intel 为新核心增加了 8 个 64 bit GPRs（R8-R15），并且把原有 GRPs 全部扩展为 64 bit。增加 8 个 128bit SSE 寄存器（XMM8-XMM15），是为了增强多媒体性能，包括对 SSE、SSE2 和 SSE3 的支持。

Intel 支持 64 位技术的 CPU 有使用 Nocona 核心的 Xeon 系列、使用 Prescott 2M 核心的 Pentium 4 6 系列和使用 Prescott 2M 核心的 P4 EE 系列。

1.1.2　专用微处理器

专用微处理器强调处理特定应用问题的高性能，主要用于运行面向特定领域的专用程序，配备轻量级操作系统，主要用于蜂窝电话、CD 播放机等消费类家电。嵌入式处理器是专用微处理器的一种，它是由通用计算机的 CPU 演变而来。在嵌入式应用中，嵌入式处理器只保留与嵌入式应用紧密相关的功能部件，去掉多余的功能部件，保证它能以最低的资源和功耗实现嵌入式应用需求。

嵌入式微处理器与通用处理器的最大区别在于，嵌入式微处理器一般工作在特定的系统中，通常把通用处理器中许多由板卡完成的任务集成在芯片内部，从而有利于实现嵌入式系统设计的小型化、高效率、高可靠性等特点。有时为了满足嵌入式应用的特殊要求，嵌入式微处理器还会增强对工作温度、抗电磁干扰、可靠性等方面的性能。因此，嵌入式微处理器一般具有体积小、成本低、可靠性高、抗干扰性好等特点。

嵌入式微处理器主要分为 8 位、16 位、32 位，目前，嵌入式微处理器一般是指 32 位的处理器，典型的 32 位处理器内核有：典型的嵌入式微处理器有：X86、Am186/88、386EX、SC-400、PowerPC、68000、MIPS、ARM 等系列，其中以 ARM 芯片最为著名。

（1）ARM 微处理器

ARM 系列处理器是专门针对嵌入式设备设计的，是目前构造嵌入式系统硬件平台的首选。

1991 年 ARM（Advaced RISCI Machines）公司成立于英国剑桥，其主要业务是设计 16 位和 32 位的嵌入式微处理器。但它本身并不生产和销售芯片，而是采用技术授权的方式，由合作公司生产各具特色的芯片。世界各大半导体生产商从 ARM 公司购买其设计的 ARM 微处理器核，根据各自不同的应用领域，加入适当的外围电路，从而形成自己的 ARM 微处理器芯片进入市场。因此 ARM 技术获得了许多第三方工具、制造和软件的支持，从而降低了整个系统的成本，使产品更容易进入市场被消费者接受。

目前，采用 ARM 技术知识产权核的微处理器，即通常所说的 ARM 微处理器，已遍及工业控制、消费类电子产品、通信网络、无线电系统等各类产品市场，基于 ARM 技术微处理器的应用占据了 32 位 RISC 微处理器 75%以上的市场份额。

到目前为止，ARM 处理器及其技术的应用已经深入到以下诸多领域。

① 工业控制领域：作为 32 位的 RISC 架构，基于 ARM 核的微处理器芯片不但占据了高端微控制器市场的大部分市场份额，同时也逐渐向低端微控制应用领域扩展，ARM 微控制器的低功耗、高性价比，向传统的制造 8/16 位微控制器的企业发出挑战。

② 无线通信领域：目前已经超过 85%的无线通信设备采用了 ARM 技术，ARM 以其高性能和低成本，在该领域的地位日益巩固。

③ 网络应用：随着宽带技术的推广，采用 ARM 技术的 ADSL 芯片正逐步获得竞争优势。此外，ARM 在语音及视频处理上进行优化，并获得广发支持，也对 DSP 的应用领域提出了挑战。

④ 消费类电子产品：ARM 技术在目前流行的数字音频播放器、数字机顶盒核游戏机中得到广泛采用。

⑤ 成像和安全产品：现在流行的绝大部分数码相机和打印机采用 ARM 技术。手机中的 32 位 SIM 智能卡也应用了 ARM 技术。

ARM 处理器产品主要有：ARM7 系列、ARM9 系列、ARM11 系列以及目前最新的 Cortex 系列的微处理器。采用 RISC 架构的 ARM 处理器一般具有如下特点：

- 体积小、功耗低、成本低、性能高；
- 支持 Thumb（16 位）/ARM（32 位）双指令集，能很好地兼容 8 位/16 位器件；
- 大量使用寄存器，指令执行速度快；
- 大多数数据操作都在寄存器中完成；
- 寻址方式灵活简单，执行效率高；
- 采用固定长度的指令格式。

（2）PowerPC 处理器

PowerPC（Performance Optimization With Enhanced RISC – Performance Computing）是一种精简指令集（RISC）架构的中央处理器（CPU），其基本的设计源自 IBM（国际商用机器公司）的 POWER（Performance Optimized With Enhanced RISC）。POWER 是 1991 年，Apple（苹果电脑）、IBM、Motorola（摩托罗拉）组成的 AIM 联盟研究出的微处理器架构。PowerPC 是整个 AIM 联盟平台的一部分，到目前为止，它也是唯一的一部分。

PowerPC 处理器有广泛的应用范围，包括从诸如 Power4 那样的高端服务器 CPU 到嵌入式 CPU 市场（任天堂 Gamecube 使用了 PowerPC）。PowerPC 处理器有非常优秀的嵌入式表现，因为它具有优异的性能、较低的能耗以及较低的发热量。除了像串行和以太网控制器那样的集成 I/O，该嵌入式处理器与台式机 CPU 还存在非常显著的区别。例如，4xx 系列 PowerPC 处理器缺乏浮点运算，并且还使用一个受软件控制的 TLB 进行内存管理，而不是像台式机芯片中那样采用反转页表。

PowerPC 体系结构是 RISC（精简指令集计算）体系结构的一个示例。因此，所有 PowerPC（包括 64 位实现）都使用定长的 32 位指令。PowerPC 处理模型要从内存检索数据，然后在寄存器中对它进行操作，最后将它存储回内存。几乎没有指令（除了装入和存储）是直接操作内存的。

Motorola 公司发布的基于 PowerPC 体系结构的嵌入式处理器芯片有 MPC505、821、850、860、8240、8245、8260、8560 等，其中，MPC860 是 Power QUICC 系列的典型产品，MPC8260 是 Power QUICC Ⅱ系列的典型产品，MPC8560 是 Power QUICC Ⅲ系列的典型产品。

（3）MIPS 处理器

MIPS 技术公司是一家设计制造高性能、高档次的嵌入式 32/64 位处理器的厂商，在 RISC 处理器领域占有重要地位。1984 年 MIPS 计算机公司成立，1991 年推出第一款 64 位商用微处理器 R4000，之后又陆续推出 R8000、R10000 和 R12000 等型号的微处理器。随后，MIPS 公司的战略发生变化，将嵌入式系统作为发展的重点。1999 年，MIPS 公司发布 MIPS32 和 MIPS64 架构标准，为未来 MIPS 处理器的开发奠定了基础。MIPS 公司陆续开发了高性能、低功耗的 32 位处理器内核（core）MIPS324Kc 与高性能 64 位处理器内核 MIPS64 5Kc。2000 年，MIPS 公司发布了针对 32 位 MIPS32 4Kc 内核以及 64 位 MIPS 64 20Kc 内核的处理器。

MIPS 的系统结构及设计理念比较先进，它采用精简指令系统计算结构(RISC)来设计芯片。和英特尔采用的复杂指令系统计算结构（CISC）相比，RISC 具有设计更简单、设计周期更短等优点，并可以应用更多先进的技术，开发出性能更强大的下一代处理器。

MIPS 指令系统经过通用处理器指令体系 MIPS I、MIPS II、MIPS III、MIPS IV、MIPS V，嵌入式指令体系 MIPS16、MIPS32、MIPS64 的发展已经十分成熟。在设计理念上 MIPS 强调软硬件协同提高性能，同时简化硬件设计。中国龙芯 2 和前代产品采用的都是 64 位 MIPS 指令架构，它与大家平常熟悉的 X86 指令架构互不兼容，MIPS 指令架构由 MIPS 公司开发，属于 RISC 体系。过去，MIPS 架构的产品多见于工作站领域，索尼 PS2 游戏机所用的“Emotion Engine”也采用 MIPS 指令，这些 MIPS 处理器的性能都非常强劲，而龙芯 2 也属于这个阵营，在软件方面与上述产品完全兼容。

1.2　计算机基础

1.2.1　计算机的基本结构

自计算机诞生以来，经历了电子管、半导体、小规模集成电路和超大规模集成电路四代，计算机的规模、运行速度、用途等有极大的不同。以最常用的台式机为例，有 CPU、主板、内存条、硬盘、光驱、网卡、显卡、显示器、键盘、鼠标等部件，虽然这些部件的功能与性能都有了巨大的发展，但从计算机的原理来看，计算机的基本结构仍未改变。

计算机最早是作为运算工具出现的，显然，它首先要有能进行运算的部件，这个运算部件称为运算器；其次要有能记忆原始题目、原始数据和中间结果以及为了使计算机能自动进行运算而编制的各种命令，这种器件称为存储器；最后，要有能代替人的控制作用的控制器，它能根据事先给定的命令发出各种控制信息，使整个计算过程能一步步地自动进行。但是仅仅包含这 3 部分还不够，要输入原始的数据与命令，需要有输入设备；要输出计算的结果（或中间过程），就需要有输出设备，这样才能构成一个基本的计算机系统，如图 1-3 所示。

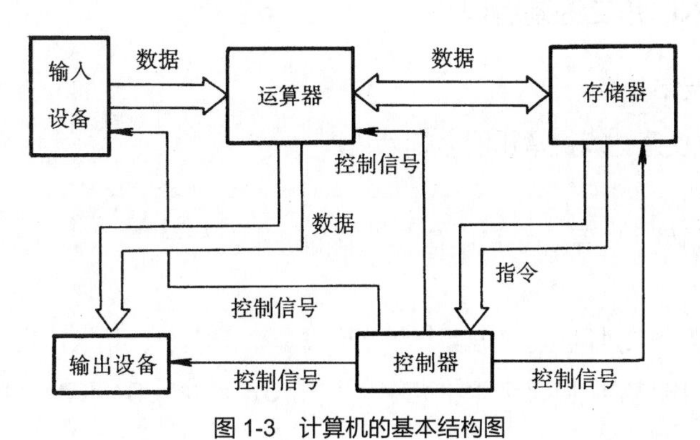

图 1-3　计算机的基本结构图

在计算机中，基本上存在两种流动信息，一种为数据，即各种原始数据、中间结果、程序等。这些数据由输入设备输入至运算器，再存于存储器中；在运算处理过程中，数据从存储器读入运算器进行运算；运算的中间结果要存入存储器中，或最后由运算器经输出设备输出。人向计算机发出的各种命令（即程序），也以数据的形式在计算机运行之前存放在存储器中。另一种为控制命令，在计算机启动后由存储器送入控制器，由控制器经过译码后变为各种控制信号。其主要功能包括控制输入装置的启动或停止；控制运算器一步步地进行各种运算和处理；控制存储器的读和写；控制输出设备输出结果等。

图 1-3 中的各部分构成了计算机硬件（Hardware）。在上述的计算机硬件中，人们往往把运算器、控制器和存储器合在一起统称为计算机的主机；而把各种输入、输出设备统称为计算机的外围设备（或称外部设备——Peripheral）。

在主机部分中，又把运算器和控制器合在一起称为中央处理单元（Central Processing Unit，CPU）。随着半导体集成电路技术的发展，把整个 CPU 集成在一个集成电路芯片上，统称为微处理器（Microprocessor）。现在在市场上销售的 Intel 公司的奔腾芯片（Pentium II、Pentium III 和 Pentium 4）以及 AMD 公司的速龙等 x86 系列都是这样的微处理器，它们从功能上说是一个中央处理单元（运算器与控制器的集合）。以微处理器（CPU）为核心加上一定数量的存储器以及若干个外部设备（通过 I/O 接口芯片与 CPU 接口），就构成了微机。早期的微机（如 1981 年推出的 IBM-PC），由于 CPU 的速度较低（当时 CPU 的工作频率为 5MHz），内存容量较小（如 128KB），外部设备的数量很少，总之，功能有限，只能用于处理个人事务，故称之为个人计算机——Personal Computer。目前，人们仍把微机称之为 PC，但实际上现在微机 CPU 的工作频率已超过 1GHz，内存容量已超过 2GB，硬盘容量已达 1TB，其性能已远远超过 20 世纪 80 年代的大型机。

总之，人们把以微处理器为核心构成的计算机，称为微机，最典型的就是上述的 PC。若内存的容量较小，输入、输出设备少，整个计算机可只安装在一块印制电路板上，这样的计算机，称为单板计算机。若把整个计算机集成在一个芯片上，就称之为单片机。

不论计算机的规模大小，CPU 只是计算机的一个部件；只有具备了 CPU、存储器、输入和输出设备，才能称之为计算机。

随着计算机的普及推广，输入和输出设备的种类也越来越多。目前，PC 的典型输入设备为键盘和鼠标；典型的输出设备为显示器。

1.2.2 常用的名词术语和二进制编码

1. 位、字节、字及字长

位、字节、字及字长是计算机常用的名词术语。

（1）位（bit）

“位”指一个二进制位。它是计算机中信息存储的最小单位。

（2）字节（Byte）

“字节”指相邻的 8 个二进制位。1024 个字节构成 1 个千字节，用 KB 表示。1024KB 构成 1 个兆字节，用 MB 表示。1024MB 构成 1 个千兆字节，用 GB 表示。B、KB、MB、GB 都是计算机存储器容量的单位。

（3）字（Word）和字长

“字”是计算机内部进行数据传递处理的基本单位。通常它与计算机内部的寄存器、运算装置、总线宽度相一致。

一个字所包含的二进制位数称为字长。常见的微型计算机的字长，有 8 位、16 位、32 位和 64 位。

但是，目前在 PC 中，把字（Word）定义为 2 字节（16 位），双字（Double Word）为 4 字节（32 位），四字（Quad Word）为 8 字节（64 位）。

2. 数字编码

由于二进制有很多优点，所以计算机中的数用二进制表示，但人们与计算机打交道时仍习惯用十进制，在输入时计算机自动将十进制转换为二进制，而在输出时将二进制转换为十进制。为便于机器识别和转换，计算机中的十进制数的每一位用二进制编码表示，这就是十进制数的二进制编码，简称二—十进制编码（BCD 码）。

二—十进制编码的方法很多，最常用的是 8421 BCD 码。8421 BCD 码有 10 个不同的数字符号，逢 10 进位，每位用四位二进制表示。

例如：83.123 对应的 8421 BCD 码是 1000 0011.0001 0010 0011。

同理，111 1001 0010.0010 0101 BCD 码对应的十进制是 792.25。

3. 字符编码

字母、数字、符号等各种字符也必须按特定的规则用二进制编码才能在计算机中表示。字符编码的方式有很多种，目前最常用的一种字符编码是 ASCII 和扩展 ASCII。

ASCII 用七位二进制进行编码，它有 128 种组合，可以表示 128 种字符。包括 0～9，10 个阿拉伯数字字符，大、小写英文字母（52 个）等。在计算机中用一个字节表示一个 ASCII 字符，最高位置为 0。例如，00110000～00111001（即 30H～39H）是数字 0～9 的 ASCII 编码，而 01000001～01011010（即 41H～5AH）是大写英文字母 A～Z 的 ASCII 编码。

7 位编码的字符集只能支持 128 个字符，为了表示更多的欧洲常用字符对 ASCII 进行了扩展，ASCII 扩展字符集使用 8 位（bit）表示一个字符，共 256 字符。ASCII 扩展字符集比 ASCII 字符集扩充出来的符号包括表格符号、计算符号、希腊字母和特殊的拉丁符号。

4. 汉字编码

用计算机处理汉字，每个汉字必须用代码表示。键盘输入汉字是输入汉字的外部码。外部码必须转换为内部码才能在计算机内进行存储和处理。为了将汉字以点阵的形式输出，还要将内部码转换为字形码。不同的汉字处理系统之间交换信息采用交换码。

1.2.3 指令程序和指令系统

在 1.2.1 节中我们提到了计算机的几个主要部分，它们构成了计算机的硬件（Hardware）的基础。但是，仅仅有这样的硬件，还只是具有了计算的可能。计算机要真正能够进行计算还必须要有相应软件，首先是各种程序（Program）。

我们知道，计算机之所以能脱离人的直接干预，自动地进行计算，是因为人把实现计算的一步步操作用命令的形式——即一条条指令（Instruction）预先输入到存储器中，在执行时，机器把这些指令一条条地取出来，加以翻译并执行。

就拿两个数相加这一最简单的运算来说，就需要以下几步（假定要运算的数已在存储器中）。

第一步：把第一个数从它所在的存储单元（Location）中取出来，送至运算器。

第二步：把第二个数从它所在的存储单元中取出来，送至运算器。

第三步：相加。

第四步：把加完的结果，送至存储器中指定的单元。

这些取数、送数、相加、存数等都是操作，我们把要求计算机执行的各种操作用命令的形式写下来，这就是指令。通常一条指令对应着一种基本操作，但是计算机是如何辨别和执行这些操作呢？这是由设计人员在设计时赋予它的指令系统决定的。一个计算机能执行什么样的操作，能执行多少种操作，是由设计计算机时所规定的指令系统决定的。一条指令，对应着一种基本操作。计算机所能执行的全部指令，就是计算机的指令系统（Instruction Set），这是计算机固有的。

在使用计算机时，必须把要解决的问题编成一条条指令，但是这些指令必须是能被计算机识别和执行的，即每一条指令必须是一台特定的计算机的指令系统中具有的指令。这些指令的集合就称为程序。用户为解决自己的问题所编的程序，称为源程序（Source Program）。

指令通常分成操作码（Operation code，Opcode）和操作数（Operand）两大部分。操作码表示计算机执行什么样的操作；操作数指明参加操作的数的本身或操作数所在的地址。

因为计算机只能识别二进制数码，所以计算机的指令系统中的所有指令，都必须以二进制编码的形式来表示。例如，在Intel 8086处理器中，从存储区取数（以SI变址寻址）至累加器AL中的指令的编码为8A04H（两字节指令），一种加法指令的编码为02C3H，向存储器存数（一种串操作指令）的编码为AAH（一字节指令）等。这就是指令的机器码（Machine code）。一个字节的编码能表达的范围（256种）较小，不能充分表示各种操作码和操作数。所以，有一字节指令，有两字节指令，也有多字节指令如四字节指令。

在计算机发展的初期，用指令的机器码直接来编制用户的源程序，这一阶段被称为机器语言阶段。由于机器码由一连串的0和1组成，没有明显的特征，不好记忆，不易理解，易出错。所以，编程序成为一种十分困难和繁琐的工作。因此，人们就用一些助记符（Memonic）——通常是指令功能的英文词的缩写来代替操作码。例如，在Intel 8086中，数的传送指令用助记符MOV（MOVE的缩略），加法用ADD，转移用JMP等。这样，每条指令就有明显的特征，易于理解和记忆，也不易出错，这种编程语言被称为汇编语言。用户用汇编语言（操作码用助记符代替，操作数也用一些符号来表示）来编写源程序。

要使计算机能自动执行程序，就必须把程序预先存放到存储器的某个区域。程序通常是顺序执行的，所以程序中的指令也是一条条顺序存放的。计算机在执行时需要把这些指令一条条取出来加以执行，就必须要有一个电路能追踪指令所在的地址，这就是程序计数器（Program Counter，PC）。在开始执行时，给PC赋以程序中第一条指令所在的地址，然后每取出一条指令（确切地说是每取出一个指令字节）PC中的内容就自动加1，指向下一条指令的地址（Address），以保证指令的顺序执行。只有当程序中遇到转移指令，调用子程序指令，或遇到中断时，PC才把控制转到需要的地方。

1.2.4 初级计算机

在我们开始接触计算机内部结构时，研究一个实际的微机结构显得太过复杂，会使人不得要领，抓不住基本部件、基本概念和基本工作原理。所以，我们先以一个实际结构为基础，通过简化的模型机着手来分析基本原理，然后加以扩展，回到实际结构。

图1-4所示的是微机的结构图。它由微处理器（CPU）、存储器、接口电路组成，通过三条总线（BUS）——地址总线（Address Bus）、控制总线（Control Bus）和双向数据总线（Data Bus）来连接。为了简化问题，我们先不考虑外部设备以及接口电路，认为要执行的程序以及数据，已存入存储器内。

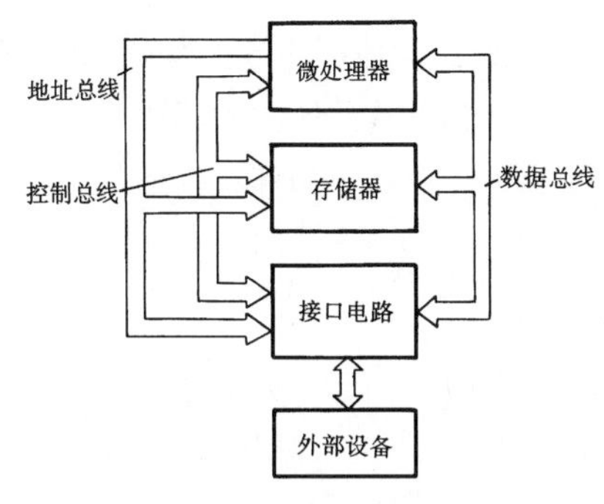

图 1-4 微机结构图

1. CPU 的结构

模型机的 CPU 结构如图 1-5 所示。

算术逻辑单元（Arithmetic Logic Unit，ALU）是执行算术和逻辑运算的装置，它以累加器（Accumulator，AL）的内容作为一个操作数；另一个操作数由内部数据总线供给，可以是寄存器（Register）BL 中的内容，也可以是由数据寄存器（Data Register，DR）供给的由内存读出的内容等；操作的结果通常放在累加器 AL 中。

F（Flag）是标志寄存器，由一些标志位组成。

需要执行的指令的地址由程序计数器 PC 提供，由地址寄存器（Address Register，AR）把要寻址的单元的地址（可以是指令——地址由 PC 提供；也可以是数据——地址要由指令中的操作数部分给定）通过地址总线送至存储器。

从存储器中取出的指令，先由数据寄存器送至指令寄存器（Instruction Register，IR）；再经过指令译码器（Instruction Decoder，ID）译码；最后，通过控制电路，发出执行一条指令所需要的各种控制信息。

在模型机中，字长（通常是以存储器一个单元所包含的二进制信息的位数表示的）为 8 位，即一个字节（在字长较长的机器中，为了表示方便，把 8 位二进制位定义为一个字节），故累加器 AL、寄存器 BL、数据寄存器 DR 都是 8 位的，因而双向数据总线也是 8 位的。在模型机中又假定内存为 256 个单元，为了能寻址这些单元，则地址也需 8 位（$2^8=256$），可寻址 256 个单元。因此，这里的 PC 及地址寄存器 AR 也都是 8 位的。

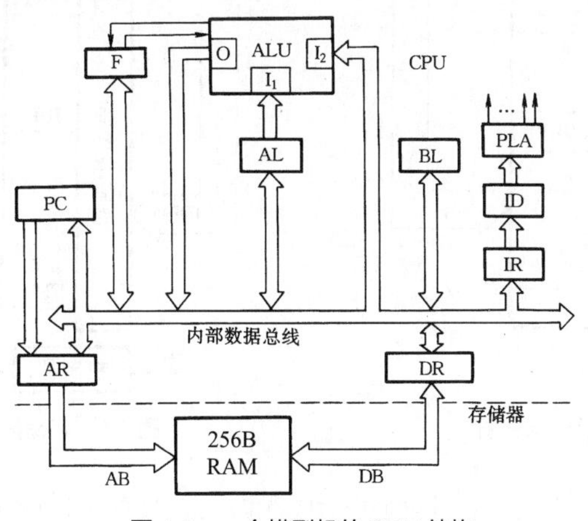

图 1-5 一个模型机的 CPU 结构

在 CPU 内部各个寄存器之间及 ALU 之间数据的传送也采用内部总线结构，这样扩大了数据传送的灵活性，减少了内部连线，因而减少了这些连线所占的芯片面积。但是，采用总线结构，在任一瞬时，总线上只能有一个信息在流动，会使操作效率降低。

2. 存储器

存储器由 256 个单元组成，结构如图 1-6 所示，为了能区分不同的单元，对这些单元分别编号，用 2 位十六进制数表示，这就是它们的地址，如 00、01、02、…、FF 等。每一个单元可存放 8 位二进制信息（通常也用 2 位十六进制数表示），这就是它们的内容。每一个存储单元的地址和这个地址中存放的内容是完全不同的，千万不要混淆。

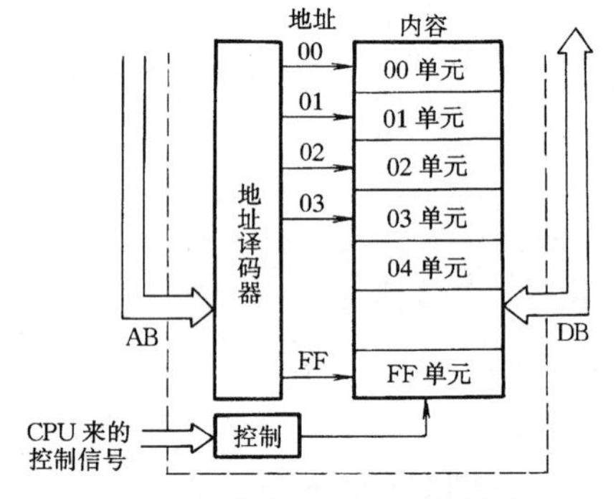

图 1-6　模型机的存储器结构图

存储器中的不同存储单元，是由地址总线上送来的地址（8 位二进制数），经过存储器中的地址译码器来寻找的（每给定一个地址号，可从 256 个单元中找到对应于这个地址号的某一单元），然后就可以对这个单元的内容进行读、写操作。

（1）读操作

若已知在 04 号存储单元中，存储的内容为 10000100（即 84H），要把它读出至数据总线上，则要求 CPU 的地址寄存器先给出地址号 04，然后再通过地址总线送至存储器，存储器中的地址译码器对它进行译码，找到 04 单元；再通过 CPU 发出读操作的控制命令，于是 04 号单元的内容 84H 就出现在数据总线上；最后由数据总线将它送至数据寄存器 DR，如图 1-7 所示。信息从存储单元读出后，存储单元的内容不改变，只有把新的信息写入该单元，新的信息才会代替旧的信息。

（2）写操作

若要把数据寄存器中的内容 26H 写入到 10 号存储单元，则要求 CPU 的 AR 地址寄存器先给出地址 10，通过地址总线（AB）送至存储器，经译码后找到 10 号单元；然后把 DR 数据寄存器中的内容 26H 经数据总线（DB）送给存储器；最后由 CPU 发出写操作的控制命令，于是数据总线上的信息 26H 就可以写入到 10 号单元中，如图 1-8 所示。

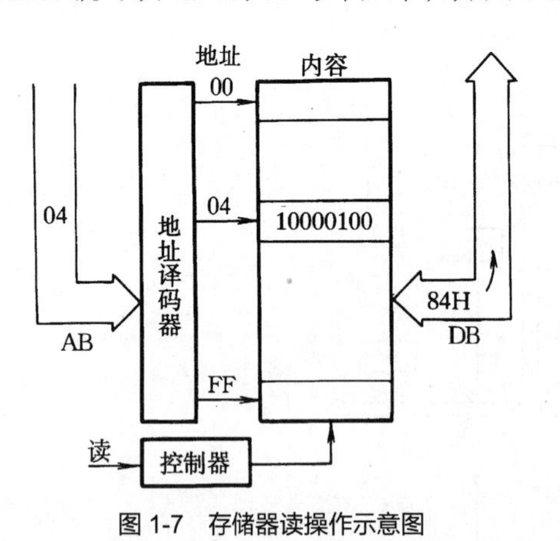

图 1-7　存储器读操作示意图

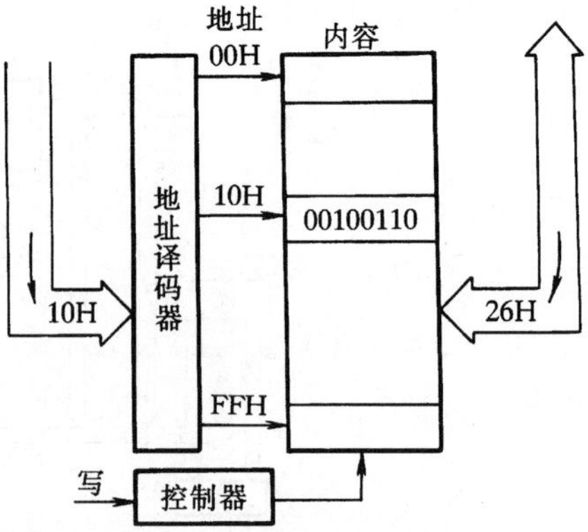

图 1-8　存储器写操作示意图

信息写入后，在没有新的信息写入以前是一直保留的，且存储器的读出操作是非破坏性的，即信息读出后，存储单元的内容不变。

3. 执行过程

若程序已存放在内存中，大部分 8 位机执行过程就是取出指令和执行指令这两个阶段的循环（8086 与此不同，我们将在后面介绍）。

机器从停机状态进入运行状态，要把第一条指令所在的地址赋给 PC，然后就进入取指（取出指令）阶段。在取指阶段从内存中读出的内容必为指令，所以 DR 把它送至 IR，然后由指令译码器译码，就知道此指令要执行什么操作，在取指阶段结束后就进入执行阶段。当一条指令执行完以后，就进入了下一条指令的取指阶段。这样的循环一直进行到程序结束（遇到停机指令）。

1.2.5　简单程序举例

下面以一个极简单的例子来说明程序执行的过程。

例：要求机器把两个数 7 和 10 相加。

在编程序时首先要查一下机器的指令系统，看机器能用什么指令完成这样的操作。查到可用表 1-1 所示的三条指令。

表 1-1　完成两数相加的指令

名　称	助 记 符	操 作 码	说　明
立即数取入累加器	MOV AL，n	10110000　B0　　n　　n	这是一条两字节指令，把指令第二字节的立即数 n 送累加器 AL
加立即数	ADD AL，n	00000100　04　　n　　n	这是一条两字节指令，累加器 AL 中的内容与指令第二字节的立即数 n 相加，结果在 AL 中
停　机	HLT	11110100　F4	停止操作

用助记符形式表示的程序为：

```
MOV  AL, 7
ADD  AL, 10
HLT
```

但是，模型机不能识别助记符，指令必须用机器码表示，同样地，数也只能用二进制（或十六进制）表示。

```
第一条指令 1011 0000 （MOV AL, n）
           0000 0111 （n=7）
第二条指令 0000 0100 （ADD AL, n）
           0000 1010 （n=10）
第三条指令 1111 0100 （HLT）
```

总共是 3 条指令，5 个字节。

如前所述，程序应放在存储器中，若它们放在以 00H（两位十六进制数）开始的存储单元内，则需要如图 1-9 所示的连续的 5 个存储单元。

在执行时，给 PC 赋予第一条指令的地址 00H，然后就进入第一条指令的取指阶段，具体如下。

① 将 PC 的内容（00H）送至地址寄存器。

② 当 PC 的内容可靠地送入地址寄存器后，PC 的内容加 1 变为 01H。

③ 地址寄存器把地址号 00H 通过地址总线送至存储器。经地址译码器译码，选中 00 号单元。

④ CPU 给出读操作的控制命令。

地址 十六进制	地址 二进制	内容	
00	0000 0000	1011 0000	MOV AL,n
01	0000 0001	0000 0111	n=7
02	0000 0010	0000 0100	ADD AL,n
03	0000 0011	0000 1010	n=10
04	0000 0100	1111 0100	HLT
⋮			

图 1-9　指令的存放

（注：以后在一个数字后面加上字母 B 表示二进制数，数字后有字母 D 或没字母表示十进制数，数字后有字母 H 表示十六进制数。）

⑤ 把所选中的 00 号单元的内容 B0H 读至数据总线上。

⑥ 读出的内容经过数据总线送至数据寄存器。

⑦ 取指阶段，取出的为指令，故 DR 把它送至指令寄存器 IR，然后经过译码发出执行这条指令的各种控制命令，过程如图 1-10 所示。

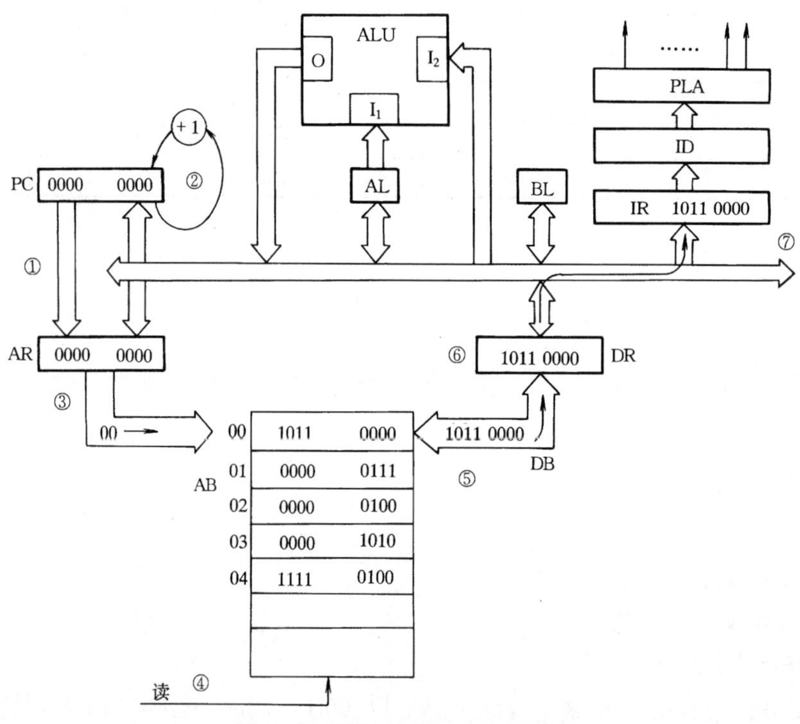

图 1-10　取第一条指令的操作示意图

此后就转入了执行第一条指令的阶段。对操作码进行译码后知道，这是一条把操作数送至累加器 AL 的指令，而操作数在指令的第二个字节。所以，执行第一条指令就必须把指令的第二个字节中的操作数取出来。

取指令第二个字节的过程如下。

① 把 PC 的内容 01H 送至地址寄存器。

② 待 PC 的内容可靠地送至地址寄存器后，PC 自动加 1，变为 02H。

③ 地址寄存器通过地址总线把地址号 01H 送至存储器，经过译码后，选中相应的存储单元。

④ CPU 发出读操作的控制命令。

⑤ 选中的存储单元的内容 07H 读至数据总线上。

⑥ 通过数据总线，把读出的内容送至 DR。

⑦ 因为读出的是操作数，且指令要求把它送至累加器 AL，故由 DR 通过内部数据总线送至 AL，如图 1-11 所示。

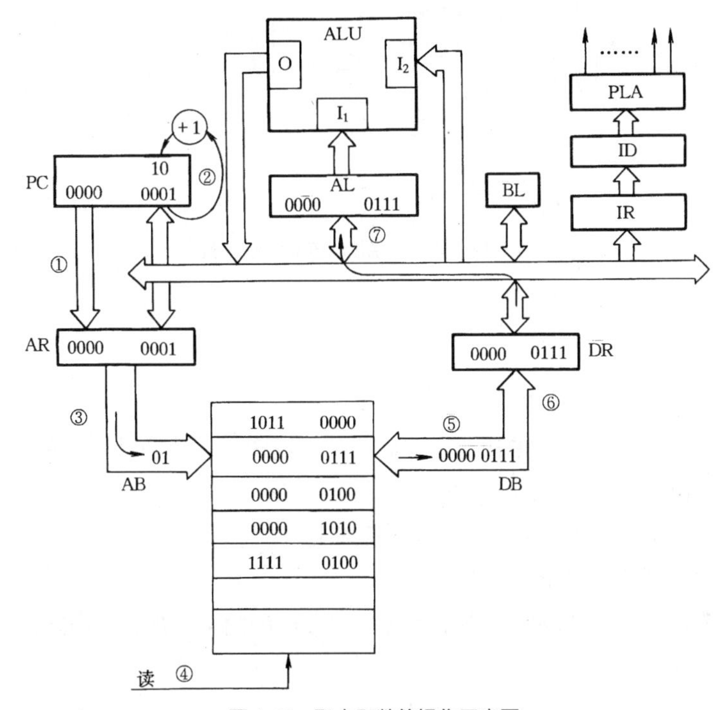

图 1-11　取立即数的操作示意图

至此，第一条指令执行完毕进入第二条指令的取指阶段。

取第二条指令的过程如下。

① 把 PC 的内容 02H 送至地址寄存器。

② 在 PC 的内容已可靠地送入地址寄存器后，PC 自动加 1。

③ AR 通过地址总线把地址号 02H 送至存储器，经译码后，选中相应的存储单元。

④ CPU 发出读操作的控制命令。

⑤ 选中的存储单元的内容 04H，读出到数据总线上。

⑥ 读出的内容通过数据总线送至 DR。

⑦ 因为是取指阶段，所以读出的数据为指令，DR 把它送至 IR，经过译码发出各种控制信息。过程如图 1-12 所示。

经过对指令译码后知道，此为加法指令，以 AL 的内容为一操作数，另一操作数在指令的第二字节中，执行第二条指令，必须取出指令的第二字节。

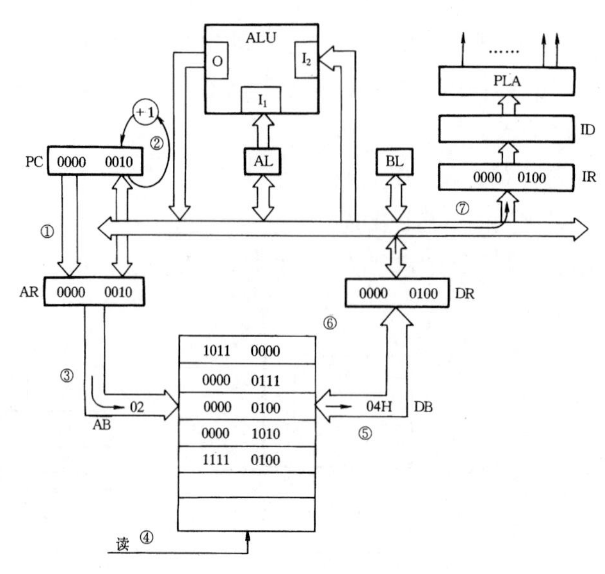

图 1-12　取第二条指令的操作示意图

取第二字节及执行指令的过程如下。

① 把 PC 的内容 03H 送至 AR。

② 当把 PC 内容可靠地送至 AR 以后，PC 自动加 1。

③ AR 通过地址总线把地址号 03H 送至存储器，经过译码，选中相应的单元。

④ CPU 发出读操作的控制命令。

⑤ 选中的存储单元的内容 0AH 读出至数据总线上。

⑥ 数据通过数据总线送至 DR。

⑦ 因由指令译码已知读出的为操作数，且要与 AL 中的内容相加，故数据由 DR 通过内部数据总线送至 ALU 的另一输入端。

⑧ AL 中的内容送 ALU，且执行加法操作。

⑨ 相加的结果由 ALU 输出至累加器 AL 中，如图 1-13 所示。

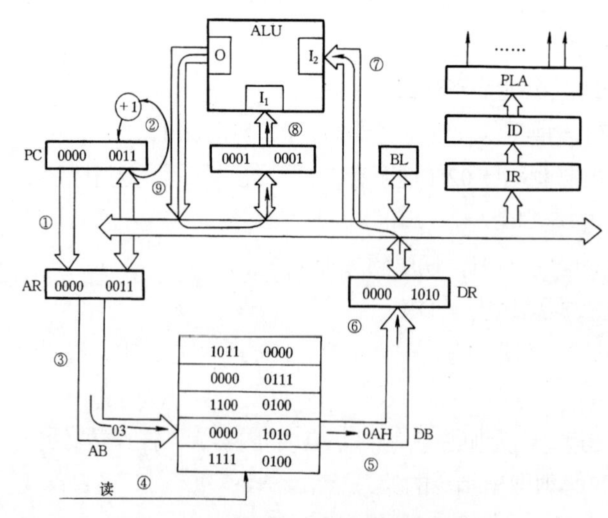

图 1-13　执行第二条指令的操作示意图

至此，第二条指令的执行阶段结束了，就转入第三条指令的取指阶段。

按上述类似的过程取出第三条指令，经译码后就停机。

1.2.6　寻址方式

在上例中，操作数就包含在指令中，但是常见的情况是操作数在存储器中的某一单元中，例如，操作数是前面操作的中间结果。上例中的结果（两数相加的和）是放在累加器中的，若还要进行别的运算，则必须把“两数相加的和”放到存储器中暂存。于是就存在一个如何寻找操作数的问题，这就是寻址方式。

1. **立即寻址**（Immediate Addressing）

上例中的操作数就包含在指令中，这种规定操作数的方式，称为立即寻址。指令中的操作数称为立即数。

2. **寄存器寻址**（Register Addressing）

若操作数在某一寄存器中，这种寻址方式称为寄存器寻址。

例如，指令：MOV　AL, BL

是两字节指令，它的机器码为 8AC3，它是把存在寄存器 BL 中的操作数送至累加器 AL 中。

如：ADD　AL, BL

也是两字节指令，它的机器码为 02C3H，它是把寄存器 BL 中的内容作为一个操作数与累加器 AL 中的内容相加，结果送至 AL 中。

3. **直接寻址**（Direct Addressing）

例如，指令：MOV　AL, [n]

这是一条两字节指令	1010　　　0000	操作码
	n（8 位）	操作数的地址

与立即寻址方式不同，它不是把指令的第二字节作为立即数送至累加器 AL；此指令的第二字节不是操作数本身，而是操作数所在的地址，它是把地址 n 所指的存储单元的内容送至累加器 AL，如图 1-14 所示。

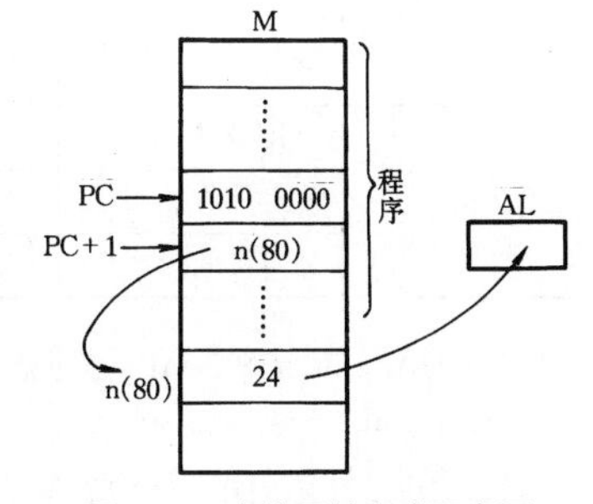

图 1-14　直接寻址方式示意图

在这种寻址方式中，指令中包含操作数的直接地址，故称为直接寻址。

4. **寄存器间接寻址**（Register Indirect Addressing）

例如，指令：

```
MOV  AL,[BL]
```

这也是两字节指令，它的操作码为 8A07H。与寄存器寻址方式不同，它不是把寄存器 BL 中的内容作为操作数送 AL，而是把 BL 中的内容作为操作数的地址，把此地址所指的内存单元的内容送 AL，如图 1-15 所示。

这种寻址方式，操作数的地址并不直接在指令中，而是在某一寄存器中，故称为间接寻址。又如：

```
ADD  AL,[BL]
```

它也是一个两字节指令，机器码为 0207H，它是以寄存器 BL 的内容作为操作数的地址，由它所指的存储单元的内容为操作数，与 AL 中的内容相加，结果放在 AL 中，如图 1-16 所示。

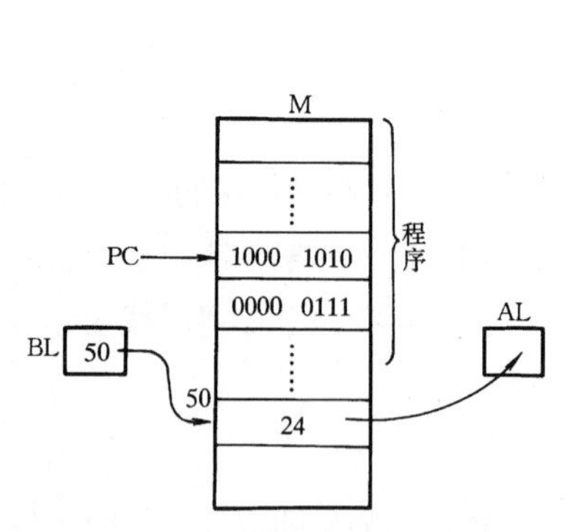

图 1-15　寄存器间接寻址方式示意图

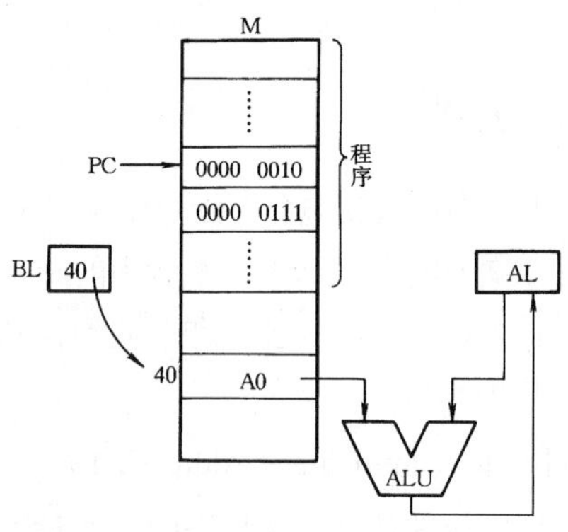

图 1-16　寄存器间接寻址加法指令示意图

在本模型机中，有上述 4 种不同的寻址方式，相应的指令列于表 1-2 中。

表 1–2　4 种寻址方式及相应的指令

指令名称	寻 址 方 式	助 记 符	操作码	说 明
取数指令	立即寻址	MOV AL, n	B0 n	把指令第二字节的立即数送累加器 AL 中；n→AL
	立即寻址	MOV BL, n	B3 n	把指令第二字节的立即数送至寄存器 BL 中；n→BL
	寄存器寻址	MOV AL, BL	8A C3	把寄存器 BL 中的内容，送至累加器 AL 中；BL→AL①
		MOV BL, AL	8A D8	把累加器 AL 中的内容送至 BL 中，AL→BL①
	寄存器间接寻址	MOV AL,［BL］	8A 07	以寄存器 BL 中的内容为操作数的地址，操作数送至 AL 中；［BL］→AL②
	直接寻址	MOV AL,［n］	A0 n	指令中的第二字节为操作数的地址，操作数送至 AL 中；［n］→AL②
存数指令	直接寻址	MOV ［n］, AL	A2 n	指令中的第二字节为地址，把 AL 中的内容存入此地址单元；AL→［n］
	寄存器间接寻址	MOV ［BL］, AL	88 07	以寄存器 BL 中的内容作为地址，把 AL 中的内容存入此地址单元；AL→［BL］
加法指令	立即寻址	ADD AL, n	04 n	n 为立即数；AL+n→AL
	寄存器寻址	ADD AL, BL	02 C3	BL 中的内容为操作数；AL+BL→AL
	寄存器间接寻址	ADD AL,［BL］	02 07	以 BL 中的内容为操作数的地址；AL+［BL］→AL

注：① 用 AL→BL 或 BL→AL，表示把 AL 中的内容送至 BL，或把 BL 中的内容送至 AL。
② 用［BL］→AL 或［n］→AL，表示把某地址单元的内容（操作数）送至 AL 中，其中，［ ］中为操作数的地址。

若仍是 7 和 10 两个数相加，但数 7 已存在存储器中，另外要求把相加后的和放在存储器中。通常为了避免运算的数据与指令混淆，程序和数据在存储器中是分开存放的。但为了节省内存单元，也可以把数据放在程序的后面。

能实现上述要求的程序为：

```
MOV  AL,［M1］
ADD  AL, 0AH
MOV ［M2］, AL
HLT
```

其中，M_1 和 M_2 都是一个符号，表示存放数据的存储单元的地址（2 位十六进制数）。若数据与程序放在不同的存储区域，且地址已知，则 M_1 和 M_2 是确定的地址号；若数据紧接着程序，放在它的后面，则要在存放程序所需的所有存储单元确定后，才能确定它们。本例属于第二种情况。

如前所述，在本模型机中指令与数据都必须以十六进制数表示，且若它们存放在以 10H 开始的存储单元内，则如图 1-17 所示。

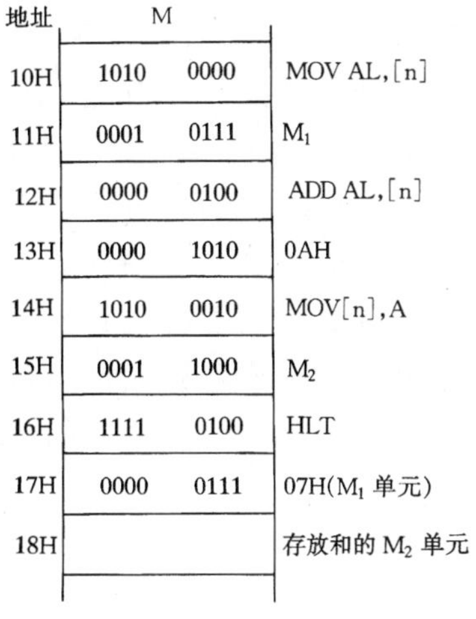

图 1-17　程序在存储器中存放示意图

四条指令占用 10H～16H 七个存储单元，17H 即为 M_1 单元，用以存放操作数 7，18H 即为 M_2 单元，用作存放和。故把 17H 和 18H 分别代入到指令中的 M_1 和 M_2 处。

下面，我们来看一下这个程序是怎么执行的。

首先，把第一条指令的地址 10H 赋于 PC，然后就进入第一条指令的取指阶段。

第一条指令的取指阶段与前述类似。

① 把 PC 的内容 10H 送至地址寄存器 AR。

② 在 PC 的内容已经可靠地送至 AR 后，PC 自动如 1。

③ AR 通过地址总线，把地址号 10H 送至存储器，经译码后，找到相应的存储单元。

④ CPU 发出“读”命令。

⑤ 把选中的存储单元的内容 A0H 读出送至数据总线。

⑥ 读出的内容通过数据总线送至数据寄存器 DR。

⑦ 因为是取指阶段，读出的是指令。故 DR 把它送至指令寄存器，经过译码后，发出执行指令的各种控制信息。

第一条指令取指阶段结束后的 CPU 中的状态如图 1-18 所示。

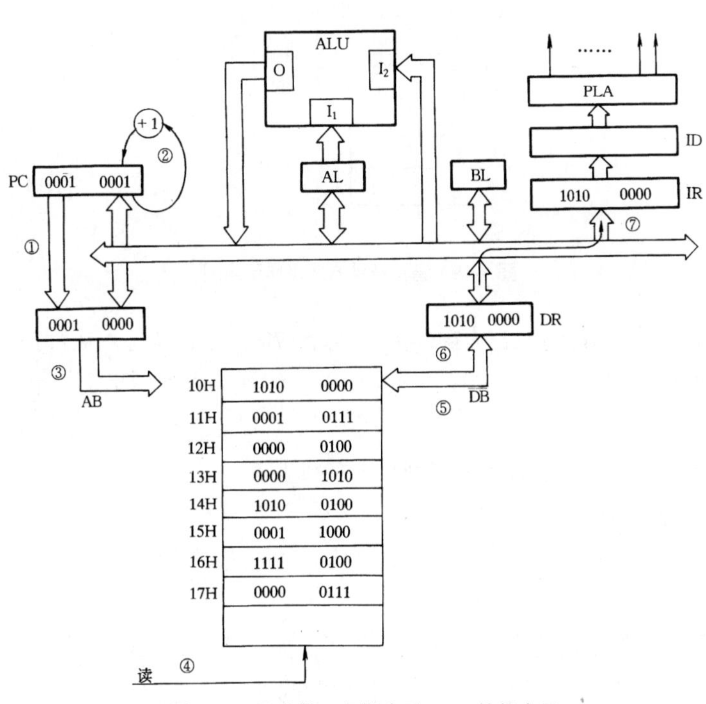

图 1-18　取出第一条指令后 CPU 的状态图

第一条指令经译码后就转入了执行第一条指令的阶段。这个阶段又可以分成两步：第一步要把操作数的地址从指令的第二字节取出来；第二步把从这个地址取出的操作数送至累加器 AL。取操作数的地址的过程与前述的类似。

① 把 PC 的内容 11H 送至地址寄存器 AR。

② 当 PC 把内容可靠地送给 AR 后，PC 自动加 1。

③ AR 通过地址总线把地址 11H 送至存储器，经译码后找到指定的单元。

④ CPU 给出“读”命令。

⑤ 指定单元的内容（即操作数的地址）17H 读出至数据总线上。

⑥ 从 17H 单元读出的数据经数据总线送至 DR。

⑦ 由于读出的是操作数的地址，故由 DR 经内部数据总线送至 AR。

上述过程如图 1-19 所示。

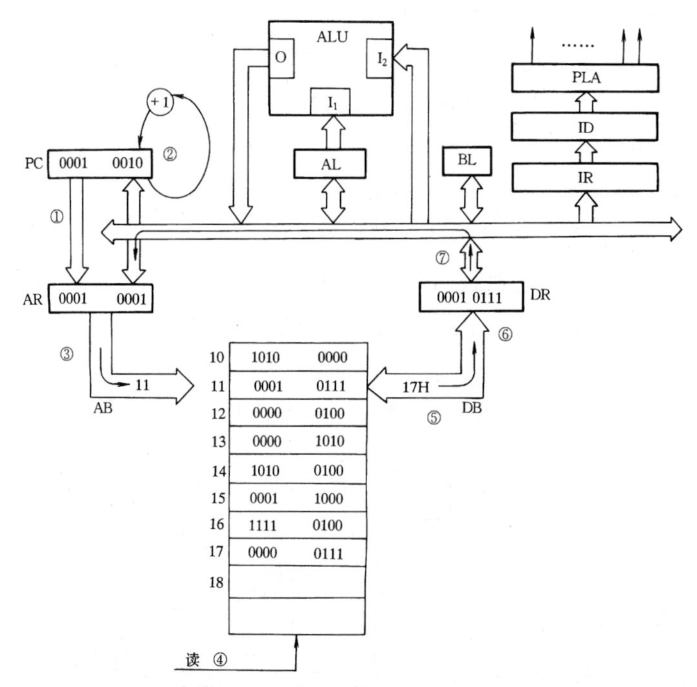

图 1-19　直接寻址方式操作示意图

在上述过程结束以后，AR 的内容为操作数的地址 17H。然后就进入执行指令的第二步。

① AR 通过地址总线把地址信息 17H 送至存储器，经译码后找到指定的单元。

② CPU 发出“读”命令。

③ 将指定的 17H 单元的内容 07H 读出到数据总线上。

④ 读出的内容通过数据总线送至 DR。

⑤ 指令要求这个操作数送至累加器 AL，故由 DR 通过内部数据总线送至累加器 AL。

上述过程如图 1-20 所示。

其他指令的执行过程与上述的类似，就不再赘述。如上所述，凡是直接寻址的指令（寄存器间接寻址也如此）的执行过程要分成两步，先要把操作数的地址送地址寄存器（若是寄存器间接寻址，则要把 BL 的内容送 AR，若是直接寻址，则要从指令中取出操作数的地址）；然后再对指定的单元进行操作（取数、送数或运算等）。

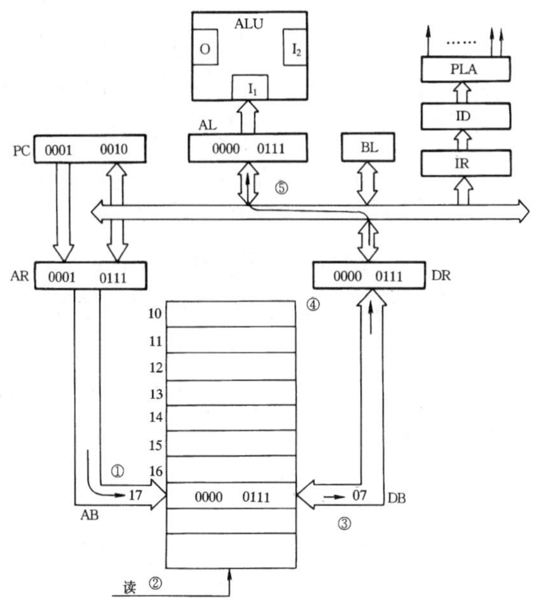

图 1-20　取操作数过程示意图

上述是最简单、最基本的操作。但是，这些却是计算机最基本的原理。计算机中的一切复杂、高级的运算与处理，都是分解为一些最简单、最基本的操作的集合来实现的，即计算机的指令集合来实现的。在本章内只是解释指令及其操作的基本概念。我们将在后续章节中介绍目前微机中最常用的 x86 指令系统。

1.3　计算机的硬件和软件

计算机的基本结构构成了计算机的硬件，若要使计算机能正确地运行以解决各种问题，还必须给它编制各种程序。为了运行、管理和维护计算机编制的各种程序的总和称为软件。软件的种类有很多，各种软件发展的目的都是为了扩展计算机的功能，使用户编制解决各种问题的源程序更为方便、简单和可靠。

1.3.1　系统软件

在计算机发展的初期，人们用机器指令码（二进制编码）来编写程序，称为机器语言阶段；但是，由于机器语言无明显的特征，不便于理解、记忆和学习，在编制程序时容易出错。所以，人们就用助记符代替操作码，用符号来代替地址，这就是汇编语言阶段；汇编语言使指令易理解记忆，便于交流。但是，机器还是只能识别机器指令码，所以用汇编语言写的源程序在机器中还必须经过翻译，变成用机器码表示的程序（称为目标程序——Object Program），机器才能识别和执行。开始，这种翻译工作是程序员用手工完成的。逐渐地，人们就编一个程序让机器来完成上述的翻译工作，具有这样的功能的程序就称为汇编程序（Assembler）。但是汇编语言的语句与机器指令是一一对应的，程序的语句数仍然很多，编程仍然是一件十分繁琐、困难的工作，而且用汇编语言编写程序必须对机器的指令系统十分熟悉，还不能脱离具体的机器，因而汇编程序还不能在不同的机器上通用。

为了使用户编程更容易，程序中所用的语句与实际问题更接近，而且使用户可以不必了解具体的机器，就能编写程序，并且使程序的通用性更强，就出现了各种高级语言（High Level Language），如BASIC、FORTRAN、PASCAL、COBOL、C等。高级语言易于理解、学习和掌握。用户用高级语言编程也就方便多了，大大减少了工作量。但是在计算机执行时，仍必须把用高级语言编写的源程序翻译成用机器指令表示的目标程序才能执行，这样就需要有各种解释程序（Interpreter）或编译程序（Compiler）。

随着计算机的发展（运算更快速，存储容量更大）和普及，计算机的操作，也就由手工操作方式（用户直接通过控制台操作、运行计算机），过渡到多道程序成批地在计算机中自动运行，于是就出现了控制计算机中的所有资源（CPU、存储器、输入/输出设备以及计算机中的各种软件）、使多道程序能成批地自动运行，且充分发挥各种资源最大效能的操作系统（Operating System）。

以上这些都是由计算机的设计者提供的，为了使用和管理计算机的软件，统称为系统软件。系统软件包括以下内容。

（1）各种语言和它们的汇编或解释、编译程序。

（2）机器的监控管理程序（Monitor）、调试程序（Debug）、故障检查和诊断程序。

（3）程序库。为了扩大计算机的功能，便于用户使用，机器中设置了各种标准子程序，这些子程序的总和就形成了程序库。

（4）操作系统。

1.3.2 应用软件

用户利用计算机以及它所提供的各种系统软件，编制解决用户各种实际问题的程序，这些程序称为应用软件。应用软件也可以逐步标准化、模块化，形成解决各种典型问题的应用程序的组合，被称为软件包（Package）。

1.3.3 支撑（支持）软件

随着计算机的硬件和软件的发展，计算机在信息处理、情报检索以及各种管理系统中的应用越来越广泛。计算机需要处理大量的数据，检索和建立大量的表格。这些数据和表格按一定规律组织起来，使得检索更迅速，处理更方便，也更便于用户使用，于是就建立了数据库。为了便于用户根据需要建立自己的数据库，询问、显示、修改数据库的内容，输出打印各种表格等，还需要数据库管理系统（Data Base Management System）等支撑软件。

上述这些都是各种形式的程序，它们存储在各种存储介质中，例如，磁盘、磁带、光盘等，统称为计算机的软件。

总之，计算机硬件建立了计算机应用的物质基础；而各种软件激活了计算机且扩充了计算机的功能，拓宽了它的应用范围。硬件与软件相结合才能组成一个完整的计算机系统。

1.4 微型计算机的结构

在计算机的基本部件中，运算器与控制器是系统的核心，称为CPU，它们都是用高速的电子电路（各种门、触发器等）构成的。第一代 CPU，是用电子管制造的；第二代则采用晶体管；第三代采用集成电路；第四代使用的是大规模集成电路。这种集成在一个芯片上的 CPU 称之为微处理器（Micro Processor），它本身还不是一个微机，而只是微机的一部分。只有与适当容量的存储器、输入/输出设备的接口电路以及必要的输入/输出设备结合在一起，才是一个完整的微机（Micro Computer），或称为微机系统（Micro Computer System），如图 1-21 所示。

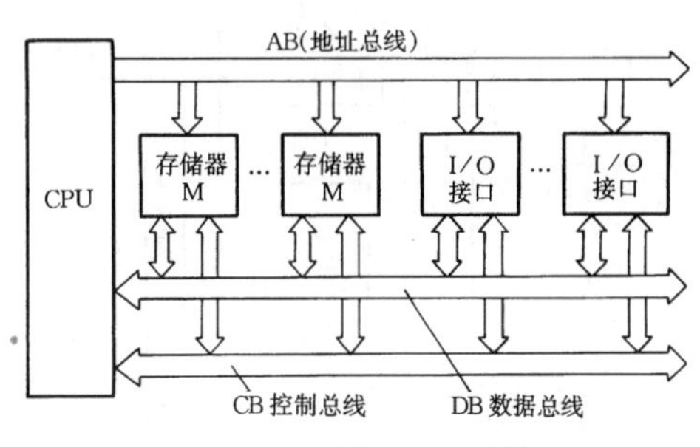

图 1-21　微机的外部结构

1.4.1　微型计算机的外部结构

在微机系统中，外部信息的传送是通过总线进行的。大部分微机有三组总线：地址总线（Address Bus）、数据总线（Data Bus）和控制总线（Control Bus）。

地址总线：通常为 32 位，即 A31～A0，因此，可寻址的内存单元为 2^{32}=4GB。I/O 接口也是通过地址总线来寻址的，它可寻址 64KB 的外设端口。

数据总线：通常为 32 位，即 D31～D0。数据在 CPU 与存储器和 CPU 与 I/O 接口之间的传送是双向的，故数据总线为双向总线。

控制总线：它传送各种控制信号，有的是 CPU 到存储器和外设接口的控制信号，例如，存储器请求（MREQ）、I/O 请求（IORQ）、读信号（RD）、写信号（WR）等；有的是由外设到 CPU 的信号，如 8086 中的 READY 以及 INT 等。

早期的计算机，输入/输出是通过运算器进行的，在输入和输出设备与存储器之间没有信号的直接联系。而在微机系统中，由于采用了总线结构，所以可在存储器和外设设备之间直接进行信息传输，即 DMA（Direct Memery Access）。

1.4.2　微型计算机的内部结构

一个典型的 8 位 CPU 的内部结构如图 1-22 所示。

微处理器的内部主要由以下三部分组成。

（1）内部寄存器阵列。其中，一部分是用来寄存参与运算的数据，它们往往也可以连成寄存器对，以寄存操作数的地址；另一部分是 16 位的专用寄存器如程序计数器 PC，堆栈指针（Stack Pointer，SP）等。

（2）累加器和算术逻辑单元。这是对数据进行算术运算、逻辑运算的场所。运算结果的特征由标志触发器记忆。

（3）指令寄存器、指令译码器和定时及各种控制信号的产生电路。它把用户程序中的指令一条条地译出来，然后以一定的时序发出相应的控制信号。它相当于控制器。

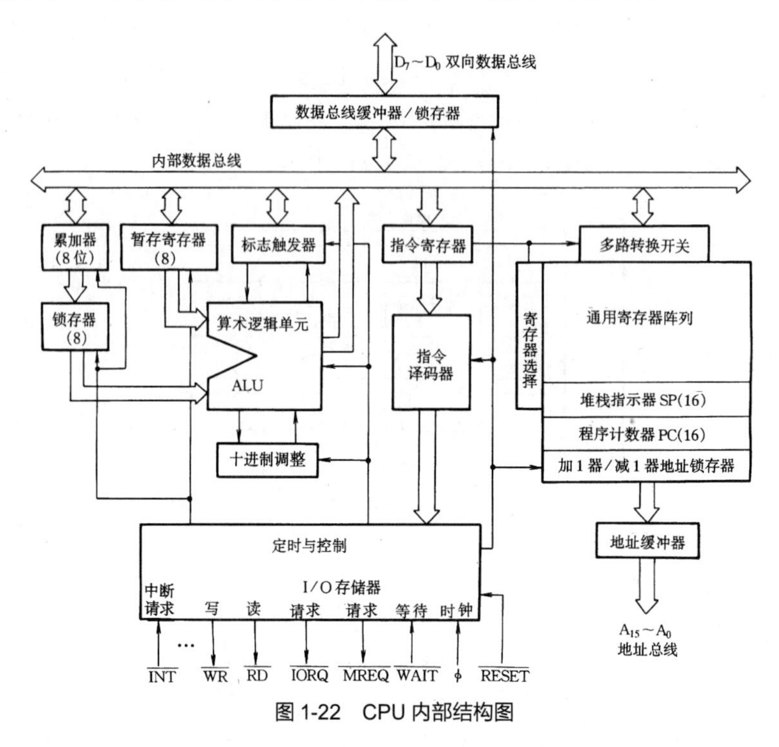

图 1-22　CPU 内部结构图

习　题

1.1　IA-32 结构微处理器直至 Pentium 4，有哪几种？

1.2　80386 与 8086 在功能上有哪些主要区别？

1.3　80486 与 80386 在功能上有哪些主要区别？

1.4　Pentium 相对于 80486 在功能上有什么扩展？

1.5　Pentium II 以上的处理器基于什么结构？

1.6　微处理器、微型计算机和微型计算机系统三者之间有什么不同？

1.7　CPU 的内部结构由哪几部分组成？CPU 应具备哪些主要功能？

1.8　微型计算机采用总线结构有什么优点？

1.9　数据总线和地址总线在结构上有什么不同之处？如果一个系统的数据和地址合用一套总线或者合用部分总线，那么，要靠什么来区分地址和数据？

1.10　控制总线传输的信号大致有哪几种？

1.11　在以下 1.12～1.15 题中所用的模型机的指令系统如表 1-3 所示。

在给定的模型机中，若有以下程序，分析在程序运行后累加器 A 中的值是多少。若此程序放在以 10H 为起始地址的存储区内，画出此程序在内存中的存储图。

```
LD   A, 20H
ADD  A, 15H
LD   A, 30H
ADD  A, 36H
ADD  A, 1FH
```

```
HALT
```

1.12　要求同题 1.11，程序如下：

```
LD   A, 50H
SUB  30H
LD   A, 10H
ADD  A, 36H
SUB  1FH
HALT
```

分析程序运行后累加器中的值是多少，并且画出该程序在内存中的存储图。

表 1-3　模型机指令系统

指令种类	助 记 符	机 器 码	功　能
数据传送	LD　A, n	3E n	n→A
	LD　H, n	26 n	n→H
	LD　A, H	7C	H→A
	LD　H, A	67	A→H
	LD　A, (n)	3A n	以 n 为地址，把该单元的内容送 A，即(n)→A
	LD　(n), A	32 n	把 A 的内容送至以 n 为地址的单元，A→(n)
	LD　A, (H)	7E	以 H 的内容为地址，把该单元的内容送 A，(H)→A
	LD　(H), A	77	把 A 的内容送至以 H 的内容为地址的单元，A→(H)
加　法	ADD　A, n	C6 n	A+n→A
	ADD　A, H	84	A+H→A
	ADD　A, (H)	86	A 与以 H 为地址的单元的内容相加，A+(H)→A
减　法	SUB　n	D6 n	A – n→A
	SUB　H	94	A – H→A
	SUB　(H)	96	A - (H)→A
逻辑与	AND　A	A7	A∧A→A
	AND　H	A4	A∧H→A
逻辑或	OR　A	B7	A∨A→A
	OR　H	B4	A∨H→A
异　或	XOR　A	AF	A⊕A→A
	XOR　H	AC	A⊕H→A
增　量	INC　A	3C	A+1→A
	INC　H	24	H+1→H
减　量	DEC　A	3D	A–1→A
	DEC　H	25	H–1→H
无条件转移	JP n	C3 n	n→PC
	JP Z, n	CA n	Z=1, n→PC
	JP NZ, n	C2 n	Z=0, n→P C
	JP C, n	DA n	Cy=1, n→PC
	JP NC, n	D2 n	Cy=0, n→PC
	JP M, n	FA n	S=1, n→PC
	JP P, n	F 2 n	S=0, n→PC
停机指令	HALT	76	停机

1.13　在给定的模型机中，写出用累加的办法实现 15 × 15 的程序。

1.14　在给定的模型机中，写出用累加的办法实现 20 × 20 的程序。

1.15　在模型机中，用重复相减的办法实现除法的程序如下：

```
          LD   A, (M2)         ; M2 为放除数的存储单元
          LD   H, A
          XOR  A
LOOP:     LD   (M3), A         ; M3 为放商的存储单元
          LD   A, (M1)         ; M1 为放被除数（或余数）的存储单元
          SUB  H
          JP   C, DONE
          LD   (M1), A
          LD   A, (M3)
          INC  A
          JP   LOOP
DONE:     MALT
```

若此程序放在以 20H 开始的存储区，画出它的存储图。

02

第2章 IA-32结构微处理器与8086

1985 年 Intel 公司推出了它的第一个 32 位的微处理器 80386。与 80286 相比，80386 不仅增加了若干个寄存器，而且寄存器的容量都扩充到了 32 位，具有全 32 位数据处理能力。当时，Intel 公司宣布 80386 芯片的体系结构将被确定为以后开发 80x86 系列微处理器的标准，称为 IA-32（Intel Architecture-32，英特尔 32 位体系架构）。

IA-32 指令系统全面升级为 32 位，但仍然兼容原来的 16 位指令系统。IA-32 结构微处理器以 8086 处理器为基础，是一个兼容的微处理器系列，同时也是 8086 在功能上和性能上的延伸。

2.1 IA-32 微处理器是 8086 的延伸

如第 1 章所述，IA-32 结构微处理器基本上按摩尔定律发展，已经经历许多代。但从使用者（包括程序员）的角度来看，它以 8086 处理器为基础。

2.1.1 8086 功能的扩展

1. 从 16 位扩展为 32 位

8086 是 16 位微处理器。它的内部寄存器的主体是 16 位的。它主要用于存放操作数的数据寄存器是 16 位的。它主要作为地址指针的指针寄存器也是 16 位的。依赖分段机制，用 20 位段基地址加上 16 位的偏移量形成了 20 位的地址，以寻址 1MB 的物理地址。

16 位能表示的数的范围是十分有限的，用 16 位作为地址，只能表示 64KB，更是一个十分小的地址范围，远远不能满足应用的需要。因此，1985 年，Intel 公司推出了第一个 32 位的微处理器——80386，开创了微处理器的 32 位时代。目前，微机正从 32 位向 64 位转移，但主流仍是 32 位。

32 位，无论从能表示的数的范围，还是能寻址的物理地址，都得到了极大的扩展。使得微处理器能取代以前的所谓“大型机”，应用于各种领域，极大地促进了计算机在各行各业中的应用。

32 位地址能寻址 4GB 物理地址。到目前，仍远大于主流计算机的实际内存配置，仍有广阔的应用余地。

2. 从实模式至保护模式

当 1981 年，IBM 公司刚推出 IBM-PC 时，主频是 5MHz，内存是 64～128KB，没有硬盘，只有单面单密度的软盘，到了 PC/XT，才有 10MB 硬盘。在这样的硬件资源下，采用的操作系统是 PC-DOS（MS-DOS）。这是单用户、单任务的磁盘操作系统。操作系统本身没有程序隔离，也没有保护。这是当时 DOS 病毒泛滥的内因。

随着 PC 的普及，硬件性能的迅速提高，要求有能保护操作系统软件核心的多任务操作系统。为使这样的操作系统能在微机系统中应用与普及，要求微处理器本身为这样的操作系统提供支持。于是，从 80286 开始，在 80386 中真正完善保护模式。在保护模式下，程序运行于四个特权级，这样就可以实现操作系统核心程序与应用程序的严格的隔离。保护模式支持多任务机制，任务之间完全隔离。

3. 片内存储管理单元（MMU）

32 位地址，可寻址 4GB 物理地址。大多数 PC 的物理内存配置小于 4GB。但应用程序却可能需要庞大的地址空间。因此，在操作系统中提供了虚拟存储器管理机制，而这要求硬件支持。所以，在 80386 中提供了片内的 MMU。提供了 4K 页、页表等支持。

以上三点是 80386 相对于 8086 的主要功能扩展。

4. 浮点支持

工程应用、图形处理、科学计算等要求浮点支持（实数运算）。因此，自 80486 芯片开始，在 IA-32 微处理器中集成了 x87（及其增强）浮点单元。

5. MMX 技术

为支持多媒体技术的应用，如音乐合成、语音合成、语音识别、音频与视频压缩（编码）和解压缩（译码）、2D 与 3D 图形（包括 3D 结构映像）和流视频等，IA-32 处理器中增加了 MMX 技术及相应的指令。

6. 流 SIMD 扩展（SSE）

自 Pentium III 处理器开始，在 IA-32 微处理器中引进了流 SIMD（单指令多数据）扩展（SSE）技术。SSE 扩展把由 Intel MMX 引进的 SIMD 执行模式扩展为新的 128 位 XMM 寄存器并能在包装的单精度浮点数上执行 SIMD 操作。

奔腾 4 处理器又进一步扩展为流 SIMD 扩展 2（SSE2）——用 144 条新指令扩展 Intel MMX 技术和 SSE 扩展，它包括支持：

- 128 位 SIMD 整数算术操作；
- 128 位 SIMD 双精度浮点操作。

128 位指令设计以支持媒体和科学应用。由这些指令所用的向量操作数允许应用程序在多个向量元素上并行操作。元素可以是整数（从字节至四字）或浮点数（单精度或双精度）。算术运算产生有符号的、无符号的和/或混合的结果。

2.1.2 8086 性能的提高

IA-32 系列芯片的发展的一个重要方面是提高性能。

1. 利用流水线技术提高操作的并行性

提高性能的一个重要方面是利用超大规模集成电路的工艺与制造技术提高芯片的主频，即减少一个时钟周期的时间。提高性能的另一重要方面是缩短执行指令的时钟周期数。在 8086 中，利用流水线把取指令与执行指令重叠，减少了等待取指令的时间，从而使大部分指令的执行时间为四个时钟周期。

80386 利用芯片内 6 个能并行操作的功能部件，使执行一条指令的时间缩短为两个时钟周期。

80486 将 80386 处理器的指令译码和执行部件扩展成五级流水线，进一步增强了其并行处理能力，在五级流水线中最多可有五条指令被同时执行，每级都能在一个时钟周期内执行一条指令，80486 微处理器最快能够在每个 CPU 时钟周期内执行一条指令。

到了奔腾处理器增加了第二个执行流水线以达到超标量性能（两个已知的流水线 u 和 v，一起工作能实现每个时钟执行两条指令）。

Intel Pentium 4 处理器是第一个基于 Intel NetBurst 微结构的处理器。Intel NetBurst 微结构是新的 32 位微结构，它允许处理器能在比以前的 IA-32 处理器更高的时钟速度和性能等级上进行操作。Intel Pentium 4 处理器有快速的执行引擎、Hyper 流水线技术与高级的动态执行，使指令执行的并行性进一步提高，从而做到在一个时钟周期中可以执行多条指令。

2. 引入片内缓存（Cache）

随着超大规模集成电路技术的发展，存储器的集成度和工作速度都有了极大地提高。但是，相对于 CPU 的工作速度仍然至少差一个数量级。为了减少从存储器中取指令与数据的时间，利用指令执行的局部性原理，把近期可能要用到的指令与数据放在工作速度比主存储器更快（当然，容量更小）的缓存中。这样的思想进一步在处理器中实现，即在处理器芯片中实现了缓存。目前，通常在处理器芯片上有指令和数据分开的一级缓存与指令和数据混合的二级缓存。目前，缓存的容量越来越大，进一步提高了处理器的性能。

总之，IA-32 系列处理器芯片就是沿着这样的思路发展的。因此，8086 是 IA-32 系列处理器的基础。而且，任一种 IA-32 处理器芯片在上电后，就是处在 8086 的实模式。根据需要，用指令进入各种操作模式。所以，学习 IA-32 处理器必须学习掌握 8086，也只能从 8086 入手。从指令，从编程来说，几乎没有用汇编语言来使用浮点指令、MMX 指令与 XMM 指令的，都是通过高级语言来使用这些指令的。因而，绝大部分程序员，除了编写操作系统代码的外，面对 IA-32 处理器的指令，实际上是面对 8086 指令。

因此，本书从 8086 入手来学习与掌握 IA-32 处理器。

2.2　8086 的功能结构

8086 的功能结构如图 2-1 所示。

8086 CPU 从功能上来说分成两大部分：总线接口单元（Bus Interface Unit，BIU）和执行单元（Execution Unit，EU）。

BIU 负责 8086 CPU 与存储器之间的信息传送。具体地说，BIU 负责从内存的指定单元取出指令，送至指令流队列中排队（8086 的指令流队列是 6 个字节）；在执行指令时所需的操作数，也由 BIU 从内存的指定区域取出，传送给 EU 去执行。

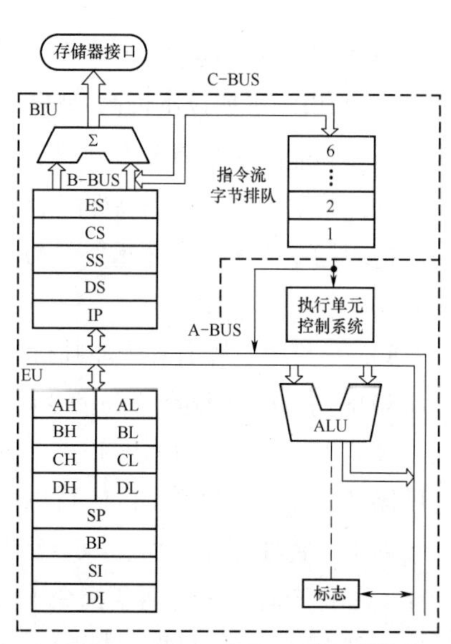

图 2-1　8086（8088）的功能结构

EU 负责指令的执行。主要由数据寄存器、指针寄存器与算术逻辑单元（ALU）组成。这样，取指部分与执行指令部分是分开的，于是在一条指令的执行过程中，就可以取出下一条（或多条）指令，在指令流队列中排队。在一条指令执行完以后就可以立即执行下一条指令，减少了 CPU 为取指令而等待的时间，提高了 CPU 的利用率，提高了整个运行速度。

如前所述，在 8080 与 8085 以及标准的八位微处理器中，程序的执行是由取指和执行指令的循环来完成的。即执行的顺序为取第一条指令，执行第一条指令；取第二条指令，执行第二条指令……直至取最后一条指令，执行最后一条指令。这样，在每一条指令执行完以后，CPU 必须等待到下一条指令取出来以后才能执行。所以，它的工作顺序如图 2-2 所示。

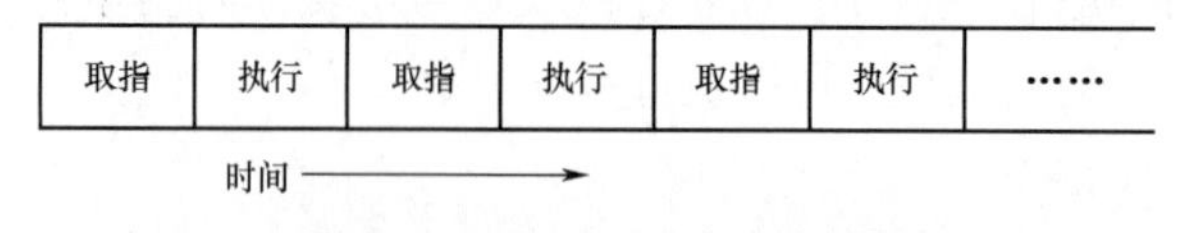

图 2-2　8 位微处理器的执行顺序

但在 8086 中，由于 BIU 和 EU 是分开的，所以，取指和执行可以重叠进行。它的执行顺序如图 2-3 所示。

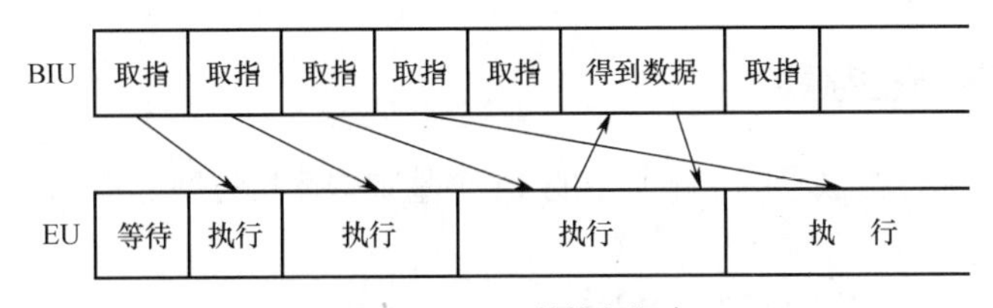

图 2-3 8086 的执行顺序

于是就大大减少了等待取指所需的时间，提高了 CPU 的利用率。一方面可以提高整个程序的执行速度，另一方面又降低了与之相配的存储器的存取速度的要求。这种重叠的操作技术，称为流水线，过去只在大型机中才使用，现在已经在 IA-32 系列微处理器中得到了广泛地使用与提高。

2.3 8086 微处理器的执行环境

本节描述汇编语言程序员看到的 8086 微处理器的执行环境。它描述处理器如何执行指令及如何存储和操作数据。执行环境包括内存（地址空间）、通用数据寄存器、段寄存器、标志寄存器（FLAGS）和指令指针寄存器等。

2.3.1 基本执行环境概要

在 8086 微处理器上执行的程序或任务都有一组执行指令的资源用于存储代码、数据和状态信息。这些资源构成了 8086 微处理器的执行环境。

- 地址空间。8086 微处理器上运行的任一任务或程序能寻址 1MB（2^{20} 字节）的线性地址空间。
- 基本程序执行寄存器。八个通用寄存器、四个段寄存器、标志寄存器 FLAGS 和 IP（指令指针）寄存器组成了执行通用指令的基本执行环境。这些指令执行字节、字整型数的基本整数算术运算，处理程序流程控制，在字节串上操作并寻址存储器。
- 堆栈（Stack）。为支持过程或子程序调用并在过程或子程序之间传递参数，堆栈和堆栈管理资源包含在基本执行环境中。堆栈定位在内存中。
- I/O 端口。8086 结构支持数据在处理器和输入输出（I/O）端口之间的传送。

8086 微处理器的基本执行环境如图 2-4 所示。

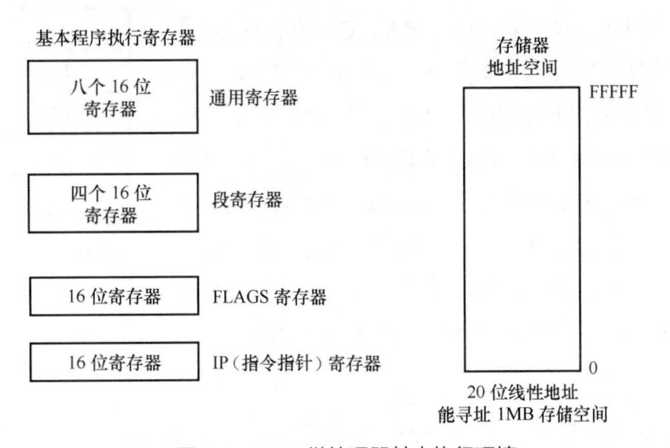

图 2-4 8086 微处理器基本执行环境

2.3.2 基本的程序执行寄存器

处理器为应用程序编程提供了图 2-4 所示的 14 个基本程序执行寄存器。

这些寄存器分组如下：

- 通用寄存器，这八个寄存器能用于存放操作数和指针；
- 段寄存器，这些寄存器最多能保存四个段选择子；
- FLAGS（程序状态和控制）寄存器，FLAGS 寄存器报告正在执行的程序的状态，并允许有限地（应用程序级）控制处理器；
- IP（指令指针）寄存器。IP 寄存器包括下一条要执行的指令的 16 位指针。

1. **通用寄存器**

八个 16 位通用寄存器 AX、BX、CX、DX、SI、DI、BP 和 SP 用于处理以下项：

- 逻辑和算术操作的操作数；
- 用于地址计算的操作数；
- 内存指针。

虽然所有这些寄存器都可用于存放操作数、结果和指针，但在引用 SP 寄存器时要特别小心。SP 寄存器保持堆栈指针，通常不要用于其他目的。

许多指令赋予特定的寄存器以存放操作数。例如，串操作指令用 CX、SI 和 DI 寄存器的内容作为操作数。当用分段存储模式时，某些指令假定在一定的寄存器中的指针相对于特定的段。例如，某些指令假定指针在 BX 寄存器中，指向 DS 段中的存储单元。以下是这些特殊使用的小结：

- AX——操作数和结果数据的累加器；
- BX——在 DS 段中数据的指针；
- CX——串和循环操作的计数器；
- DX——I/O 指针；
- SI——指向 DS 寄存器段中的数据指针、串操作的源指针；
- DI——指向 ES 寄存器段中的数据（目标）的指针、串操作的目标指针；
- SP——堆栈指针（在 SS 段中）；
- BP——堆栈上数据指针（在 SS 段中）。

这些通用寄存器中的前四个，即 AX、BX、CX 和 DX 通常称为数据寄存器，用以存放操作数。后四个，即 SI、DI、BP 和 SP 通常称为指针寄存器。虽然它们也可以存放操作数，但主要用作存放地址指针。数据寄存器 AX、BX、CX 和 DX 又可以分别作为 AH、BH、CH 和 DH（高字节）以及 AL、BL、CL 和 DL（低字节）等 8 位寄存器使用，如图 2-5 所示。SP 是堆栈指针，它与段寄存器 SS 一起确定在堆栈操作时堆栈在内存中的位置。用 BP 寻址堆栈操作数时，也是寻址堆栈段。SI 和 DI 常用于串操作。

通用寄存器

15　　　　8	7　　　　0	
AH	AL	AX
BH	BL	BX
CH	CL	CX
DH	DL	DX
SI		
DI		
BP		
SP		

图 2-5　8086 通用寄存器

2. **段寄存器**

段寄存器（CS、DS、SS 和 ES）保存 16 位段选择子。一个段选择子是标志内存中一个段的特殊指针。为访问在内存中的具体段，此段的段选择子必须存在于适当的段寄存器中。

当写应用程序代码时，程序用汇编程序的命令和符号建立段选择子。然后汇编程序或其他的工具建立与这些命令和符号相关的实际段选择子值。若写系统代码，程序员可能需要直接建立段选择子。

当使用分段存储模式时，初始，每一个段寄存器用不同的段选择子加载，所以每个段寄存器指向线性地址空间中的不同的段，如图 2-6 所示。

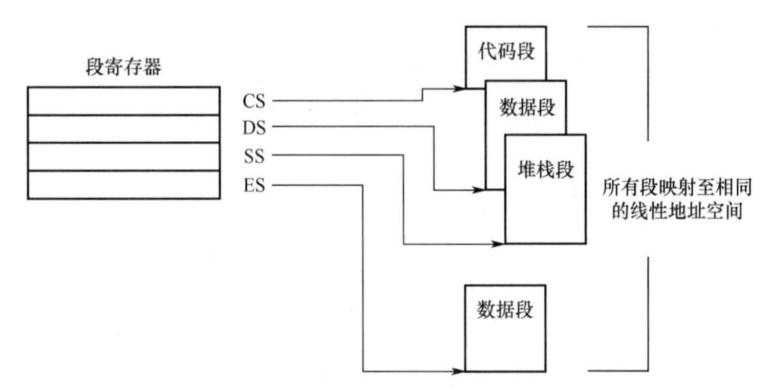

图 2-6　在分段存储模式中的段寄存器

任何时候，一个程序能访问多至线性地址空间中的四个段。为访问未由一个段寄存器指向的段，程序必须首先把要访问的段的段选择子加载至一个段寄存器。

每个段寄存器与三种存储类型之一相关：代码、数据或堆栈。例如，CS 寄存器包含代码段的段选择子，其中存放正在执行的指令。处理器用在 CS 寄存器中的段选择子和 IP 寄存器中的内容组成的逻辑地址取下一条要执行的指令。CS 寄存器不能由应用程序直接加载，而是由改变程序控制的指令或内部处理器指令（例如过程调用或中断处理）隐含加载。DS、ES 寄存器指向两个数据段。两个数据段的可用性，允许有效而又安全地访问不同类型的数据结构的不同类型。例如，可只建立两个不同的数据段：一个用于当前模块的数据结构，另一个用于从较高级模块输出的数据。为了访问附加的数据段，应用程序必须按需要把这些段的段选择子加载至 DS、ES 寄存器中。SS 寄存器包含堆栈段的段选择子。所有的堆栈操作都通过 SS 找到堆栈段。与 CS 寄存器不同，SS 寄存器能显式加载，而且它允许应用程序设置多个堆栈并在堆栈之间切换。

3. FLAGS 寄存器

16 位 FLAGS 寄存器包含一组状态标志、一个控制标志和一个系统标志。图 2-7 定义了此寄存器中的标志。

图 2-7　FLAGS 寄存器

在处理器初始化（由 RESET 脚或 INIT 脚有效）之后，FLAGS 寄存器的内容是 0002H。此寄存器的位 1、3、5、12～15 保留。软件不能用或依赖于这些位中的任意一个。LAHF、SAHF、PUSHF、POPF 指令能用于标志组与堆栈或 AX 寄存器之间的移动。在 FLAGS 寄存器的内容传送到过程堆栈或 AX 寄存器之后，标志能作修改。

在调用中断或异常处理时，处理器自动保存 FLAGS 寄存器的状态至堆栈上。

（1）状态标志

FLAGS 寄存器的状态标志（位 0、2、4、6、7 和 11）指示算术指令，例如，ADD、SUB、MUL 和 DIV 指令的结果的一些特征。状态标志的功能如下。

① 进位标志（Carry Flag，CF）

当结果的最高位（字节操作时的 D7 或字操作时的 D15、双字操作的 D31）产生一个进位或借位时，则 C = 1，否则为 0。这个标志主要用于多字节数的加、减法运算。移位和循环指令也能够把存储器或寄存器中的最高位（左移时）或最低位（右移时）放入标志 CF 中。

② 辅助进位标志（Auxitiary Carry Flag，AF）

在字节操作时，若由低半字节（一个字节的低 4 位）向高半字节进位或借位，则 AF = 1，否则为 0。这个标志用于十进制算术运算指令中。

③ 溢出标志（Overflow Flag，OF）

在算术运算中，带符号数的运算结果超出了 8 位、16 位带符号数能表达的范围，即在字节运算时>+127 或<−128，或在字运算时>+32767 或<−32768，此标志置位，否则复位。一个任选的溢出中断指令，在溢出情况下能产生中断。

溢出和进位是两个不同性质的标志，千万不要混淆。

例如，在字节运算时：

```
MOV  AL, 64H
ADD  AL, 64H
```

即

```
    01100100
+   01100100
------------
    11001000
```

D7 位向前无进位，故运算后 CF = 0；但运算结果超过了+127，此时，溢出标志位 OF = 1。

又如，在字节运算时：

```
MOV  AL, 0ABH
ADD  AL, 0FFB
```

即

```
    10101011
+   11111111
------------
    10101010
```

D7 位向前有进位，故运算后 CF = 1，但运算的结果未小于−128，此时，溢出标志位 OF = 0。

在字运算时，若有：

```
MOV  AX, 0064H
ADD  AX, 0064H
```

即

```
    00000000  01100100
+   00000000  01100100
----------------------
    00000000  11001000
```

D15 位未有进位，故 CF = 0；运算结果显然未超过+32767，故溢出标志位 OF = 0。

但若有：

```
MOV  AX, 6400H
ADD  AX, 6400H
```

即

```
      01100100   00000000
  +   01100100   00000000
  ------------------------
      11001000   00000000
```

D15 位未产生进位，故运算后 CF = 0；但数超过了+32767，溢出标志位 OF = 1。

又例如：

```
MOV  AX, 0AB00H
ADD  AX, 0FFFFH
```

即

```
      10101011    00000000
  +   11111111    11111111
  -------------------------
      10101010    11111111
```

D15 位产生进位，故 CF = 1；但运算结果未小于−32768，故溢出标志位 OF = 0。

④ 符号标志（Sign Flag，SF）

它的值与运算结果的最高位相同。即结果的最高位（字操作时为 D15）为 1，则 SF = 1；否则，SF = 0。

由于在 IA-32 结构微处理器中，符号数是用补码表示的，所以 S 表示了结果的符号，SF=0 为正，SF = 1 为负。

⑤ 奇偶标志（Parity Flag，PF）

若操作结果中“1”的个数为偶数，则 PF = 1，否则 PF = 0。这个标志可用于检查在数据传送过程中是否发生错误。

⑥ 零标志（Zero Flag，ZF）

若运算的结果为 0，则 ZF = 1，否则 ZF = 0。

在这些状态标志中，只有进位标志 CF 能用指令 STC（设置进位位）、CLC（清除进位位）和 CMC（进位位取反）直接进行修改。也可以用位操作指令（BT、BTS、BTR 和 BTC）拷贝规定位至 CF 标志。

这些状态标志允许由算术操作以产生三种不同数据类型的结果：无符号整数、符号整数和 BCD 整数。若算术操作的结果作为无符号整数对待，CF 标志指示超出范围（进位或借位）；若作为符号整数（2 的补码值）对待，OF 标志指示是否超出范围；若作为 BCD 数对待，AF 标志指示进位或借位。SF 标志指示符号整数的符号。ZF 标志指示符号整数或无符号整数是否为 0。

当执行多精度整数算术运算时，CF 用于与带进位加（ADC）和带借位减（SBB）指令一起产生适当的进位或借位。

（2）控制标志

EFLAGS 寄存器的控制标志（位 8、9、10）指示程序和计算机运行的状况。控制标志的功能如下。

① 方向标志（Direction Flag，DF）

若用指令置 DF = 1，则引起串操作指令为自动减量指令，也就是从高地址到低地址或是“从右到左”来处理串；若使 DF = 0，则串操作指令就为自动增量指令。

STD 和 CLD 指令分别地设置和清除 DF 标志。

② 中断允许标志（Interrupt-enable Flag，IF）

若指令中置 IF = 1，则允许 CPU 去接收外部的可屏蔽的中断请求；若使 IF = 0，则屏蔽上述的中断请求；对内部产生的中断不起作用。

③ 追踪标志（Trace Flag，TF）

置 IF 标志，使处理进入单步方式，以便于调试。在这个方式下，CPU 在每条指令执行以后，产生一个内部的中断，允许程序在每条指令执行完以后进行检查。

4. **指令指针**

指令指针（IP）寄存器包含下一条要执行的指令在当前码段中的偏移。通常，它是顺序增加的，从一条指令边界至下一条指令，但在执行 JMP、Jcc、CALL、RET 和 IRET 等指令时，它可以向前或向后移动若干条指令。

IP 寄存器不能直接由软件访问；它由控制传送指令（例如，JMP、Jcc、CALL 和 RET）、中断和异常隐含控制。读 IP 寄存器的唯一方法是执行一条 CALL 指令，然后从堆栈中读指令指针的返回值。IP 寄存器能通过修改过程堆栈上指令指针的返回值并执行返回指令（RET 或 IRET）来间接修改。

2.3.3 存储器组织

处理器在它的总线上寻址的存储器称为物理存储器。物理存储器按字节序列组织。每个字节赋予一个唯一的地址，称为物理地址。物理地址空间的范围从 $0\sim2^{20}-1$（1MB）。与 8086 处理器一起工作的任何操作系统和应用程序都使用处理器的存储管理设施访问存储器。这些设施提供如分段特性以允许有效地和可靠地管理存储器。

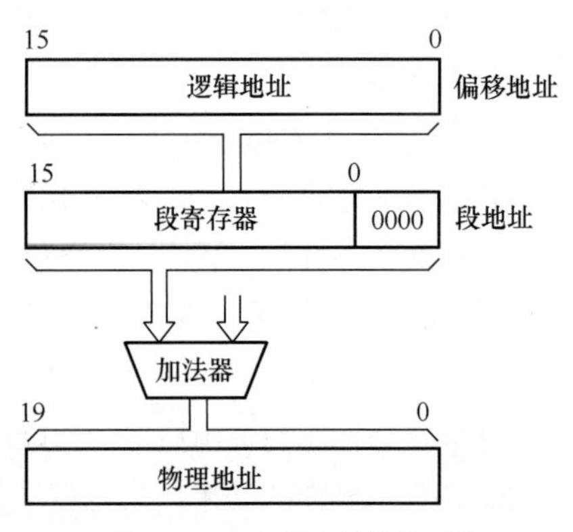

图 2-8 8086 物理地址的形成

8086 有 20 条地址引线，它的直接寻址能力为 2^{20} = 1MB。所以，在一个 8086 组成的系统中，可以有多达 1MB 的存储器。这 1MB 逻辑上可以组织成一个线性矩阵。地址从 00000H 到 FFFFFH。给定一个 20 位的地址，就可以从这 1MB 中取出所需要的指令或操作数；但是，在 8086 内部，这 20 位地址是如何形成的呢？如前所述，8086 内部的 ALU 能进行 16 位运算，有关地址的寄存器如 SP、IP，以及 BP、SI、DI 等也都是 16 位的，因而 8086 对地址的运算也只能是 16 位。这就是说，对于 8086 来说，各种寻址方式，寻找操作数的范围最多只能是 64KB。所以，整个 1MB 存储器以 64KB 为范围分为若干段。在寻址一个具体物理单元时，必须要由一个基地址再加上由 SP、IP、BP、SI 或 DI 等可由 CPU 处理的 16 位偏移量来形成实际的 20 位物理地址。这个基地址就是由 8088 中的段寄存器，即代码段寄存器（CS）、堆栈段寄存器（SS）、数据段寄存器（DS）以及附加段寄存器（ES）中的一个来形成的。在形成 20 位物理地址时，段寄存器中的 16 位数会自动左移 4 位，然后与 16 位偏移量相加，如图 2-8 所示。

每次在需要产生一个 20 位地址的时候，一个段寄存器会自动被选择，且能自动左移 4 位再与一个 16 位的地址偏移量相加，以产生所需要的 20 位物理地址。

每次取指令的时候，自动选择代码段寄存器（CS），再加上由 IP 所决定的 16 位偏移量，计算得到要取的指令的物理地址。

每次涉及一个堆栈操作时，自动选择堆栈段寄存器（SS），再加上由 SP 所决定的 16 位偏移量，计算得到堆栈操作所需要的 20 位物理地址。

每次涉及一个操作数，自动选择数据段寄存器（DS）或附加段寄存器（ES），再加上 16 位偏移量，计算得到操作数的 20 位物理地址。而 16 位偏移量，可以是包含在指令中的直接地址，也可以是某一个 16 位地址寄存器的值，还可以是指令中的位移量加上 16 位地址寄存器中的值等，这取决于指令的寻址方式。

在 8086 系统中，存储器的访问如图 2-9 所示。

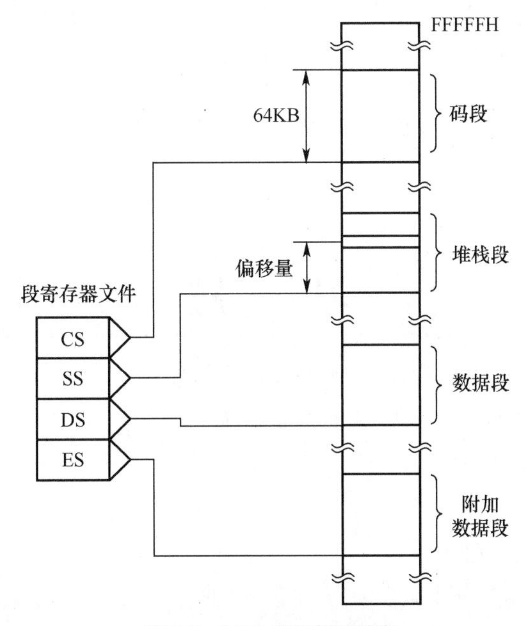

图 2-9　8086 的存储器结构

在不改变段寄存器值的情况下，寻址的最大范围是 64KB。所以，若有一个任务，它的程序长度、堆栈长度以及数据区长度都不超过 64KB，则可在程序开始时，分别给 DS、SS、ES 置值，然后在程序中就可以不再考虑这些段寄存器，程序就可以在各自的区域中正常地进行工作。若某一个任务所需的总的存储器长度（包括程序长度、堆栈长度和数据长度等）不超过 64KB，则可在程序开始时使 CS、SS、DS 相等，程序也能正常地工作。

采用上述的存储器分段方法，处理要求在程序区、堆栈区和数据区之间隔离的任务时是非常方便的。

这种存储器分段方法，对于一个程序中要用的数据区超过 64KB，或要求从两个（或多个）不同区域中去存取操作数，也是十分方便的。只要在取操作数以前，用指令给数据段寄存器重新赋值就可以了。

这种分段方法也适用于程序的再定位要求。在很多情况下，要求同一个程序能在内存的不同区域中运行，而不改变程序本身，这在 8086 中是可行的。只要在程序中的转移指令都使用相对转移指令，且在运行这个程序前设法改变各个段寄存器的值就可以了。如图 2-10 所示。

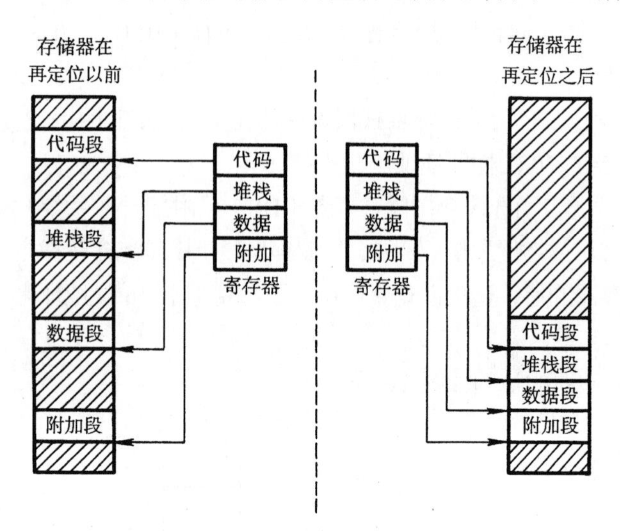

图 2-10　8086 的存储器再定位

根据指令，BIU 会自动完成所需要的访问存储器的次数。

习　题

2.1　8086 的基本程序执行寄存器是由哪些寄存器组成？

2.2　8086 的存储器是如何组织的？地址如何形成？

2.3　通用寄存器起什么作用？

2.4　指令地址如何形成？

2.5　如何形成指令中的各种条件码？

2.6　8086 的总线接口部件有哪些功能？请逐一说明。

2.7　8086 的总线接口部件由哪几部分组成？

2.8　段寄存器 CS = 1200H，指令指针寄存器 IP = FF00H，此时，指令的物理地址为多少？

2.9　8086 的执行部件有什么功能？由哪几部分组成？

2.10　状态标志和控制标志有何不同？程序中是怎样利用这两类标志的？8086 的状态标志和控制标志分别有哪些？

03 第3章　8086指令系统

指令系统是微处理器能执行的各种指令的集合，它指出该型号的计算机硬件所能完成的基本操作。各计算机的指令系统不仅决定了机器所要求的能力，而且也决定了指令的格式和机器的结构。指令系统提供给使用者编制程序和进行计算机逻辑设计的基本依据。

本章介绍 8086 CPU 的指令系统，包括数据传送类指令、运算类指令、移位指令、串操作指令和控制转移类指令。为读者实现汇编程序的编写打下基础。

3.1　基本数据类型

8086 处理器的基本数据类型是字节、字、双字，如图 3-1 所示。

一个字节是 8 位，一个字是两个字节（16 位），双字是 4 个字节（32 位）。

图 3-2 所示的是基本数据类型作为内存中的操作数引用时的字节顺序。

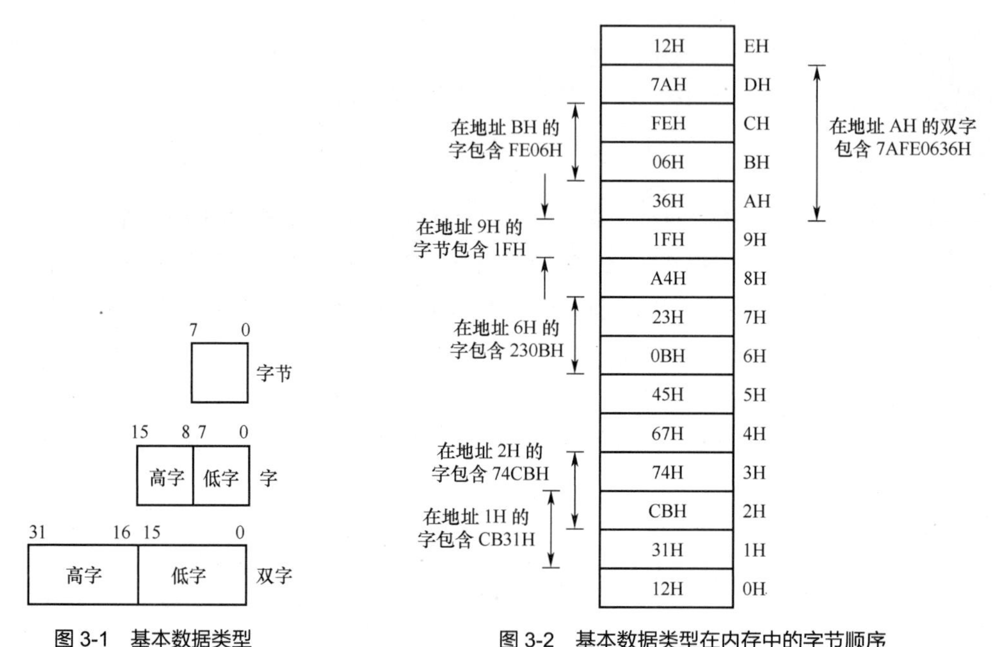

图 3-1　基本数据类型　　　　图 3-2　基本数据类型在内存中的字节顺序

低字节（位 0～7）占用内存中的最低地址，此地址也是此操作数的地址。

3.1.1　字、双字的对齐

字、双字在内存中并不需要对齐至自然边界（字、双字的自然边界是偶数编号的地址）。然而，为改进程序的性能，数据结构（特别是堆栈）只要可能，应对齐在自然边界上。这样做的理由是：对于不对齐的存储访问，处理器要求做两次存储访问操作；而对于对齐的访问只要做一次存储访问操作。

3.1.2　数字数据类型

虽然字节、字和双字是 IA-32 结构的基本数据类型，但某些指令可对这些数据类型有附加的解释（如带符号的或无符号整数）。这些数字数据类型如图 3-3 所示。

IA-32 结构定义两种类型整数：无符号整数和符号整数。无符号整数是原始二进制值，范围从 0 到所选择的操作数尺寸能编码的最大正数。符号整数是 2 的补码二进制值，能用于表示正的和负的整数值。

某些整数指令（例如 ADD、SUB、PADDB 和 PSUBB 指令）可在无符号或符号整数上操作。而一些整数指令（例如 IMUL、MUL、IDIV、DIV、FIADD 和 FISUB）只能在一种整数类型上操作。

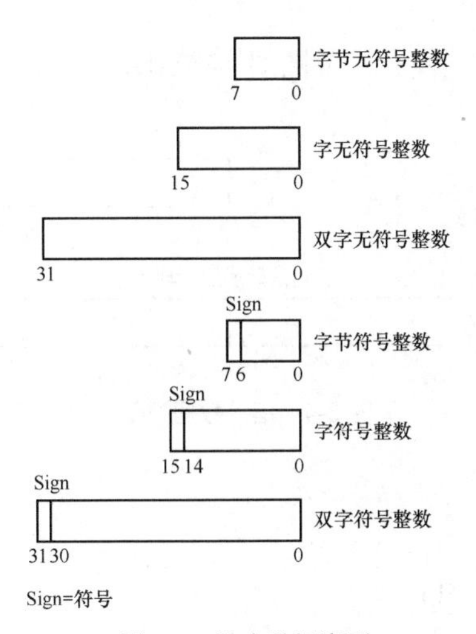

图 3-3　数字数据类型

1. 无符号整数

无符号整数是包含字节、字、双字中的无符号的二进制数。它们的值的范围：对于字节，从 0～255；对于字，从 0～65535；对于双字，从 0～$2^{32}-1$。无符号整数有时作为原始数引用。

2. 符号整数

符号整数是保存在字节、字、双字中的带符号的二进制数。对于符号整数的所有操作都假定用 2 的补码表示。符号位定位在操作数的最高位，符号整数编码列于表 3-1。

表 3–1　符号整数编码

类　别		2 的补码	
		符　号	
正数	最大	0	11…11
	最小	0	00…01
零		0	00…00
负	最小	1	11…11
	最大	1	00…00
		符号字节整数	7 位
		符号字整数	15 位
		符号双字整数	31 位
		符号四字整数	63 位

负数的符号位为 1，正数的符号位为 0。整数值的范围，对于字节，从−128～+127；对于字从−32 768～+32 767；对于双字，从-2^{31}～$+2^{31}-1$。

当在内存中存储整数值时，字整数存放在两个连续字节中；双字整数存放在四个连续字节中。

3.1.3　指针数据类型

指针是内存单元的地址（见图 3-4）。IA-32 结构定义两种类型的指针：近（Near）指针（16 位）和远（Far）指针（32 位）。Near 指针是段内的 16 位偏移量（也称为有效地址）。Near 指针在分段存储模式中用于同一段内的存储器引用。Far 指针是一个 32 位的逻辑地址，包含 16 位段选择子和 16

位的偏移。Far 指针用于在分段存储模式中的跨段存储引用。

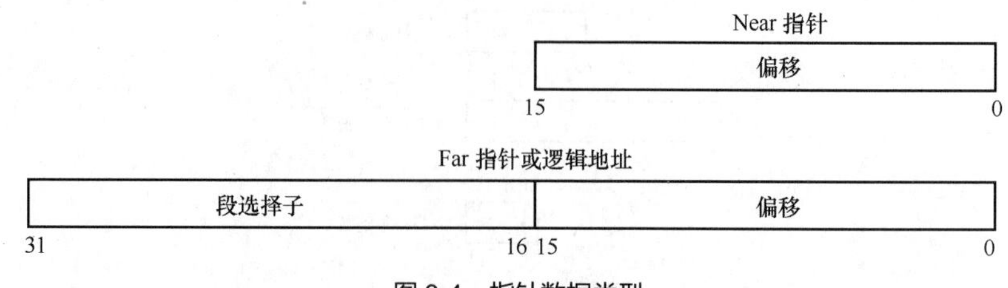

图 3-4　指针数据类型

3.1.4　串数据类型

串是位、字节、字或双字的连续序列。

3.2　8086 的指令格式

当指令用符号表示时，就是使用 8086 汇编语言的子集。在此子集中，指令有以下格式：

```
label（标号）：mnemonic（助记符）  argument1（参数 1），argument2（参数 2），argument3（参数 3）；注释
```

其中：

- 标号是一标识符后面跟有冒号（:）。
- 助记符是一类具有相同功能的指令操作码的保留名。
- 操作数参数 1、参数 2 和参数 3 是任选的。可以有 0~3 个操作数，取决于操作码。若存在，它们可能是文字或数据项的标识符、操作数标识符，或者是寄存器的保留名，或者是在程序的另一部分中声明的赋予数据项的标识符。

当在算术和逻辑指令中存在两个操作数时，右边的是源操作数，左边的是目的操作数。

例如：

```
LOADREG:   MOV   AX, SUBTOTAL
```

在此例中，LOADREG 是标号，MOV 是操作码的助记标识符，AX 是目的操作数，而 SUBTOTAL 是源操作数。

这条指令的功能是：把由 SUBTOTAL 表示的源操作数传送（MOVE）至 AX 寄存器。

3.3　8086 指令的操作数寻址方式

8086 机器指令有零个或多个操作数。某些操作数是显式规定的，有的是指令中隐含的。一个操作数能定位在以下之一中：

- 指令自身中（立即数）；
- 寄存器；
- 存储单元；
- I/O 端口。

3.3.1 立即数

某些指令用包含在指令中的数据作为源操作数。这些操作数称为立即操作数（简单称为立即数）。这种寻址方式如图 3-5 所示。

例如，以下 ADD 指令加立即数 14 至 AX 寄存器的内容：

```
ADD  AX, 14
```

所有算术指令（除了 DIV 和 IDIV 指令）均允许源操作数是立即数。允许的立即数的最大值随指令改变，但不能大于无符号双字整数（$2^{32}-1$）。

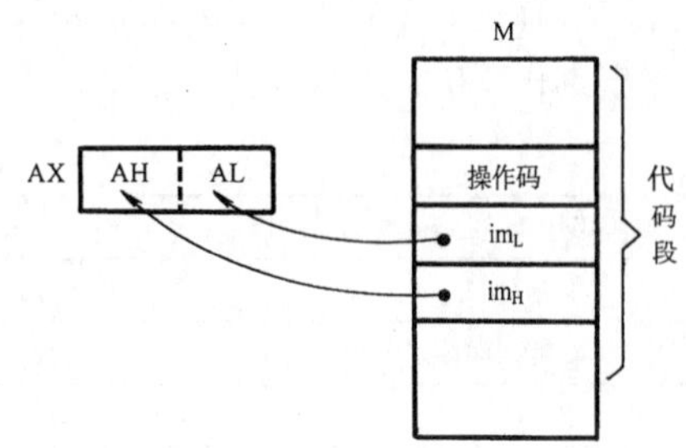

图 3-5　立即寻址方式

3.3.2 寄存器操作数

源和目的操作数能在以下寄存器中，取决于正在执行的指令：

- 16 位通用寄存器（AX、BX、CX、DX、SI、DI、SP 或 BP）;
- 8 位通用寄存器（AH、BH、CH、DH、AL、BL、CL 或 DL）;
- 段寄存器（CS、DS、SS、ES、FS 和 GS）;
- FLAGS 寄存器。

这种寻址方式如图 3-6 所示。

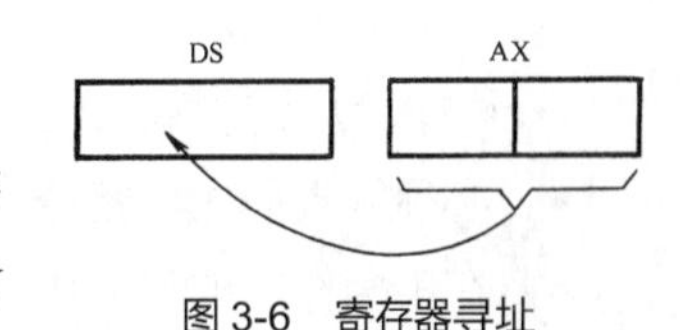

图 3-6　寄存器寻址

某些指令（例如 DIV 和 MUL 指令）中使用了包含在一对 16 位寄存器中的双字操作数。寄存器对用冒号分隔。例如 DX:AX，DX 包含高序位而 AX 包含双字操作数的低序位。

某些指令（例如 PUSHF 和 POPF 指令）用于装入和存储 FLAGS 寄存器的内容、设置或清除在此寄存器中的不同的位。其他的指令（例如 Jcc 指令）用在 FLAGS 寄存器中状态标志规定的状态作为条件码执行分支等操作。

3.3.3 存储器操作数

在内存中的源和目的操作数由段地址和偏移量引用，如图 3-7 所示。

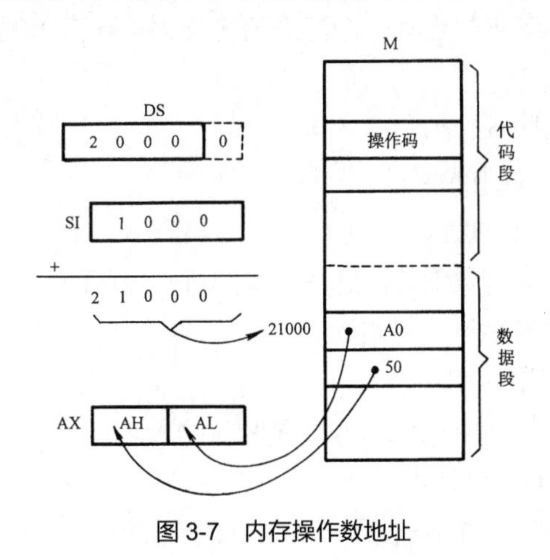

图 3-7　内存操作数地址

段地址规定包含操作数的段，偏移量（从段的开始至操作数的第一个字节的字节数）规定操作数的线性或有效地址。

1. 规定段地址

段寄存器能隐含或显式规定。规定段地址的最简单的方法是把它加载至段寄存器，然后允许处理器根据正在执行的操作类型，隐含地选择寄存器。处理器按照在表 3-2 中给定的规则自动选择段。

表 3–2　段寄存器的约定

存储器基准的类型	约定段基数	可修改的段基数	逻辑地址
取指令	CS	无	IP
堆栈操作	SS	无	SP
源串	DS	CS、ES、SS	SI
目的串	ES	无	DI
用 BP 作为基寄存器	SS	CS、DS、ES	有效地址
通用数据读写	DS	CS、ES、SS	有效地址

当存数据至内存或从内存取数据时，DS 段默认能被超越以允许访问其他段。在汇编程序内，段超越通常用冒号 “:” 处理。例如，以下 MOV 指令将寄存器 AX 中的值传送至由 ES 寄存器指向的段，段中的偏移量包含在 BX，称为段超越前缀。寄存器中：

```
MOV  ES:[BX], AX;
```

以下的默认段选择，不能被超越：

- 必须从代码段取指令；
- 在串操作中的目的串必须存储在由 ES 寄存器指向的数据段；
- 推入和弹出操作必须总是引用 SS 段。

某些指令要求显式规定一段寄存器。在这些情况下，16 位段地址能存储在内存单元或在 16 位寄存器中。例如，以下 MOV 指令将寄存器 BX 中的段地址传送至寄存器 DS：

```
MOV  DS, BX
```

段地址也能用在内存中的 32 位 far 指针显式规定。此处，在内存中的第一个字包含偏移量，而下一个字包含段地址。

2. 规定偏移量

内存地址的偏移量部分或者直接作为一个静态值（称为位移量）规定或者由以下一个或多个成员通过计算得到地址：

- 位移量—— 一个 8 位或 16 位值；
- 基地址——在通用寄存器中的值；
- 索引——在通用寄存器中的值。

由这些成员相加的结果称为有效地址。这些成员的每一个都能为正或负（2 的补码）。

作为基地址或索引的通用寄存器限制如下：

- SP 寄存器不能用作索引寄存器；
- 当 SP 或 BP 寄存器用作为基地址，SS 段是默认的段。

在所有其他情况下 DS 段是默认段。

基地址、索引和位移量能用于任何组合中，这些成员中的任一个都可以是空。每一种可能的组合对于程序员在高级语言或汇编语言中使用的数据结构都是有用的。对于地址成员的组合，建议使用以下寻址方式。

（1）位移量

位移量代表操作数的直接（不计算）偏移。因为位移量是编码在指令中的，地址的这种形式称为绝对或静态地址。通常用于访问静态分配的标量操作数，如图3-8所示。

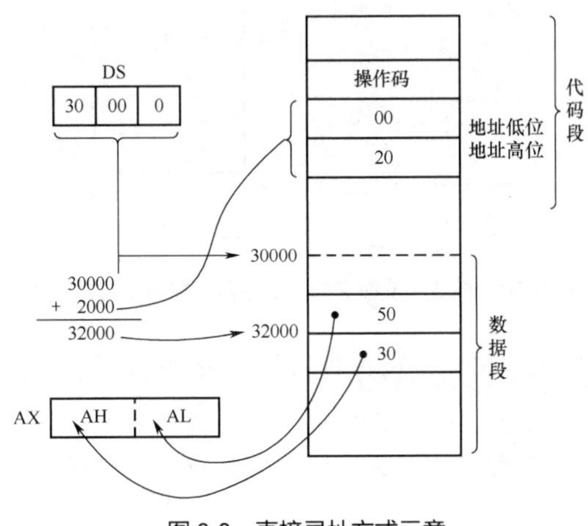

图3-8 直接寻址方式示意

（2）基地址

单独一个基地址表示操作数的间接偏移量，因为在基地址寄存器（BX/BP）中的值能够改变，它能用于变量和数据结构的动态存储。这种寻址方式如图3-9所示。

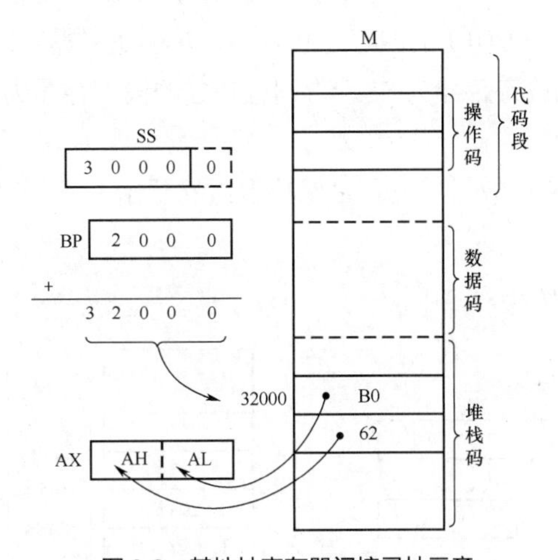

图3-9 基地址寄存器间接寻址示意

（3）基地址+位移量

一个基地址寄存器和一个位移量能一起用，主要是为了两个不同的目的：

- 作为元素的尺寸不是2、4或8字节时的数组的索引——位移量作为到数组开始处的静态偏移，基地址寄存器保持计算的结果，以确定到数组中规定的元素的偏移。
- 为访问记录中的一个字段——基地址寄存器保持记录的开始地址，而位移量是字段的静态偏移。

这种寻址方式如图3-10所示。

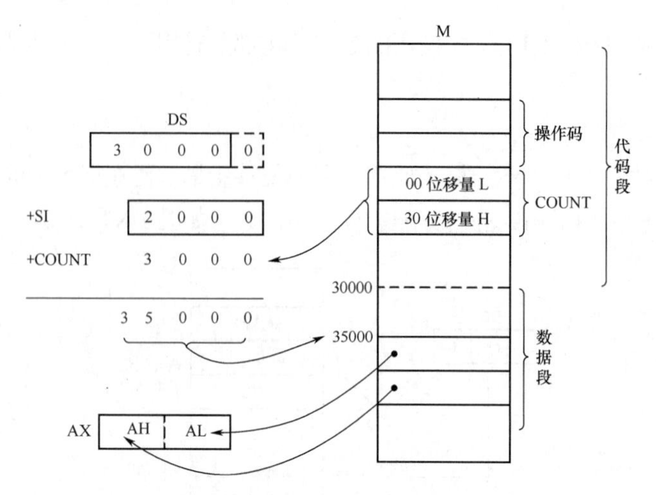

图 3-10　基址加位移量相对寄存器间接寻址方式示意

这种组合的一种重要特殊情况是访问在过程激活记录中的参数。过程激活记录是当过程进入时建立的堆栈帧。

此处，BP 寄存器是基地址寄存器的最好选择，因为它自动选择堆栈段。

（4）索引（变址）+位移量

当数组的元素是 2、4 或 8 字节时这种地址方式为索引进入静态数组提供了有效的方法。位移量定位数组的开始，索引寄存器（即变址寄存器 SI/DI）保持所希望的数组元素的下标。

（5）基地址+索引（变址）

用两个寄存器一起提供访问的存储单元的有效地址，即操作数的有效地址用一个基址寄存器（BX/BP）和一个变址寄存器（SI/DI）的内容之和表示，在不使用段超越前缀的情况下，规定如果有效地址中含有 BP，则缺省的段寄存器为 SS；否则，缺省的段寄存器为 DS。

（6）基地址+索引+位移量

用两个寄存器一起支持两维数组（位移量保持数组的开始）或由记录构成的数组（位移是记录中一字段的偏移）。

这种寻址方式如图 3-11 所示。

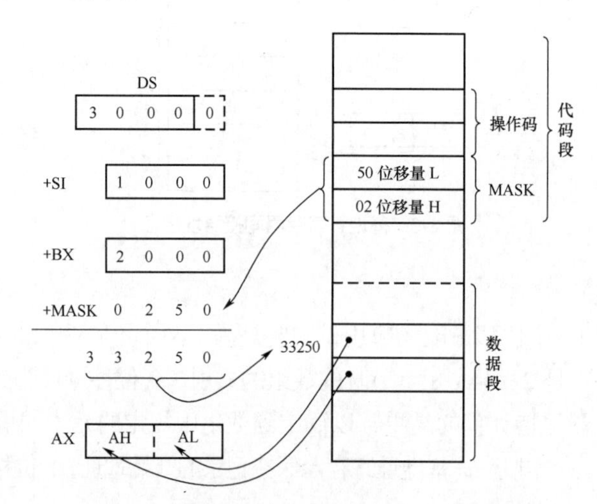

图 3-11　基址、变址加位移量导址方式示意图

3. 汇编程序和编译器寻址方式

在机器码级，所选择的位移量、基寄存器、索引寄存器和比例系数是在指令中编码的。汇编程序允许程序员用这些寻址成员的任何允许的组合，以寻址操作数。高级语言编译程序根据程序员定义的语言结构选择这些成员的适当组合。

3.3.4　I/O 端口寻址

x86 处理器支持多至包含 65536 个 8 位 I/O 端口的 I/O 地址空间。在 I/O 地址空间中也可以定义 16 位和 32 位的端口。I/O 端口可以用立即数或在 DX 寄存器中的值寻址。用立即数寻址，只能用 8 位立即数，可寻址 I/O 地址空间的前 256 个端口；用 DX 寄存器间接寻址，可寻址全部 I/O 地址空间。

3.4　8086 的通用指令

每条指令用它的助记符和描述名给定。当给定两个或多个助记符时（例如 JA 和 JNBE），它们表示同一指令操作码的不同助记符。汇编程序支持若干指令的冗余的助记符以使它易于译码，例如 JA（若高于条件转移）和 JNBE（若不低于或等于条件转移）表示相同条件。

通用指令执行基本数据传送、算术、逻辑、程序流程和串操作，这些指令通常用于编写在 8086 处理器上运行的应用程序和系统软件。它们操作内存、通用寄存器（AX、BX、CX、DX、DI、SI、BP 和 SP）和 FLAGS 寄存器中的操作数。它们也操作内存、通用寄存器和段寄存器（CS、DS、SS、和 ES）中的内存地址。通用指令组包含以下子组：数据传送、二进制整数算术、十进制算术、逻辑操作、移位和循环复位、程序控制、串、标志控制、段寄存器操作和杂项。

3.4.1　数据传送指令

数据传送指令负责在内存、通用寄存器和段寄存器之间传送数据。它们也执行特殊的操作，例如堆栈访问和数据转换。

1. MOV 指令

MOV 指令是最常用的数据传送指令。它的格式是：

```
MOV  DOPD, SOPD
```

MOV 指令有两个操作数，左边的是目标操作数（DOPD），右边的是源操作数（SOPD）。它把 8 位或 16 位源操作数传送至目的地。它可以在通用寄存器之间、存储器和通用寄存器或段寄存器之间传送数据，或把立即数传送至通用寄存器。

它的使用举例如表 3-3 所示。

表 3-3　MOV 指令使用举例

MOV 操作数	MOV 码举例
存储器，累加器	MOV　ARRAY [SI] , AL
累加器，存储器	MOV　AX, TEMP_RESULT
寄存器，寄存器	MOV　AX, CX
寄存器，存储器	MOV　BP, STACK_TOP
存储器，寄存器	MOV　COUNT [DI] , CX

续表

MOV 操作数	MOV 码举例
寄存器，立即数	MOV CL, 2
存储器，立即数	MOV MASK［BX］［SI］, 2CH
段寄存器，16 位寄存器	MOV ES, CX
段寄存器，存储器	MOV DS, SEGMENY_BASE
寄存器，段寄存器	MOV BP, SS
存储器，段寄存器	MOV ［BX］SEG_SAVE, CS

2. 交换指令

XCHG 指令

此指令的格式为：XCHG DOPD, SOPD。

这是一条交换指令，它有两个操作数：DOPD 和 SOPD，它的功能是使两个操作数交换（即指令执行后 DOPD 中的内容即为指令执行前 SOPD 的内容，而 SOPD 中的内容则为指令执行前 DOPD 中的内容）。这条指令的操作数可以是一个字节或一个字。

交换能在通用寄存器与累加器之间、通用寄存器之间、存储器和累加器之间进行。但段寄存器不能作为一个操作数。以下是有效的指令：

```
XCHG  AX, r①
XCHG  r, src
XCHG  AL, CL
XCHG  AX, DI
XCHG  AX, BUFFER
XCHG  BX, DATA[SI]
```

3. 堆栈操作指令

在介绍堆栈操作指令之前，我们先介绍一下什么是堆栈，以及为什么需要堆栈。

在一个实际程序中，有一些操作要执行多次，为了简化程序，把这些要重复执行的操作编为子程序，也常常把一些常用的操作编为标准化、通用化的子程序。所以一个实际程序常分为主程序（MainProgram）和若干子程序（Subroutine）。主程序在执行过程中往往要调用子程序或要处理中断（关于中断我们将在后面详细讨论），这时就要暂停主程序的执行，转去执行子程序（或中断服务程序），则机器必须把主程序中调用子程序指令的下一条指令的地址值保留下来，才能保证当子程序执行完以后能返回主程序继续执行。若第 x_1 条指令为调用子程序指令，则它的下一条指令 x_2 的地址——即 PC（在 8086 中，则为代码段寄存器 CS 和指令指针 IP）的值要保留下来。主程序调用子程序的示意图如图 3-12（a）所示。

另外，执行子程序时，通常都要用到内部寄存器，并且执行的结果会影响标志位，所以，也必须把主程序中有关寄存器中的中间结果和标志位的状态保留下来，这就需要有一个保存这些内容的地方。而且，在一个程序中，往往在子程序中还会调用别的子程序，这被称为子程序嵌套或子程序递归（调用自己），子程序嵌套示意图如图 3-12（b）所示。

调用子程序时，不仅需要把许多个信息保留下来，而且还要保证逐次正确地返回。这就要求后保留的值先取出来，即数据要按照后进先出（Last In First Out，LIFO）的原则保留。能实现这样要求的部件就是堆栈。早期的微型机，堆栈是一个 CPU 的内部寄存器组，容量有限，因此允许子程序调

① 指令格式中的 r 是通用寄存器，seg 指段寄存器，src 为源操作数，dst 为目标操作数。

用和嵌套的重数就有限；目前，微型机一般都是把内存的一个区域作为堆栈，所以，实质上堆栈就是一个按照后进先出原则组织的一段内存区域，这样也就要有一个指针（相当于地址）SP 来指示堆栈的顶部在哪儿。8086 中规定堆栈设置在堆栈段（SS）内，堆栈指针 SP 始终指向堆栈的顶部，即始终指向最后推入堆栈的信息所在的单元。SP 的初值，可由 MOV　SP, im 指令来设定。SP 的初值规定了所用堆栈的大小。

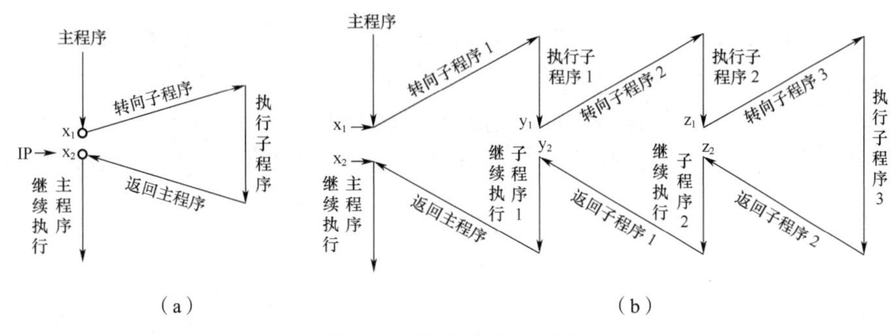

图 3-12　调用子程序示意图

堆栈操作指令分为两类：即把信息推入堆栈的指令 PUSH 和信息由堆栈弹出的指令 POP。

（1）入栈指令

```
PUSH  DOPD
```

操作数的长度为字或双字，在入栈操作时，把一个字（或双字）从源操作数传送至由 SP（ESP）所指向的堆栈的顶部。

例如，有：

```
PUSH  AX
PUSH  BX
```

每一个指令分两步执行：

先 SP−1→SP，然后把 AH（寄存器中的高位字节）送至 SP 所指的单元；再次使 SP−1→SP，把 AL（寄存器中的低位字节）送至 SP 所指的单元，如图 3-13 所示。

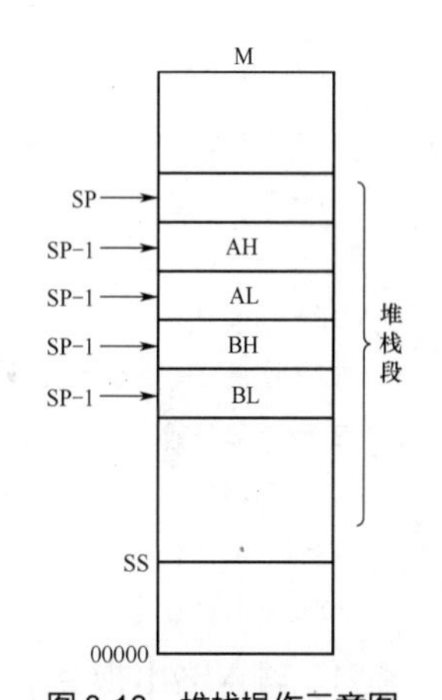

图 3-13　堆栈操作示意图

堆栈随着推入内容的增加而扩展，SP 值减小，每次操作完，SP 总是指向堆栈的顶部。堆栈的最大容量，即为 SP 的初值与 SS 之间的距离。

在子程序调用和中断时，断点地址的入栈保护与上述的 PUSH 指令的操作相同，但它们是由子程序调用指令或中断响应来完成的。

堆栈操作指令，可用来保护现场，或临时保存某一个操作数。

总之，入栈操作是把一个字（或双字）的源操作数，送至堆栈的顶部，且在数据传送操作的同时，要相应地修改 SP，入栈指令执行一次使 SP−2→SP。具体的入栈指令如下：

```
PUSH   r      W   SP = SP-2, (SP) = r
PUSH   seg    W   SP = SP-2, (SP) = seg
PUSH   src    W   SP = SP-2, (SP) = src
```

即源操作数可以是 CPU 内部的通用寄存器、段寄存器（除 CS 以外）和内存操作数（可用各种寻址方式）。

（2）出栈指令

```
POP  DOPD
```

把现行 SP 所指向的堆栈顶部的一个字（或双字），送至指定的目的操作数；同时进行修改堆栈指针的操作，即 SP+2→SP。具体的出栈指令如下：

```
POP   r       ;W  r = (SP), SP = SP+2
POP   seg     ;W  seg = (SP), SP = SP+2
POP   dst     ;W  dst = (SP), SP = SP+2
```

（3）PUSHA 推入通用寄存器至堆栈

PUSHA（Push All）将所有的 16 位（即 8086）的通用寄存器推至堆栈。

```
Temp ←(SP);
Push(AX);
Push(CX);
Push(DX);
Push(BX);
Push(Temp);
Push(BP);
Push(SI);
Push(DI);
```

（4）POPA 自堆栈弹出至通用寄存器

POPA（Pop All）自堆栈弹出至 16 位通用寄存器。

```
DI←Pop();
SI←Pop();
BP←Pop();
ESP 增量 2（跳过堆栈的下 2 个字节）
BX←Pop();
DX←Pop();
CX←Pop();
AX←Pop();
```

4. 输入输出指令

（1）IN

IN 是输入指令。它能把一个字节或一个字由一个输入端口（Port），传送至 AL（若是一个字节）或 AX（若是一个字）。一个计算机可以配接许多外部设备，每个外部设备与 CPU 之间要交换数据、状态信息和控制命令，每一次这样的信息交换都要通过一个端口来进行。系统中端口的区分也是像存储器中那样，用地址来区分。端口地址若是由指令中的 n 所规定，则可寻址 256 个端口；端口地址也可包含在寄存器 DX 中，则允许寻址 64K 个端口。具体指令如下：

```
IN  AL, n     ;B  AL = [n]
IN  AX, n     ;W  AX = [n+1][n]
IH  AL, DX    ;B  AL = [DX]
IN  AX, DX    ;W  AX = [DX+1][DX]
```

（2）OUT

OUT 是输出指令。它能把在 AL 中的一个字节或在 AX 中的一个字，传送至一个输出端口。端口寻址方式与 IN 指令相同。具体的指令如下：

```
OUT  n, AL    ;B   AL→[n]
OUT  n, AX    ;W   AX→[n], [n+1]
OUT  DX, AL   ;B   AL→[DX]
OUT  DX, AX   ;W   AX→[DX][DX+1]
```

5. 扩展指令

（1）CWD

CWD 能把在 AX 中的字的符号扩展至 DX 中（形成 32 位操作数）。若 AX<8000，则 0→DX；否则 FFFFH→DX。这条指令不影响标志位。

这条指令能在两个字相除之前，把在 AX 中的 16 位被除数的符号扩展至 DX 中，形成双倍长度的被除数，从而完成相应的除法。

（2）CBW

CBW 把在寄存器 AL 中的字节的符号送至 AH 中（形成 16 位操作数）。若 AL<80H，则扩展后 0→AH；若 AL≥80H，则扩展以后 FFH→AH。

此指令在字节除法之前，把被除数扩展为双倍长度。此指令不影响标志位。

3.4.2　二进制算术指令

算术运算指令提供加、减、乘、除这四种基本的算术操作。这些算术操作都可用于字节、字或双字的运算，也可用于带符号数或无符号数的运算。若是符号数，则用补码表示。

1. 加法指令

（1）ADD 指令

此指令的格式为：

```
ADD  DOPD, SOPD
```

这条指令完成两个操作数相加，结果送至目标操作数，即 DOPD←DOPD+SOPD。

目的操作数可以是累加器、任一通用寄存器或存储器。具体指令格式如下：

```
ADD  r, src   ;B/W/D  r ← r + src
ADD  a, im①   ;B/W/D  a ← a + im
ADD  dst, im  ;B/W/D  dst ← im+dst
ADD  dst, r   ;B/W/D  dst ← r + dst
```

这条指令影响标志 AF、CF、OF、PF、SF、ZF。

（2）ADC（Add with Carry）指令

此指令的格式为：

```
ADC  DOPD, SOPD
```

这条指令与上一条类似，只是在两个操作数相加时，要把进位标志 C 的现行值加上去，结果送至一个目标操作数（DOPD）。具体指令格式如下：

```
ADC  r, src        ;r ← r + src + c
ADC  a, im         ;a ← a + im + c
ADC  dst, im       ;dst ← dst + im + c
ADC  dst, r        ;dst ← dst + r + c
```

① a 指累加器，im 指立即数。

ADC 指令主要用于多字节运算中。在 8086 中，可以进行 8 位运算，也可以进行 16 位运算。但是 16 位二进制数的表示范围仍然是很有限的。为了扩大数的范围，仍然需要多字节运算。例如，有两个四个字节的数相加，加法要分两次进行，先将低两字节相加，然后再将高两字节相加。在高两字节相加时要把低两字节相加以后的进位考虑进去，就要用到带进位的加法指令 ADC。

若这两个数，已分别放在自 FIRST 和 SECOND 开始的存储区中，每个数占四个存储单元，存放时，最低字节在地址最低处。则可用以下程序段实现相加。

```
MOV  AX, FIRST
ADD  AX, SECOND
MOV  THIRD, AX
MOV  AX, FIRST + 2
ADC  AX, SECOND + 2
MOV  THIRD + 2, AX
```

（3）INC 增量

INC 增量指令对指定的操作数加 1，然后返回此操作数。此指令主要用于在循环程序中修改地址指针和循环次数等。

这条指令执行的结果影响标志位 AF、OF、PF、SF 和 ZF，而对进位标志没有影响。

这条指令的操作数可以在通用寄存器中，也可以在内存中。

```
INC  r         ;W        r + 1 → r
INC  src       ;B/W      src + 1 → src
```

2. 减法指令

（1）SUB 指令

此指令的格式为：

```
SUB  DOPD, SOPD
```

这条指令完成两个操作数相减，即从 DOPD 中减去 SOPD，结果放在 DOPD 中。具体地说，可以从累加器中减去立即数，或从寄存器或内存操作数中减去立即数，或从寄存器中减去寄存器或内存操作数，或从寄存器或内存操作数中减去寄存器操作数等。例如：

```
SUB  r, src   ;B/W/D   r - src → r
SUB  a, im    ;B/W/D   a - im → a
SUB  dst, r   ;B/W/D   dst - r → dst
SUB  dst, im  ;B/W/DB  dst - im → dst
```

这条指令影响标志 AF、CF、OF、PF、SF 和 ZF。

（2）SBB（Subtract with Borrow）指令

此指令的格式为：

```
SBB  DOPD, SOPD
```

这条指令与 SUB 指令类似，只是在两个操作数相减时，还要减去借位标志 CF 的现行值。

```
SBB  r, src   ;r - src-c → r
SBB  a, im    ;a - im-c → a
SBB  dst, r   ;dst - r-c → dst
SBB  dst, im  ;dst - im-c → dst
```

本指令对标志位 AF、CF、OF、PF、SF 和 ZF 都有影响。本指令主要用于多字节操作数相减时。

（3）DEC 减量

DEC 减量指令对指定的操作数减 1，然后把结果送回操作数。所用的操作数可以是寄存器 r，也可以是内存操作数。

在相减时，把操作数作为一个无符号二进制数来对待。指令执行的结果。影响标志 AF、OF、PF、SF 和 ZF，但对标志位 CF 不影响（即保持此指令以前的值）。

（4）NEG 取补指令

这条指令是对操作数取补，即用零减去操作数，再把结果送回操作数。若在字节操作时对-128 取补，或在字操作时对-32768 取补，则操作数没变化，但溢出标志位 OF 置位。

此指令影响标志 AF、CF、OF、PF、SF 和 ZF。此指令执行的结果，一般总是使标志位 CF = 1；除非在操作数为零时，才使 CF = 0。

（5）CMP 比较指令

比较指令完成两个操作数相减，使结果反映在标志位上，但两操作数不变。指令的格式为：

```
CMP  r, src   ;r - src → r
CMP  a, im    ;a - im → a
CMP  dst, r   ;dst - r → dst
CMP  dst, im  ;dst - im → dst
```

具体地说，比较指令，可使累加器与立即数，与任一通用寄存器，或任一内存操作数相比较，也可以使任一通用寄存器与立即数，与别的寄存器，或任一内存操作数相比较；也可以使内存操作数与立即数，与任一寄存器相比较。

比较指令主要用于比较两个数之间的关系，即两者是否相等，或两个中哪一个大。在比较指令之后，根据 ZF 标志即可判断两者是否相等，若两者相等，相减以后结果为 0，ZF 标志为 1；否则为 0。

若两者不等，则可利用比较指令之后的标志位的状态来确定两者的大小。

若在 AX 和 BX 中有两个正数，要比较确定它们之中哪个大，可用比较指令：

```
CMP  AX, BX
```

即令执行 AX−BX。由于这两个数都是正数，显然若 AX>BX，则结果为正；若 AX<BX，则结果为负。所以，可由比较指令执行后的 SF 标志来确定。即若 SF = 0，则 AX>BX；而 SF = 1，则 AX<BX（不考虑相等的情况）。

所以，若要比较 AX 和 BX 中两个正数的大小，把大数放在 AX 中就可以用以下程序段：

```
        CMP     AX, BX
        JNS     NEXT
        XCHG    AX, BX
NEXT: …
```

这样的结论，能否适用于任意两个数相比较的情况呢？

例如，在 AX 和 BX 中有两个无符号数，AX = A000H，BX = 1050H，若用比较指令：

```
CMP  AX, BX
```

在机器中的运行结果为：

```
    1010  0000  0000  0000
 −  0001  0000  0101  0000
 ─────────────────────────
    1000  1111  1011  0000
```

则符号标志 SF = 1。若沿用上述利用 SF 标志判断大小的结论，则会得出 AX<BX。而作为无符号数显然是 AX>BX。这是由于在无符号数表示中最高位（D_{15}位）不代表符号，而是数值 2^{15}。

可见在两个无符号数相比较时，就不能根据 SF 标志来确定两者的大小。用什么标志来判断两个无符号数的大小呢？应该用进位、借位标志 CF。显然大数减去小数，不会产生借位，CF = 0；而小数减去大数，就有借位，CF = 1。

于是要把 AX 和 BX 中的大的值放在 AX 中的程序段，可改为：

```
        CMP     AX, BX
        JNC     NEXT
        XCHG    AX, BX
NEXT: …
```

如果在 AX 和 BX 中是两个带符号数,又如何判断它们的大小呢？这时仅由结果的正或负来确定数的大小就不够了，因为在比较时要做减法，而减法的结果有可能溢出。下面我们分四种情况分别加以说明：

① 若参与比较的两数为 A 和 B，A 与 B 都为正数，则执行 CMP 指令后，若 SF = 0，则 A>B；反之 A<B。

② 若 A>0，B<0。我们知道结果应该是 A>B，且比较的结果应该是正数。但如果 A = +127，B = −63，比较时执行 A−B = A+(−B) = +127+(−(−63)) = +127+63，则在机器中的结果为：

```
    0111  1111
+   0011  1111
--------------
    1011  1110
```

结果的 D_7 = 1，即 SF = 1 表示结果为负，所以，若以 SF 标志来判断则会得出 A<B 这样的错误结论。所以会出现这种情况，是由于 8 位带符号数所能表示的范围为+127 ~ −128。而上述运算的结果为+190>+127，超出了它的范围，即产生了溢出，因而导致了错误的结论。

因此，在这种情况下，就不能只用 SF 标志来判断数的大小了。而必须同时考虑运算的结果是否有溢出，若结果无溢出，即 OF = 0，则仍为 SF = 0，A>B；SF = 1，A<B。而当结果有溢出时，即 OF = 1，则 SF = 0，A<B；SF = 1，A>B。

③ 若 A<0，B>0。例如：A = −63，B = +127，则显然 A<B，且运算结果应为负。但 A−B = A+(−B)，在机器中的运行结果为：

```
A = −63          11000001
B = 127        + 10000001
               ----------
                101000010
             1 自然丢失
```

结果的 D_7 = 0，SF 标志即为 0。所以，若单独用 SF 标志来判断，也会得出 A>B 的错误结论。同样，出现这种情况的原因，是由于运算的结果为−190，小于 8 位带符号数所能表示的最小值−128，产生了溢出。

④ 若 A<0，B<0。如果在运算过程中不会产生溢出，则可以用 SF 标志来判断两个数的大小。

把以上四种情况概括起来，我们可以得出以下结论。

在没有溢出的情况下，即 OF = 0 时：SF = 0，则 A>B；SF = 1，则 A<B。

在发生溢出的情况下，即 OF = 1 时：SF = 1，A>B；SF = 0，A<B。

所以，当两个带符号数相比较时，要把标志位 SF 和 OF 结合起来一起考虑，才能判断哪一个数大。即只有在 OF 标志和 SF 标志同时为 0 或同时为 1 时，A>B，就可以把 A>B 的条件写成：

$SF \oplus OF = 0$

在 8086 微处理器的条件指令中，考虑到上述情况，有两条用于判断带符号数大小的条件指令：大于的条件转移指令为 JG/JNLE，条件为 $SF \oplus OF = 0$，且 ZF = 0；小于的转移指令为 JL/JNGE，条件为 $SF \oplus OF = 1$。

若自 BLOCK 开始的内存缓冲区中，有 100 个 16 位带符号数，要找出其中的最大值，把它存放到 MAX 单元中。

要解决这个问题，可以先把数据块的第一个数取至 AX 中，然后从第二个存储单元开始，依次与 AX 中的内容相比较，若 AX 中的值大，则不作其他操作，接着进行下一次比较；若 AX 中的值小，则把内存单元的内容送至 AX 中。这样，经过 99 次比较，在 AX 中的数必然是数据块中的最大值，再把它存至 MAX 单元中。

要进行 99 次比较，当然要编一个循环程序，在每一循环中要用比较指令，然后用转移指令来判别大小。循环开始前要置初值。能满足上述要求的程序段为：

```
          MOV  BX, OFFSET BLOCK
          MOV  AX, [BX]
          INC  BX
          INC  BX
          MOV  CX, 99
AGAIN:    CMP  AX, [BX]
          JG   NEXT
          MOV  AX, [BX]
NEXT:     INC  BX
          INC  BX
          DEC  CX
          JNZ  AGAIN
          MOV  MAX, AX
          HLT
```

比较指令后面通常跟着一条条件转移指令，它检查比较的结果并决定程序的转向。

本指令影响标志位 AF、CF、OF、PF、SF 和 ZF。

3. 乘法指令

（1）MUL 无符号数乘法指令

此指令的格式为：

```
MUL  SOPD
```

本指令完成在 AL（字节）或 AX（字）中的操作数和另一个操作数（两个无符号数）的乘法。双倍长度的乘积，送回到 AL 和 AH（在两个 8 位数相乘时），或送回到 AX 和它的扩展部分 DX（在两个字操作数相乘时）。

若结果的高半部分（在字节相乘时为 AH；在字相乘时为 DX）不为零，则标志 CF = 1，OF = 1；否则 CF = 0，OF = 0。所以标志 CF = 1，OF = 1 表示在 AH 或 DX 中包含结果的有效数。

本指令影响标志 CF 和 OF，而对 AF、PF、SF、ZF 等未定义。

相乘时的另一操作数可以是寄存器操作数或内存操作数。

```
MUL  src      ;B   AX = AL*src
```

```
MUL  src      ;W  DX:AX = AX*src
```

若要把内存单元 FIRST 和 SECOND 这两个字节的内容相乘，乘积放在 THIRD 和 FOURTH 单元中，可以用以下程序段：

```
MOV  AL, FIRST
MUL  SECOND
MOV  THIRD, AX
```

以上是 8086 中的无符号数乘法指令，隐含以累加器（字节乘法为 AL，字乘法为 AX）作为一个操作数，在指令中规定另一操作数，乘法的结果放在累加器（字节相乘结果在 AX）或累加器及其延伸部分（字相乘，结果放在 DX:AX）中。

（2）IMUL 符号数乘法指令

IMUL 是符号数乘法指令。这条指令除了是完成两个带符号数相乘以外，其他与 MUL 类似。若结果的高半部分（对于字节相乘则为 AH，对于字相乘则为 DX）不是低半部分的符号扩展的话，则标志 CF = 1，OF = 1；否则 CF = 0，OF = 0。若结果的 CF = 1，OF = 1，则表示高半部分包含结果的有效数（不光是符号部分）。

```
IMUL  src     ;B  AX = AL*src（符号数）
IMUL  src     ;W  DX:AX = AX*src（符号数）
```

4. 除法指令

（1）DIV

DIV 是无符号数的除法指令，能把在 AX 和它的扩展部分（若是字节相除则在 AH 和 AL 中，若是字相除则在 DX:AX 中）中的无符号被除数被源操作数除，且把相除以后的商送至累加器（8 位时送至 AL，16 位时送至 AX），余数送至累加器的扩展部分（8 位时送至 AH，16 位时送至 DX）。若除数为 0，则会在内部产生一个类型 0 中断。

此指令执行后对标志位 AF、CF、OF、PF、SF 和 ZF 的影响是未定义的。

```
DIV  src  ;B  AL = AX/src （无符号数）
              AH = 余数
DIV  src  ;W  AX = DX:AX/src（无符号数）
              DX = 余数
```

（2）IDIV（Integer Division）

这条指令除了完成带符号数相除以外，与 DIV 类似。

在字节相除时，最大的商为+127（7FH），而最小的负数商为−127（81H）；在字相除时，最大的商为+32767（7FFFH），最小的负数商为−32767（8001H）。若相除以后，商是正的且超过了上述的最大值；或商是负的且小于上述的最小值。则与被 0 除一样，会在内部产生一个类型 0 中断。

除法操作完成以后，对标志位 AF、CF、OF、PF、SF 和 ZF 的影响是未定义的。

3.4.3 十进制调整指令

十进制调整指令能对二进制运算结果进行十进制调整，以得到正确的十进制运算结果。

1. 在加法后进行十进制调整（Decimal Adjust for Addition，DAA）

这条指令能对在 AL 中的由两个组合的十进制数相加的结果进行校正，以得到正确的组合的十进制和。

我们可以对两个组合的十进制数，直接用 ADD 指令（必须有一个操作数在 AL 中）进行相加，但若要得到正确的组合的十进制结果，则必须在 ADD 指令之后紧接着用一条 DAA 指令来加以校正，这样在 AL 中就可以得到正确的组合的十进制和。

这条指令的校正操作为：

若（AL&0FH）>9 或标志 AF = 1，则

```
AL ← AL + 6
AF ← 1
```

若 AL>9FH 或标志 CF = 1，则

```
AL ← AL + 60H
CF ← 1
```

此指令影响标志 AF、CF、PF、SF、ZF，而对标志位 OF 未作定义。

2. 在减法后进行十进制调整（Decimal Adjust for Subtraction，DAS）

本指令与 DAA 指令类似，能对在 AL 中的由两个组合的十进制数相减以后的结果进行校正，以得到正确组合的十进制差。

IA-32 处理器中允许两个组合的十进制数直接相减，但要得到正确的结果，就必须在 SUB 指令以后，紧接着用一条 DAS 指令来加以校正，这样就可以在 AL 中得到正确的两个组合的十进制数的差。

校正的操作为：

若（AL&0FH）>9 或标志 AF = 1，则

```
AL ← AL - 6
AF ← 1
```

若 AL>9FH 或标志 CF = 1，则

```
AL ← AL - 60H
CF ← 1
```

指令执行的结果，影响标志 AF、CF、PF、SF 和 ZF，但对标志位 OF 未定义。

3. 在加法后进行 ASCII 调整（Unpacked BCD[ASCIl] Adjust for Addition，AAA）

这条指令对在 AL 中的由两个未组合的十进制操作数相加后的结果进行校正，产生一个未组合的十进制和。

两个未组合的十进制数可以直接用 ADD 指令相加，但要得到正确的未组合的十进制结果，必须在加法指令以后，紧接着用一条 AAA 指令来加以校正，则在 AX 中就可以得到正确的结果。

所谓未组合的十进制数，就是一位十进制数，即十进制数字的 ASCII 的高四位置为 0 以后所形成的数码。如 6 为 00000110，7 为 00000111 等。当这样的两个数相加（必须有一个在 AL 中）以后，要在 AX 中得到正确的仍是未组合的十进制结果，就必须进行调整。因为 6+7 = 13，则应该在 AL 中为 00000011，而在 AH 中（若初始值为 0）为 00000001。但加法是按二进制规则进行的，在未调整前 AL 中的值为：

```
   00000110
+  00000111
-----------
   00001101
```

校正的操作为：

若（AL&0FH）>9 或标志 AF = 1，则

```
AL ← AL + 6
AH ← AH + 1
AF ← 1
CF ← 1
AL ← AL & 0FH
```

这条指令对标志位 AF 和 CF 有影响，而对 OF、PF、SF、ZF 等标志位未定义。

4. **在减法后进行 ASCII 调整**（Unpacked BCD[ASCII] Adjust for Subtraction，AAS）

本指令与 AAA 指令类似，能把在 AL 中的由两个未组合的十进制数相减的结果进行校正，在 AL 中产生一个正确的未组合的十进制数差。

在 IA-32 处理器中，允许两个未组合的十进制数直接相减，但相减后要得到正确的未组合的十进制差，就必须在 SUB 指令以后，紧跟着用一条 AAS 指令来加以校正，这样才能在 AL 中得到正确的两个未组合十进制数的差。

校正的操作为：

若（AL&0FH）>9 或标志 AF = 1，则

```
AL ← AL - 6
AH ← AH - 1
AF ← 1
CF ← 17
AL ← AL & 0FH
```

5. **在乘法后进行 ASCII 调整**（Unpacked BCD[ASCII] Adjust for Multiply，AAM）

这条指令能把在 AX 中的两个未组合的十进制数相乘的结果进行校正，最后在 AX 中能得到正确的未组合的十进制数的乘积（即高位在 AX 中，低位在 AL 中）。

IA-32 处理器允许两个未组合的十进制数直接相乘，但要得到正确的结果，必须在 MUL 指令之后，紧跟着一条 AAM 指令进行校正，最后可在 AX 中得到正确的两个未组合的十进制数的乘积。

校正的操作为：

```
AH ← AL/0AH  （AL 被 0A 除的商 → AH）
AL ← AL% 0AH  （AL 被 0A 除的余数 → AL）
```

如前所述，一个未组合的十进制数是一位十进制数。所以当两个未组合的十进制数，例如一个为 6（00000110），一个为 7（00000111），按二进制的规则相乘时，乘积的有效数在 AL 中，其值为 00101010，即为用二进制表示的乘积。要在 AX 中得到用未组合十进制表示的乘积，则乘积的十位数值（0000 0100）应在 AH 中，AL 中应为个位数值（0000 0010），就必须要进行校正操作，上面所规定的校正操作就能得到正确的结果。

此指令影响标志位 PF、SF、ZF，但对标志位 AF、CF、OF 未定义。

6. **在除法前进行调整**（Unpacked BCD[ASCII] Adjust for Division，AAD）

这条指令能把在 AX 中的两个未组合的十进制数在两个数相除以前进行校正，这样在两个未组合的十进制数相除以后，可以得到正确的未组合的十进制结果。

例如在 AX 中的被除数为 62，按未组合的十进制数的表示为：

```
  AH          AL
00000110    00000010
```

除数为 8，即为 00001000，在相除之前必须先校正，使被除数 62 以二进制形式集中在 AL 中，即应校正为：

```
   AH          AL
00000000    00111110
```

再用二进制除法指令 DIV 相除，相除以后，以未组合十进制表示的商在 AL 中，而相应的余数在 AH 中。所以校正的操作为：

```
AL ← AH * 0AH + AL
AH ← 0
```

IA-32 处理器允许两个未组合的十进制数直接相除，但要得到正确的未组合的十进制商和余数，则在相除之前，先用一条 AAD 指令，然后再用一条 DIV 指令，则相除以后的商送至 AL 中，而余数送至 AH 中。AH 和 AL 中的高半字节全为 0。

这条指令影响标志位 PF、SF、ZF，而对标志位 AF、CF、OF 的影响未定义。

3.4.4　逻辑指令

逻辑指令在字节和字上执行基本的与、或、异或和非逻辑操作。

1. AND 执行按位逻辑与

（1）AND 指令

这条指令对两个操作数进行按位的逻辑“与”运算，即只有相“与”的两位全为 1，与的结果才为 1；否则与的结果为 0。“与”以后的结果送至目的操作数。

8086 的 AND 指令可以进行字节操作，也可以进行字操作。IA-32 处理器把操作数扩展为 32 位。

“与”指令的一般格式为：

```
AND  DOPD, SOPD
```

其中目的操作数 DOPD 可以是累加器，也可以是任一通用寄存器，也可以是内存操作数（可用所有寻址方式）。源操作数 SOPD 可以是立即数、寄存器，也可以是内存操作数（可用所有寻址方式）。例如：

```
AND  AL, 9FH
AND  AX, BX
AND  SI, BP
AND  AX, DATA_WORD
AND  DX, BUFFER[SI+BX]
AND  DATA_WORD, 00FFH
AND  BLOCK[BP+DI], CX
```

如果要把数码 0 ~ 9 的 ASCII 转换为相应的二进制数，则可以用“与”指令，使高 4 位全变为 0，而低 4 位保留，即与 0FH 相“与”。

某一个操作数，自己和自己相“与”，操作数不变，但可使进位标志 CF 清 0。

“与”操作指令主要用在使一个操作数中的若干位维持不变，而若干位置为 0 的场合。这时，要维持不变的位与“1”相“与”；而要置为 0 的位与“0”相“与”。

此指令执行以后，标志 CF = 0，OF = 0；标志位 PF、SF、ZF 反映操作的结果；对标志位 AF 未定义。

（2）TEST 指令

本指令完成与 AND 指令同样的操作，结果反映在标志位上，但并不送回至目标操作数，即 TEST 指令不改变操作数的值。

这条指令通常是用于检测一些条件是否满足，但又不希望改变原有的操作数的情况。通常在这条指令后面加上一条条件转移指令。

若要检测 AL 中的最低位是否为 1，若为 1 则转移，可用以下指令：

```
        TEST  AL 01H
        JNZ   THERE
         ⋮
THERE: …
```

若要检测 AX 中的最高位是否为 1，若为 1 则转移，可用以下指令：

```
        TEST  AX, 8000H
        JNZ   TBERE
         ⋮
TBERE: …
```

又若要检测 CX 中的内容是否为 0，若为 0 则转移，可用以下指令：

```
        TEST  CX, 0FFFFH
        JZ     THERE
         ⋮
THERE: …
```

2. OR 执行按位逻辑或

此指令对指定的两个操作数进行逻辑“或”运算。即进行“或”运算的两位中的任一个为 1（或两个都为 1），则或的结果为 1；否则为 0。或运算的结果送回目的操作数。8086 允许对字节或字进行“或”运算。IA-32 处理器把操作数扩展为 32 位。“或”运算指令使标志位 CF = 0，OF = 0；“或”操作以后的结果反映在标志位 PF、SF 和 ZF 上；对标志位 AF 未定义。

“或”指令的一般格式为：

```
OR  DOPD, SOPD
```

其中，目的操作数 DOPD，可以是累加器，可以是任一通用寄存器，也可以是一个内存操作数（可用所有寻址方式）。源操作数 SOPD，可以是立即数，可以是寄存器，也可以是内存操作数（可用所有寻址方式）。

例如：

```
OR  AL, 30H
OR  AX, 00FFH
OR  BX, SI
OR  DX, DATA_WORD
OR  BUFFER[BX], SI
OR  BUFFER[BX+SI], 8000H
 ⋮
```

一个操作数自身相“或”，不改变操作数的值，但可使进位标志 CF 清 0。

“或”运算主要应用于：在要使一个操作数中的若干位维持不变，而另外若干位置为 1 的场合。这时，要维持不变的这些位与“0”相“或”；而要置为“1”的这些位与“1”相“或”。利用“或”运算，可以对两个操作数进行组合，也可以对某些位进行置位。

若用一个字节表示一个字符的ASCII，则其最高位（位7）通常为0。在数据传送，特别是远距离传送时，为了可靠起见常要进行校验，对一个字符常用的校验方法为奇偶校验。把字符的ASCII最高位用作校验位，使包括校验位在内的一个字符中“1”的个数恒为奇数——奇校验；或恒为偶数——偶校验。若采用奇校验，则检查字符的ASCII中为“1”的个数，若已为奇数，则令它的最高位为“0”；否则，令最高位为“1”。若此字符的ASCII已在寄存器AL中，能实现上述校验的程序段为：

```
        AND     AL, 7FH
        JNP     NEXT
        OR      AL, 80H
NEXT:
```

3. XOR执行按位逻辑异或

这条指令对两个指定的操作数进行“异或”运算，当进行“异或”运算的两位不相同时（即一个为1，另一个为0），“异或”的结果为1；否则为0。异或运算的结果送回目的操作数。

XOR指令的一般格式为：

```
XOR  DOPD, SOPD
```

其中，目的操作数DOPD可以是累加器，可以是任一个通用寄存器，也可以是一个内存操作数（可用所有寻址方式）。源操作数可以是立即数，可以是寄存器，也可以是内存操作数（可用所有寻址方式）。例如：

```
XOR  AL, 0FH
XOR  AX, BX
XOR  DX, SI
XOR  CX, COUNT_WORD
XOR  BUFFER[BX], DI
XOR  BUFFER[BS+SI], AX
```

当一个操作数自身做“异或”运算的话，由于每一位都相同，则“异或”结果必为0，且使进位标志CF也为0。这是使操作数的初值置为0的有效方法。例如：

```
XOR  AX, AX
XOR  SI, SI
```

可使AX和SI清0。

若要求使一个操作数中的若干位维持不变，而若干位取反，可用“异或”运算来实现。要维持不变的这些位与“0”相“异或”；而要取反的那些位与“1”相“异或”。

XOR指令执行后，标志位CF = 0，OF = 0；标志位PF、SF、ZF，反映异或操作的结果；标志位AF未定义。

4. NOT执行按位逻辑非

这条指令对源操作数求反，然后送回源操作数。

源操作数可以是寄存器操作数，也可以是存储器操作数（所有寻址方式）。

```
NOT      OPRD     ;B/W/D    OPRD的反码 → OPRD
```

此指令对标志位没有影响。

3.4.5 移位和循环移位指令

移位和循环移位指令用于移位和循环移位字节、字或双字操作数。

1. 移位指令

在 IA-32 处理器中有四条移位指令：SAL（算术左移）、SHL（逻辑左移）、SAR（算术右移）和 SHR（逻辑右移）。这些指令的格式为：

```
SAL    DOPD, OPD2
SHL    DOPD, OPD2
SAR    DOPD, OPD2
SHR    DOPD, OPD2
```

第一个操作数是目标操作数，即对它进行移位操作。目标操作数可以是任一通用寄存器或内存操作数（可用所有寻址方式）。第二个操作数规定移位的次数（或移位的位数）。在 8086 中，第二个操作数或是 1（规定移一位）8 位立即数或由寄存器 CL 指定（在寄存器 CL 中规定的移位的次数）。

SAL/SHL 这两条指令在物理上是完全一样的，每移位一次后，最低位补 0，最高位移入标志位 CF，如图 3-14 所示。

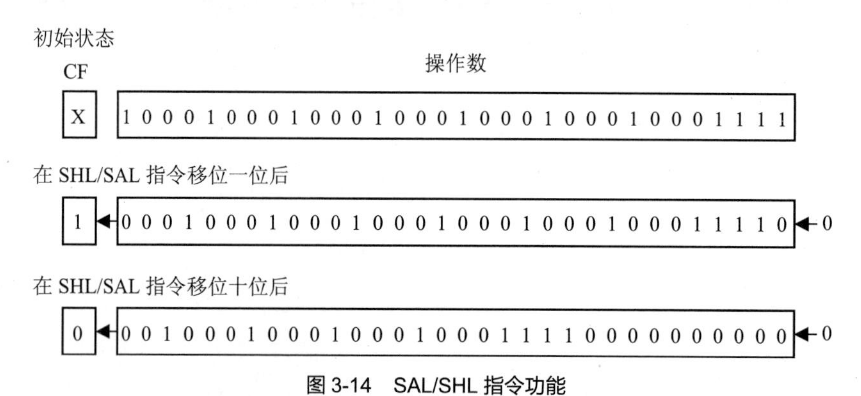

图 3-14　SAL/SHL 指令功能

在移位次数为 1 的情况下，若移位以后目标操作数的最高位与进位标志 CF 不相等，则溢出标志 OF = 1；否则，OF = 0。这用于表示移位以后的符号位与移位前是否相同（若相同，OF = 0）。标志位 PF、SF 和 ZF 表示移位以后的结果，而标志位 AF 未定义。

SAR 每执行一次，使目标操作数右移一位，但保持符号位不变，最低位移至标志位 CF，如图 3-15 所示。

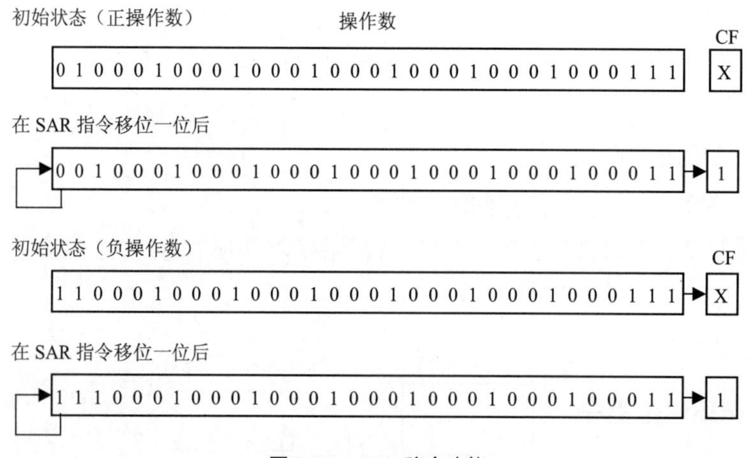

图 3-15　SAR 移令功能

SAR 指令影响标志位 CF、OF、PF、SF 和 ZF，但标志位 AF 未定义。

SHR 指令每执行一次，使目标操作数右移一位，最低位进入标志位 CF，最高位补 0（与 SAR 不同），如图 3-16 所示。

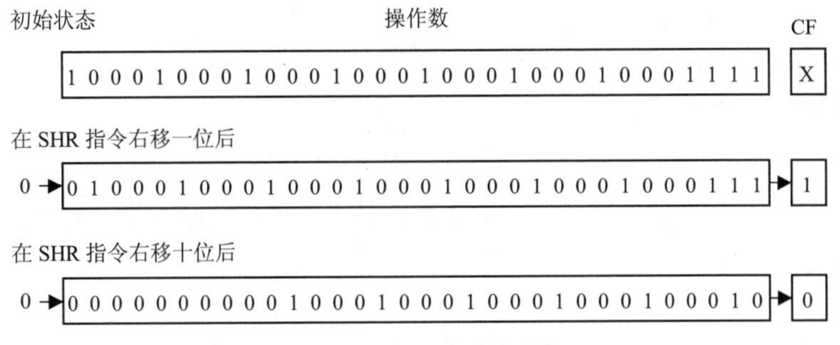

图 3-16　SHR 指令的功能

在指定的移位次数为 1 时，若移位以后，操作数的最高位和次高位不同，则标志位 OF = 1，反之 OF = 0。这用以表示移位前后的符号位是否相同（OF = 0，符号位未变）。

2. 循环移位指令

8086 处理器有四条循环移位指令 ROL（Rotate Left）、ROR（Potate Right）、RCL（Rotate through CF Left）和 RCR（Rotate through CF Right）。

指令格式为：

```
ROL  DOPD, OPD2
```

其中，第一个操作数是要对其进行移位操作的目标操作数。第二个操作数是 8 位立即数或寄存器 CL，用以规定移位的次数。

前两条循环移位指令 ROL 和 ROR，未把标志位 CF 包含在循环的环中。后两条把标志位 CF 包含在循环的环中，作为整个循环的一部分。

循环移位指令可以对字节进行操作，也可以对字进行操作；操作数可以是寄存器操作数，也可以是内存操作数（各种寻址方式）。

每执行一次 ROL 指令，最高位一方面被移入标志位 CF，另一方面同时被送至操作数的最低位，如图 3-17 所示。

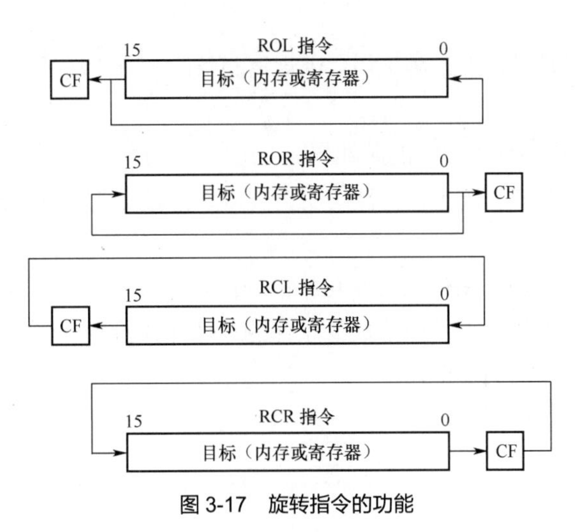

图 3-17　旋转指令的功能

当规定的循环次数为 1 时，若循环以后的操作数的最高位不等于标志位 CF，则溢出标志 OF = 1；否则 OF = 0。这可以用来表示移位前后的符号位是否改变（OF = 0，则表示符号未变）。

3.4.6 控制传送指令

控制传送指令提供转移、条件转移、循环和调用与返回指令以控制程序的流程。

1. 无条件转移指令 JMP

这是一条无条件转移指令，它转移程序控制至指令流的不同点而不保留返回信息。目标操作数规定指令要转移到的地址。此操作数可以是立即数、某一通用寄存器或某一内存单元。

指令的格式为：

```
JMP  DOPD
```

DOPD 能是 rel8 短转移、相对转移，偏移量相对于下一条指令。

DOPD 能是 rel16 近（NEAR）转移、相对转移，偏移量相对于下一条指令。

DOPD 能是 rel32 近（NEAR）转移、相对转移，偏移量相对于下一条指令。

DOPD 能是 r/m16 近（NEAR）转移、绝对间接，地址在 r/m16 中给定。

DOPD 能是 r/m32 近（NEAR）转移、绝对间接，地址在 r/m32 中给定。

DOPD 能是 ptr16:16 远（FAR）转移、绝对转移，地址在操作数中规定。

DOPD 能是 m16:16 远（FAR）转移、绝对间接，地址在 m16:16 中给定。

其中：rel 为相对转移，rel8 即偏移量为 8 位的相对转移；r/m 是指寄存器/存储器，r/m16 是指 16 位寄存器或存储器；ptr16:16 是指地址指针，前一个 16 是指 16 位段寄存器，后一个 16 是指 16 位段内偏移量。

此指令能用于执行以下 3 种不同类型的转移：

- 近转移——转移至当前码段（由 CS 寄存器当前指向的段），有时也称为段内转移；
- 短转移—— 一种 Near 转移，其转移范围限制在当前 EIP 的−128 ~ +127 之内；
- 远转移——转移至与当前码段不同的段内的指令，有时也称为段间转移。

2. 条件转移指令 Jcc

条件转移指令 Jcc 的一般格式为：

```
Jcc  Label
```

其中，Label 是转移的目标地址。即若满足指令中规定的条件，则转移至目标地址；否则继续执行下一条指令。

下面说明如何规定条件转移指令中的条件码。

8086 中的条件转移指令似乎很多，而且往往一条指令有好几种助记符表示式。但是，归纳一下主要可以分成两大类：

- 根据单个标志位所形成的条件的条件转移指令；
- 根据若干个标志位的逻辑运算所形成的条件的条件转移指令。

下面分别介绍这两类条件转移指令。

（1）根据单个标志位的条件转移指令

① CF 标志

a. JB/JNAE/JC

这是当进位标志 CF = 1 时，能转移至目标地址的条件转移指令的三种助记符。

JB（Jump on Below）即低于转移。

JNAE（Jump on Not Above or Equal）即不高于或等于转移这是低于转移的同义语。

JC（Jump on Carry）有进位、借位转移。这条指令适用于两个无符号数相比较的情况下。

b. JAE/JNB/JNC

这是当进位标志 CF = 0 时，能转移至目的地址的条件转移指令的三种助记符。

JAE（Jump on Above or Equal）即高于或等于转移。

JNB（Jump on Not Below）即不低于转移。

JNC（Jump on Not Carry）无进位、借位转移。

② ZF 标志

a. JE/JZ

这是当 ZF = 1 时，能转移至目标地址的条件转移指令的两种助记符。

JE（Jump on Equal）即相等转移。

JZ（Jump on Zero）即等于零转移。

这是指操作结果等于零，而不是操作数等于零。例如有两个不等于零的操作数比较，结果等于零，这只是说明了两个操作数相等，而不是操作数为零。

b. JNE/JNZ

这是当 ZF 标志等于零时，能转移到目标地址的条件转移指令的两种助记符。

JNE（Jump on Not Equal）即不相等转移。

JNZ（Jump on Not Zero）即不等于零转移。

③ SF 标志

a. JS

这是当符号位 SF = 1 时，能转移到目标地址的条件转移指令。

JS（Jump on Sign）根据符号转移，在此是指符号为负转移。

b. JNS

这是当符号标志 SF = 0 时，能转移到目标地址的条件转移指令。

JNS（Jump on Not Sign）即正转移。

④ PF 标志

a. JP/JPE

这是当奇偶标志 PF = 1，能转移到目标地址的条件转移指令两种助记符。

JP（Jump on Parity）即偶转移。

JPE（Jump on Parity Even）即偶转移。

b. JNP/JPO

这是当奇偶标志 PF = 0 时，能转移到目标地址的条件转移指令的两种助记符。

JNP（Jump on Not Parity）即奇转移。

JPO（Jump on Parity Odd）即奇转移。

⑤ O 标志

a. JO

这是当溢出标志位 OF = 1 时，能转移到目标地址的条件转移指令的助记符。

JO（Jump on Overflow）即溢出转移。

b. JNO

这是当溢出标志位 OF = 0 时，能够转移到目标地址的条件转移指令的助记符。

JNO（Jump on Not Overflow）未溢出转移。

（2）组合条件的条件转移指令

8086 结构微处理器的这一类转移指令，主要用来判断两个数的大小。

如前所述，由于参加比较的数的性质不同，判断大小的方法也不同。两个正数相比较，可以用结果的符号位（SF 标志）来判断。两个无符号数相比较，可由进位标志来判断。若要考虑是否相等的条件即判断高于或等于的条件；或者低于或等于的条件，就要组合 CF 标志和 ZF 标志。而两个带符号数相比较，就要组合符号标志 SF 和溢出标志 OF，包含是否相等的条件就要组合 Z 标志。8086 结构微处理器的这一类指令，就是用来判断无符号和带符号数的大小的。

① 判断无符号数的大小

a. JA/JNBE

JA（Jump Above）即高于转移。

JNBE（Jump on Not Below or Equal）即不低于或等于转移。

两个无符号数 A 和 B 相比较，当 A>B（不包括相等的情况）时就满足这个条件。怎样来表示这个条件呢？不相等必须 ZF = 0，高于则没有借位即 CF = 0。所以，条件为 $CF \wedge ZF = 0$。当满足这个条件时，能转移到目标地址。

b. JBE/JNA

JBE（Jump on Below or Equal）低于或等于转移。

JNA（Jump on Not Above）不高于转移。

这也是一条条件转移指令的两种助记符。当两个无符号数（A 和 B）相比较，当 A<B（包括相等）时就满足这个条件。反映这个条件的标志为：有相等情况，则 ZF = 1；低于则必有借位 CF = 1，所以，条件为 $CF \vee ZF = 1$。当满足这个条件时，能转移到目标地址。

② 判断带符号数的大小

a. JG/JNLE

JG（Jump on Greater）即大于转移。

JNLE（Jump on Not Less or Equal）即不小于或等于转移。

这是一条条件转移指令的两种助记符。当两个带符号数 A 和 B 相比较，当 A>B（不包括相等）时就满足这个条件。不相等，则必然 ZF = 0；带符号数大于，则必须 $SF \oplus OF = 0$（两者都为 0 或两者都为 1），所以，反映这个条件的标志为 $(SF \oplus OF = 0) \wedge ZF = 0$。当满足这个条件时，能转移到目标地址。

b. JGE/JNL

JGE（Jump on Great or Equal）即大于或等于转移。

JNL（Jump on Not Less）即不小于转移。

这也是一条条件转移指令的两种助记符。与上一条相比，只是条件为 A>B，包含着相等的情况，所以去掉 ZF 必须为 0 的条件即可。当满足条件时，能够转移至目标地址。

c. JL/JNGE

JL（Jump on Less）即小于转移。

JNGE（Jump on Not Greater or Equal）即不大于或等于转移。

这也是一条条件转移指令的两种助记符。当两个带符号数 A 和 B 相比较，当若 A<B（不包括相等）时满足这个条件。不相等 ZF 必须为 0；小于必为符号标志 SF 和溢出标志 OF 异号，所以，条件为 $SF \oplus OF = 1$，且 $ZF = 0$。当满足此条件时，能转移到目标地址。

d. JLE/JNG

JLE（Jump on Less or Equal）即小于或等于转移。

JNG（Jump on Not Greater）即不大于转移。

这也是同一条条件转移指令的两种助记符。当两个带符号数 A 和 B 相比较，当 A<B 时满足这个条件。相等则 $ZF = 1$；小于则 $SF \oplus OF = 1$，故条件为$(SF \oplus OF) \vee ZF = 1$。当满足此条件时，能转移至目标地址。

这种指令是段内相对转移，在汇编语言中，目标操作数用标号（Label）表示，而在机器语言级，则是符号立即数。归纳起来有以下指令：

- JE/JZ 若相等/若为 0 转移；
- JNE/JNZ 若不相等/若不为 0 转移；
- JA/JNBE 若高于/若不低于或等于转移；
- JAE/JNB 若高于或等于/若不低于转移；
- JB/JNAE 若低于/若不高或于等于转移；
- JBE/JNA 若低于或等于/若不高于转移；
- JG/JNLE 若大于/若不小于或等于转移；
- JGE/JNL 若大于或等于/若不小于转移；
- JL/JNGE 若小于/若不大于或等于转移；
- JLE/JNG 若小于或等于/若不大于转移；
- JC 若进位转移；
- JNC 若无进位转移；
- JO 若溢出转移；
- JNO 若无溢出转移；
- JS 若符号位为 1（负）转移；
- JNS 若符号位为 0（非负）转移；
- JPO/JNP 若奇/若奇偶标志为 0 转移；
- JPE/JP 若偶/若奇偶标志为 1 转移；
- JCXZ/JECXZ 寄存器 CX 为 0/寄存器 ECX 为 0 转移。

3. 重复控制指令

一个循环程序必须要有指令来控制循环，重复控制指令在循环的头部或尾部确定是否进行循环。是否重复也是有条件的，通常是在CX（ECX）寄存器中预置循环次数，重复控制指令当CX（ECX）不等于零时，循环至目的地址。若不满足条件（通常当 CX = 0 时），则顺序执行重复控制指令的下一条指令。

重复控制指令的目的地址必须在控制指令的+127~–128字节的范围之内。这些指令对标志位都没有影响。

这些指令对于循环程序和完成串操作是十分有用的。

8086处理器有以下三种重复控制的指令。

（1）LOOP

LOOP指令使CX（ECX）减1，且判断若CX（ECX）不等于0，则循环至目标操作数——IP+偏移量（符号扩展到16位）。

要使用LOOP指令，必须把重复次数置于寄存器CX（CX）中。

一条LOOP指令相当于以下两种指令的组合：

```
DEC     CX
JNZ     AGAIN
```

（2）LOOPZ/LOOPE

这条指令有两种不同的助记符LOOPZ及LOOPE。

此指令使CX减1，且判断只有在CX不等于0，而且标志ZF = 1的条件下，才循环至目标操作数——IP+偏移量。

（3）LOOPNZ/LOOPNE

这也是同一条指令的两种助记符。此指令使CX减1，且判断只有在CX不等于0，而且标志ZF = 0的条件下，才能循环至目标操作数——IP+偏移量。

若地址操作数的属性是32位，则计数器用ECX；若是16位，则用CX。

4. 调用与返回指令

（1）CALL调用过程

CALL在很多方面与无条件指令相似，它也使控制流发生转移。但是，CALL指令调用一个过程，通常是要返回的。为此，CALL指令要保存返回地址（CALL指令的下一条要执行的指令的地址），以便返回。若是段内调用（要调用的过程在同一段内）也称为NEAR调用，则只需保存执行CALL指令时的IP（EIP）值。若是段间调用（要调用的过程在另一个段）也称为FAR调用，则不仅要保留IP（EIP），而且要保存CALL指令的代码段寄存器CS值。

CALL指令能执行四种不同类型的调用：

- NEAR调用——调用在当前码段（由CS寄存器指向的当前段）内的过程，也称为段内调用；
- FAR调用——调用位于与当前代码段不同段中的过程，也称为段间调用。

其他两种类型的调用将在本书第13章中介绍。

（2）RET返回

有两种返回指令：

```
RET
```

```
RET  OPD
```

传送程序控制至位于堆栈顶部的返回地址。此地址是由 CALL 指令放在堆栈上的。通常，返回指令返回至 CALL 指令的下一条指令。

任选的操作数 OPD 规定在返回地址弹出后释放（跳过）的堆栈字节数；默认为无。此参数通常用于释放传送给被调用的过程的参数，而返回后又不再需要的参数个数。

RET 指令能用于执行三种不同类型的返回：

- NEAR 返回——返回至在当前代码段（由 CS 寄存器当前指向的段）内的调用过程，也称为段内返回。
- FAR 返回——返回至与当前代码段不在同一段内的调用过程，也称为段间返回。

另有一种返回将在本书第 13 章中介绍。

（3）IRET 从中断返回

它从异常或中断处理程序返回程序控制至被异常、外部中断或软件中断所中断的程序或过程。这些指令也用于从嵌套的任务（嵌套的任务是当 CALL 指令用于启动任务切换，或者当中断或异常引起任务切换至中断或异常处理程序时建立的）返回。

IRET 指令执行 FAR 返回至被中断的程序或过程。在此操作期间，处理器从堆栈弹出返回指令指针、返回代码段选择子和 FLAGS 映像至 IP、CS 和 FLAGS 寄存器，然后恢复被中断的程序或过程的执行。

（4）INT 软件中断、INTO 在溢出时中断

INT n 指令产生由目标操作数规定的中断或异常处理程序的调用。目标操作数 n 规定从 0 ~ 255 的中断向量号（作为 8 位无符号数编码）。每个中断向量号提供中断向量的索引（中断向量表中的每个元素提供一中断或异常处理程序的入口地址）。前 32 个中断向量由 Intel 提供给系统用。其中的若干个用作内部产生的异常。

INT n 指令是执行软件产生的调用中断处理程序的通用助记符。INTO 指令是调用溢出异常（中断向量号 4）的特定助记符。溢出中断检测在 FLAGS 寄存器中的 OF 标志，若 OF 标志为 1，则调用溢出中断处理程序，否则，顺序执行下一条指令。

在执行中断时与 CALL 指令类似，要保存断点以便中断返回。所以，中断指令首先推入 FLAGS 寄存器至堆栈，然后清除标志 IF（关中断）、TF（禁止追踪方式）；接着推入 CS 和 IP；用中断向量表中的入口地址加载 IP 和 CS，使控制发生转移。

3.4.7　串指令

串指令对字节串、字串操作，允许它们移至存储器或从存储器传送。

8086 处理器中有一些一字节指令，它们能完成各种基本的字节串、字串或两字串（即字节或字的序列）的操作。任一个这样的基本操作，能在指令的前面用一个重复操作前缀（REP）使它们重复地操作。

所有的基本的串操作指令，用寄存器 SI 寻址源操作数，且假定是在现行的数据段区域中（段地址在段寄存器 DS 中）；用寄存器 DI 寻址目的操作数，且假定是在现行的附加段区域中（段地址在段寄存器 ES 中）。这两个地址指针在每一次串操作以后会自动修改，但按增量还是按减量修改，取决于标志位 DF。若标志 DF = 0，则在每次操作后 SI 和 DI 增量（字节操作则加 1，字操作加 2）；若标

志 DF = 1，则每次操作后，SI 和 DI 减量。

任何一个串操作指令，可以在前面加上一个重复操作前缀，这样指令就可以重复执行，直至在寄存器 CX 中的操作次数满足要求为止。

重复操作是否完成的检测，是在操作以前进行的。所以若初始化使操作次数为 0，它就不会引起重复操作。

若基本操作是一个影响 ZF 标志的操作，在重复操作前缀字节中也可以规定与标志 ZF 相比较的值（REPZ/REPE，REPNZ/REPNE）。在基本操作执行以后，ZF 标志与指定的值不等，则重复终结。

在重复的基本操作执行期间，操作数指针（SI 和 DI）和操作数寄存器，在每一次重复后修改。然而指令指针将保留重复前缀字节的偏移地址。因此，若一个重复操作指令，被外部源中断，则在中断返回以后，可以恢复重复操作指令。

串操作指令的重复前缀应该避免与别的两种前缀同时使用。

8086 处理器有以下七种基本的串操作指令。

（1）MOVS（Move String）

MOVS/MOVSB 传送串/传送字节串

MOVS/MOVSW 传送串/传送字串

把由 SI 作为指针的源串中的一个字节（MOVSB）或字（MOVSW），传送至由 DI 作为指针的目的串，且相应地修改指针，以指向串中的下一个元素。

在前面介绍数据传送指令 MOV 时，我们说过 MOV 指令不能实现内存单元之间的数据传送。而这种传送要求又是经常会遇到的，这时就要以某一通用寄存器作为桥梁，要实现重复传送，还必须修改地址。

而 MOVS 指令就是为了实现这样的传送而设置的，一条指令，除了直接完成数据从源地址传送至目的地址以外，还自动完成修改地址指针。但 MOVS 指令中规定源操作数必须用 SI 寻址，目的操作数必须用 DI 寻址。

前面的传送 100 个操作数的例子，可以改为：

```
         MOV      SI, OFFSET SOURCE
         MOV      DI, OFFSET DEST
         MOV      CX, 100
AGAIN:   MOVS     DEST, SOURCE
         DEC      CX
         JNZ      AGAIN
```

若采用重复前缀，则可以用一条指令完成整个数据块的传送。但要用重复前缀，数据长度必须放在寄存器 CX 中。上述程序可简化为：

```
MOV      SI, OFFSET SOURCE
MOV      DI, OFFSET DEST
MOV      CX, 100
REP      MOVS  DEST, SOURCE
```

此指令对标志位无影响。

（2）CMPS（Compare String）

CMPS/CMPSB 比较串/比较字节串

CMPS/CMPSW 比较串/比较字串

由 SI 作为指针的源串与由 DI 作为指针的目的串（双字、字或字节）相比较（源串 – 目的串），但相减的结果只反映到标志位上，而不送至任何一操作数。同时相应地修改源和目的串指针，指向串中的下一个元素。标志位 AF、CF、OF、PF、SF 和 ZF 反映了目的串元素和源串元素之间的关系。

这个指令可以用来检查两个串是否相同。通常在此指令之后，应有一条条件转移指令。

下面是一个利用 CMPS 指令对 STRINGl 和 STRING2 两个字符串进行比较的程序例子：

```
        MOV     SI, OFFSET STRING1
        MOV     DI, OFFSET STRING2
        MOV     CX, COUNT
        CLD
        REPZ    CMPSB
        JNZ     UNMAT               ；若串不相等，在 RESULT 单元中置 0FFH
        MOV     AL, 0               ；若串相等，在 RESULT 单元中置 0
        JMP     OUTPUT
UNMAT:  MOV     AL, 0FFH
OUTPUT: MOV     RESULT, AL
        HLT
```

若 CMPS 指令加上前缀 REPE 或 REPZ，则操作可解释为："当串未结尾（CX≠0）且串是相等的（ZF 标志为 1）继续比较"。若 CMPS 指令加以前缀 REPNE 或 REPNZ，操作解释为："当串未结尾（CX≠0）且串不相等（ZF = 0 时）继续比较"。

（3）SCAS（Scan String）

SCAS/SCASB 扫描串/扫描字节串

SCAS/SCASW 扫描串/扫描字串

搜索串指令，关键字放在 AL（字节）或 AX（字）中，操作时从 AL（字节操作）或 AX（字操作）的内容中减去由 DI 作为指针的目的串元素，结果反映在标志位上，但并不改变目的串元素以及累加器中的值。SCAS 也修改 DI，使其指向下一个元素，在标志位 AF、CF、OF、PF、SF 和 ZF 中反映了 AL/AX/EAX 中的搜索值与串元素之间的关系。

利用 SCAS 指令可以进行搜索，下面举一个例子。把要搜索的关键字放在 AL（字节）或 AX（字）中，用以搜索内存的某一数据块或字符串中，有无此关键字。若有，把搜索次数记下（若次数为 0，表示无要搜索的关键字），且记录下存放关键字的地址。

程序一开始，当然要设置数据块的地址指针（SCAS 指令要求设在 DI 中），要设立数据块的长度（要求设在 CX 中），把关键字送入 AL 或 AX 中。搜索可以用循环结构，或利用重复前缀。利用 ZF 标志判断是否搜索到，以便进行下一步处理。

```
        MOV     DI, OFFSET BLOCK
        MOV     CX, COUNT
        MOV     AL, CHAR
        REPNE   SCASB
        JZ      FOUND
        MOV     DI, 0
        JMP     DONE
FOUND:  DEC     DI
        MOV     POINTR, DI
        MOV     BX, OFFSET BLOCK
```

```
        SUB     BX, DI
        MOV     DI, BX
DONE:   HLT
```

若 SCAS 指令前加上前缀 REPE 或 REPZ，则操作解释为：“当串未结束（CX≠0）且串元素 = 搜索值（ZF = 1）时继续搜索”。这种格式可用来搜索从一个给定值的偏离。若 SCAS 前加上前缀 REPNE 和 REPNZ，则操作解释为：“当串未结束（CX≠0）且串元素不等于搜索值（ZF = 0）时继续搜索”。这个方式可以用来在一个串中查出一个值。

（4）LODS（Load String）

LODS/LODSB 装入串/装入字节串

LODS/LODSW 装入串/装入字串

本指令把由 SI 作为指针的串元素，传送至 AL（字节操作）或 AX（字操作），同时修改 SI，使其指向串中的下一个元素。这个指令正常地是不重复执行的，因为每重复一次，累加器中的内容就要改写，只保留最后一个元素。在一个软件循环程序中，在用基本的串操作指令构成复杂的串操作时，LODS 指令作为其中一部分是十分有用的。此指令对标志位无影响。

（5）STOS（Store String）

STOS/STOSB 存储串/存储字节串

STOS/STOSW 存储串/存储字串

从累加器 AL（字节操作）或 AX（字操作）传送一个字节或字，到由 DI 作为指针的目的串中，同时修改 DI 以指向串中的下一个单元。利用重复操作，可以在串中建立一串相同的值。此指令对标志位无影响。

例：若在内存缓冲区中有一个数据块，起始地址为 BLOCK。数据块中的数据有正有负，要求把其中的正负数分开，分别送至同一段的两个缓冲区，存放正数的缓冲区的起始地址为 PLUS_DATA；存放负数的缓冲区的起始地址为 MINUS_DATA。

要解决这一问题，可设 SI 为源数据块的指针，分别设 DI 和 BX 为放正、负数的目的区指针，使用 LODS 指令，把源数据取至 AL 中，然后检查其符号位。若是正数，则用 STOS 指令送至正数缓冲区；若是负数，则可以先把 DI 与 BX 交换，然后再用 STOS 指令送至负数缓冲区。用 CX 来控制循环次数。程序如下：

```
START:  MOV     SI, OFFSET BLOCK
        MOV     DI, OFFSET PLUS_DATA
        MOV     BX, OFFSET MINUS_DATA
        MOV     CX, COUNT
GOON:   LODS    BLOCK
        TEST    AL, 80H
        JNZ     MIUS
        STOSB
        JMP     AGAIN
MIUS:   XCHG    BX, DI
        STOSB
        XCHG    BX, DI
AGAIN:  DEC     CX
        JNZ     GOON
        HLT
```

上述的各种重复操作，显然也可以通过一个循环程序来完成。

（6）串输入指令 INS/INSB/INSW/INSD——从端口输入至串

指令的格式是：

```
INS   m8, DX
INS   m16, DX
INSB
INSW
```

从源操作数（第二个操作数）拷贝数据至目标操作数（第一个操作数）。源操作数是一 I/O 端口地址（从 0~65 535），它通常是由 DX 寄存器规定。目标操作数是一内存单元，它的地址由 ES:DI 规定（ES 段不能用地址超越前缀来超越）。正在访问的 I/O 端口的尺寸（即源和目标操作数的尺寸），对于 8 位 I/O 端口取决于操作码，而对于 16 位 I/O 端口取决于指令的操作数属性。在汇编码级，允许两种形式的指令：显式和无操作数式。无操作数形式，隐含着源端口由 DX 寄存器规定；而目标操作数由 ES:DI 规定。

在字节或字从 I/O 端口传送至存储单元后，DI 寄存器按照 DF 标志的设置自动增量或减量（若 DF 为 0，DI 增量；若 DF 为 1，DI 减量）。对于字节操作 DI 增量或减量为 1，对于字操作为 2。

串操作指令可以用 REP、REPZ/REPE、REPNZ/REPNE 作为前缀。

（7）串输出指令 OUTSB/OUTSW——拷贝串至端口

此类指令的格式为：

```
OUTS    DX, m8
OUTS    DX, m16
OUTSB
OUTSW
```

此类指令从源操作数（第二个操作数）拷贝数据至由目标操作数（第一个操作数）规定的 I/O 端口。源操作数是一内存单元，其地址由 DS:DI 寄存器规定。目标操作数是一 I/O 端口地址（从 0~65 535），由 DX 寄存器规定。

串输出指令除了数据传送的方向与串输入指令相反外，其他都是类似的。

3.4.8 标志控制操作

标志控制指令可对在 FLAGS 寄存器中的标志进行如下操作：

STC 设进位标志；

CLC 清除进位标志；

CMC 对进位标志取反；

CLD 清除方向标志；

STD 设置方向标志；

LAHF 加载标志至 AH 寄存器；

SAHF 存 AH 寄存器至标志；

PUSHF 推入 FLAGS 至堆栈；

POPF 从堆栈弹出至 FLAGS；

STI 设中断标志；

CLI 清除中断标志。

3.4.9 段寄存器指令

此类指令的格式为：

```
LDS    r16, mem16:16
LDS    r32, mem16:32
LES    r16, mem16:16
LES    r32, mem16:32
LSS    r16, mem16:16
LSS    r32, mem16:31
```

此类指令从源操作数（第二个操作数）加载一 FAR 指针，段选择子和偏移量至指定的段寄存器和第一个操作数（目标操作数）。指令操作码和目标操作数规定段寄存器/通用寄存器对。16 位段选择子从源操作数加载至用操作码规定的段寄存器（DS、ES、SS、FS 或 GS）。16 位偏移量加载至由目标操作数规定的寄存器。

3.4.10 杂项指令

杂项指令提供这样的功能，如加载有效地址、执行空操作和检索处理器标识。

（1）LEA 加载有效地址

此指令的格式为：

```
LEA   r16, m
```

计算源操作数的有效地址（即段内偏移量）并存储至目标操作数。源操作数是一内存单元（可用各种寻址方式）；目标操作数是一通用寄存器。

（2）NOP 空操作

（3）XLAT/XLATB 表格查找传送

此指令的格式为：

```
XLAT   m8
XLATB
```

用 AL 寄存器作为表的索引，定位在内存中的字节项，然后把它送至 AL。在 AL 寄存器中的索引作为无符号数对待。此指令从 DS:BX 寄存器得到内存中表的基地址（DS 段可以用段超越前缀来超越）。

习　　题

3.1 分别指出下列指令中的源操作数和目的操作数的寻址方式。

（1）MOV　　SI, 300

（2）MOV　　CX, DATA[DI]

（3）ADD　　AX, [BX][SI]

（4）AND　　AX, CX

（5）MOV　　[BP], AX

（6）PUSHF

3.2　试述指令 MOV AX，2000H 和 MOV AX, DS:[2000H]的区别。

3.3　写出以下指令中内存操作数的所在地址。

（1）MOV　　AL, [BX+10]

（2）MOV　　[BP+10], AX

（3）INC　　BYTE PTR[SI+5]

（4）MOV　　DL, ES：[BX+SI]

（5）MOV　　BX, [BP+DI+2]

3.4　判断下列指令书写是否正确。

（1）MOV　　AL, BX

（2）MOV　　AL, CL

（3）INC　　[BX]

（4）MOV　　5, AL

（5）MOV　　[BX], [SI]

（6）MOV　　BL, F5H

（7）MOV　　DX, 2000H

（8）POP　　CS

（9）PUSH CS

3.5　设堆栈指针 SP 的初值为 1000H，AX = 2000H，BX = 3000H，试问：

（1）执行指令 PUSH　AX 后 SP = ?

（2）再执行 PUSH　BX 及 POP　AX 后 SP = ?、AX = ?、BX = ?

3.6　要想完成把[3000H]送[2000H]中，用指令：

```
MOV  [2000H], [3000H]
```

是否正确？如果不正确，应用什么方法？

3.7　假如想从 200 中减去 AL 中的内容，用 SUB 200，AL 是否正确？如果不正确，应用什么方法？

3.8　用两种方法写出从 80H 端口读入信息的指令。再用两种方法写出从 40H 口输出 100H 的指令。

3.9　假如 AL = 20H，BL = 10H，当执行 CMP AL，BL 后，问：

（1）AL，BL 中内容是两个无符号数，比较结果如何？影响哪几个标志位？

（2）AL，BL 中内容是两个有符号数，结果又如何？影响哪几个标志位？

3.10　若要使 AL × 10，有哪几种方法？编出各自的程序段。

3.11　8086 汇编语言指令的寻址方式有哪几类？用哪一种寻址方式的指令执行速度最快？

3.12　直接寻址方式中，一般只指出操作数的偏移地址，那么，段地址如何确定？如果要用某个段寄存器指出段地址，指令中应如何表示？

3.13　在寄存器间接寻址方式中，如果指令中没有具体指明段寄存器，那么，段地址如何确定？

3.14　用寄存器间接寻址方式时，BX、BP、SI、DI 分别针对什么情况来使用？这四个寄存器组合间接寻址时，地址是怎样计算的？举例进行说明。

3.15　设 DS = 2100H，SS = 5200H，BX = 1400H，BP = 6200H，说明下面两条指令所进行的具体操作：

```
MOV  BYTE PTR[BP], 200
MOV  WORD PTR[BX], 2000
```

3.16　使用堆栈操作指令时要注意什么问题？传送指令和交换指令在涉及内存操作数时分别要注意什么问题？

3.17　下面这些指令中哪些是正确的？哪些是错误的？如是错误的，请说明原因。

```
XCHG     CS, AX
MOV      [BX], [1000]
XCHG     BX, IP
PUSH     CS
POP      CS
IN       BX, DX
MOV      BYTE[BX], 1000
MOV      CS, [1000]
```

3.18　以下是格雷码的编码表：

```
0  0000
1  0001
2  0011
3  0010
4  0110
5  0111
6  0101
7  0100
8  1100
9  1101
```

请用换码指令和其他指令设计一个程序段，实现格雷码往 ASCII 的转换。

3.19　用乘法指令时，特别要注意先判断是使用有符号数乘法指令还是使用无符号数乘法指令，这是为什么？

3.20　字节扩展指令和字扩展指令用在什么场合？举例说明。

3.21　什么叫 BCD 码？什么叫组合的 BCD 码？什么叫非组合的 BCD 码？8086 汇编语言在对 BCD 码进行加、减、乘、除运算时，采用什么方法？

3.22　用普通运算指令执行 BCD 码运算时，为什么要进行十进制调整？具体讲，在进行 BCD 码的加、减、乘、除运算时，程序段的什么位置必须加上十进制调整指令？

3.23　普通移位指令和循环移位指令（带 CF 的和不带 CF 的两类）在执行操作时，有什么差别？在编制乘除法程序时，为什么常用移位指令来代替乘除法指令？试编写一个程序段，实现将 BX 中的数乘以 10，结果仍放在 BX 中。

3.24　使用串操作指令时，特别要注意和 SI、DI 这两个寄存器和方向标志 DF 密切相关。请具体就指令 MOVSB/MOVSW、CMPSB/CMPSW、SCASB/SCASW、LODSB/LODSW 列表说明和 SI、DI 及 DF 的关系。

3.25　用串操作指令设计实现如下功能的程序段：首先将 100H 个数从 2170H 处搬到 1000H 处，然后，从中检索相等于 AL 中字符的单元，并将此单元值换成空格符。

3.26　在使用条件转移指令时，特别要注意它们均为相对转移指令，请解释“相对转移”的含义。如果要往较远的地方进行条件转移，那么，程序中应该怎样设置？

3.27　带参数的返回指令用在什么场合？设栈顶地址为 3000H，当执行 RET 0006 后，SP 的值为多少？

3.28　在执行中断指令时，堆栈的内容有什么变化？中断处理子程序的入口地址是怎样得到的？

3.29　在执行中断返回指令 IRET 和普通子程序返回指令 RET 时，具体操作内容有什么不同？

3.30　设当前 SS = 2010H，SP = FEOOH，BX = 3457H，当前栈顶地址为多少？当执行 PUSH BX 指令后，栈顶地址和栈顶两个字节的内容分别是什么？

04

第4章　汇编语言程序设计

汇编语言具有目标代码简短、占用内存少、执行速度快等优点，因此使用汇编语言设计的程序能直接控制计算机的硬件，可以最大限度地发挥机器的特性。本章以 8086 指令系统为基础，介绍汇编语言语句的格式和程序设计的基本方法，并简单介绍常用的 DOS 功能调用和汇编语言的开发。

4.1 汇编语言的格式

4.1.1 8086 汇编语言程序的一个例子

我们先举一个例子来说明 8086 汇编语言的格式。

```
MY_DATA     SEGMENT                          ；定义数据段
SUM         DB     ?                         ；为符号 SUM 保留一个字节
MY_DATA     ENDS                             ；定义数据段结束
MY_CODE     SEGMENT                          ；定义码段
            ASSUME CS：MY_CODE,
                   DS：MY_DATA               ；规定 CS 和 DS 的内容
PORT_VA1    EQU    3                         ；端口的符号名
START:      MOV    AX, MY_DATA               ；DS 初始化为 MY_DATA
            MOV    DS, AX
            MOV    SUM, 0                    ；清 SUM 单元
CYCLE:      CMP    SUM, 100                  ；SUM 单元与 100 相比较
            JNA    NOT_DONE                  ；若未超过，转至 NOT_DONE
            MOV    AL, SUM                   ；若超过，把 SUM 单元的内容
            OUT    PORT_VAL, AL              ；通过 AL 输出
            HLT                              ；然后停机
NOT DONE:   IN     AL, PORT_VAL              ；未超过时，输入下一个字节
            ADD    SUM, AL                   ；与以前的结果累加
            JMP    CYCLE                     ；转至 CYCLE
MY CODE     ENDS                             ；代码段结束
            END    START                     ；整个程序结束
```

由这个例子看到，8086 汇编的一个语句行是由 4 个部分组成的，即

```
标号        操作码      操作数                     ；注释
（或名字）（助记符）（参数）
```

各部分之间至少要用一个空格作为间隔。IBM 宏汇编对于语句行的格式是自由的，但如果写成格式化就便于阅读，建议读者按格式化来写语句行。另外，IBM 宏汇编并不要求一个语句只能写一行，一个语句可以有后续行，规定以字符&作为后续行的标志。

4.1.2 8086 汇编语言源程序的格式

由以上例子可见，8086 的汇编语言的源程序是分段的，由若干个段形成一个源程序。源程序的一般格式为：

```
NAME1    SEGMENT
    语句
     ⋮
    语句
NAME1  ENDS
NAME2  SEGMENT
```

```
    语句
     ⋮
    语句
NAME2  ENDS
     ⋮
    END   <标号>
```

每一个段有一个名字，以符号 SEGMENT 作为段的开始，以语句 ENDS 作为段的结束。这两者都必须有名字，而且名字必须相同。由若干个段组成一个源程序，整个源程序以语句 END 作为结束。

总之，8086 的源程序是由若干段组成的，而一个段又是由若干个语句行组成的。所以，语句行是汇编语言源程序的基础。

4.2 语句的格式

如前所述，一个汇编语言的源程序是由一条条语句构成的，语句就是对需要计算机完成的动作的说明。每条语句占有一行，每行不超过 132 个字符（MASM6.0 以上可以是 512 个字符）。汇编语句分为指令语句和伪指令语句两类，一般都由分隔符分成的 4 个部分组成。

（1）指令语句又称执行性语句，用于表达处理器指令（也称为硬指令），汇编后对应一条指令代码。由处理器指令组成的代码序列是程序设计的主体，如 MOV、ADD、JMP 等。指令语句的格式如下：

```
标号：指令助记符   操作数，操作数                    ；注释
```

（2）伪指令语句又称说明性语句，用来指示、引导汇编程序在汇编时做一些操作，如定义符号、分配存储单元、初始化存储器、过程怎么设置等，所以伪指令本身不占用存储单元，例如：

```
MY_PLACE DB  ?
```

告诉汇编程序，MY_PLACE 定义为一个字节，所以汇编程序要为它分配一个存储器地址。以后，当汇编程序遇到指令语句：

```
INC  MY_PLACE
```

时，将产生一个使 MY_PLACE 单元内容增量的目标码指令。

伪指令语句的格式如下：

```
名字  伪指令助记符   参数，参数，……             ；注释
```

在一个指令语句中的标号后面跟有冒号（：），而在一个指示性语句中的名字后面没有冒号，这就是这两种语句在格式上的主要区别。

一个标号与一条指令的地址符号名相联系，标号可以作为 JMP 指令和 CALL 指令的目标操作数。

伪指令语句中的名字与指令的地址毫无关系，绝不能转向它。

在指令语句中的标号，总是任选的；但在指示性语句中的名字，可能是强制的、任选的或禁止的，这取决于实际的命令。

1．标号与名字

标号是某条指令所存放单元的符号地址，它是转移（条件转移或无条件转移）指令或调用（CALL）指令的目标操作数。名字可以是变量、逻辑段名、子程序名等，反映变量、逻辑段和子程序等的逻辑地址。在汇编语言源程序中，为了使程序更具有普遍性，及便于程序的修改，用户常用名字等代替存储单元、数据、表达式等，如例中的存储单元 SUM、输入输出端口 PROT_VAL 等就是。

对于汇编程序来说，标号与名字都是存储单元的符号地址。只是标号对应的存储单元中存放的是指令；而名字所对应的存储单元中存放的是数据。标号有三种属性：段值、偏移量和类型。不同于名字的是标号的类型是 NEAR 或是 FAR。

NEAR 是指转移到此标号所指的语句，或调用此子程序或过程，只需要改变 IP 值，而不改变 CS 值。即转移指令或调用指令与此标号所指的语句或过程在同一段内。

FAR 与 NEAR 不同，要转移到标号所指的语句，或调用此子程序或过程，不仅需要改变 IP 的值，而且需要改变 CS，即段交叉转移或调用。

若没有对标号进行类型说明，就假定它为 NEAR。

标号和名字是符号汇编语言语法的用户自定义的有特定意义的标识符。如例子中的 SUM、CYCLE、PORT_VAL 等。

一个标识符是由最多为 31 个字母、数字及规定的特殊字符（? @ _ $）等组成的，且不能用数字打头（以免与十六进制数相混淆）。下面是一些标识符的例子：

```
X
GAMMA
JACKS
THIS_DONE
THISDONE
```

最后两个是不同的标识符。而以下两个标识符是相同的，因为它们的前 31 个字符是相同的。

```
@ Variable_number_1234567890123456
@ Variable_number_12345678901234567
```

在一个源程序中，用户定义的标识符必须是唯一的，而且不能是汇编程序所采用的保留字。保留字是汇编语言本身需要使用的各种具有特定含义的标识符，也称为关键字，如例子中的 SEGMENT、MOV、EQU、AL 等都是保留字。汇编程序中的保留字主要有微处理器指令助记符、伪指令助记符、寄存器名、操作符以及预定义符等。

默认情况下，汇编程序不区别包括保留字在内的标识符字母大小写，即汇编语言对字母大小写不敏感。例如，变量名 SUM 和 sum 表达的是同一个变量。

2. 助记符

助记符是帮助记忆指令的符号，反映指令的功能。指令助记符是指处理器指令，表示的是处理器的操作。不同微处理器的指令系统不尽相同，故指令助记符有所区别。伪指令助记符由汇编程序定义，表达一个汇编过程中的命令，同样的汇编程序版本不同，伪指令有所区别，通常高版本兼容低版本。

例如，指令助记符 MOV，其功能是实现将源操作数传送至目的操作数。要给寄存器 AX 赋值 1200H 的硬指令表达为：

```
MOV AX, 1200H
```

汇编语言源程序中使用最多的字节变量定义伪指令，其助记符是 DB，功能是在主存中占用若干的存储空间，用于保存变量值，该变量以字节为单位存取。例如，用 DB 定一个字符串，并使用变量名 SUM 表达其在主存的逻辑地址：

```
SUM DB ?
```

3. 操作数与参数

指令语句的操作数表示参与操作的对象。一个操作数或者是一个寄存器名，或是一个常量（数字常量或字符串常量），或是一个存储器操作数。

（1）常量操作数

具有数字值的操作数是常量或是表示常量的标识符（符号）。例中的常量操作数是 100、PORT_VAL。常量操作数的值的允许范围是从−65535～+65535。

要注意，操作数的值可以是负的，但常量绝不能是负的。可以在常量的前面加上负号（一个运算符），以表示一个负的操作数。但绝不能把负号作为常量的一部分。负号本身是一个单目运算符。

（2）存储器操作数

存储器操作数通常是标识符，具体地说，可以分成标号（Label）和变量（Variable）两种。如上所述，标号是可执行的指令语句的符号地址。它们通常是作为转移指令 JMP 和调用指令 CALL 的目标操作数。

伪指令的参数可以是常量、变量名、表达式等，可以有多个，参数之间用逗号分隔。

变量通常是指存放在一些存储单元中的值，这些值在程序运行过程中是可变的。

变量可以具有以下几种寻址方式：

① 直接寻址（16位地址偏移量包含在指令中）；

② 基址寻址。由一个基址寄存器（BX 或 BP）的内容，加上一个在指令中指定的 8 位或 16 位位移量，决定变量的地址；

③ 变址（索引）寻址。由一个变址（索引）寄存器（SI 或 DI）的内容，加上一个在指令中指定的 8 位或 16 位位移量，决定变量的地址；

④ 基址变址寻址。由一个基址寄存器（BX 或 BP）的内容，加上一个变址寄存器（SI 或 DI）的内容，再加上一个在指令中指定的 8 位或 16 位位移量，决定变量的地址。

作为存储器操作数的标号和变量都有三种属性：段值、段内地址偏移量和类型。

4. 注释

为了使汇编语言的源程序更便于阅读和理解，常在源程序中加上注释。注释是在分号（;）后面的任意的字符序列，直到行的结尾。在汇编时，汇编程序对它们并不进行处理。在可打印的文件中，注释和源程序一起打印。

语句的四个组成部分要用分隔符分开。标号后的冒号、注释前的分号以及操作数间和参数间的逗号都是规定采用的分隔符，其他部分通常采用空格或制表符作为分隔符。多个空格和制表符的作用与一个相同。另外 MASM 也支持续行符“\”，表示本行内容与上一行内容属于同一个语句。注释可以用英文书写。在支持汉字的编辑环境当然也可以使用汉字进行程序注释，但注意这些分隔符都必须使用英文标点。

4.2.1 常量

凡是出现在 8086 源程序中的固定值（它在程序运行期间不会变化），就称为常量。常量是程序中使用的一个确定数值，在汇编语言中有多种表达形式。

1. 常数

指由二进制、八进制、十进制、十六进制形式表达的数值，如表 4-1 所示。各种进制的数据以后缀字母区分。为了避免与标识符相混淆，十六进制数在语句中必须以数字打头。所以，凡是以字母 A～

F 开始的十六进制数，必须在前面加上数字 0。如十进制 10，用十六进制表达为 AH，汇编语言需要表达成 0AH；如果不用前导 0，则将与寄存器名 AH 相混淆。

表 4–1 各种进制的常数

进 制	数字组成	举 例
二进制	由“0”或“1”组成的序列，以字母 B 或 b 结尾	00101100B
八进制	由若干个 0 ~ 7 的数字组成的序列，以字母 O 或 o 结尾	255O、377O
十进制	由若干个 0 ~ 9 的数字组成的序列，以字母 D 或 d 结尾，或没有任何字母作结尾	1234D 或 1234
十六进制	由若干个 0 ~ 9 的数字或 A ~ F 的字母所组成的序列，以字母 H 或 h 结尾	56H、0BA3FH

2. 字符和字符串

字符或字符串常量是由包含在单引号内的 1 或多个 ASCII 字符构成的。汇编程序把它们表示成一个字节序列，一个字节对应一个字符，把引号中的字符翻译成它的 ASCII 值。例如“A”等价于 41H，“AB”等价于 4142H。在可以使用单字节立即数的地方，就可以使用单个字符组成的字符串常量；在可以使用字立即数的地方，就可以使用两个字符组成的字符串常量。在初始化存储器时，可以使用多于两个字符的字符串常量（见后面的 DB 伪指令部分）。

3. 符号常量

符号常量使用标识符表达一个数值。常量使用有意义的符号名来表示，这样就更具有通用性和更便于修改。例如：

```
PORT_VAL  EQU 3
```

就把端口地址 3 定义为一个符号 PORT_VAL。又例如：

```
COUNT  EQU   100
```

4. 数值表达式

数值表达式一般是指由运算符连接的各种常量所构成的表达式。汇编程序在汇编过程中计算表达式，最终得到一个确定的数值，所以也是常量。由于表达式的数值在程序运行前的汇编阶段计算，所以组成表达式的各部分必须在汇编时就能确定。

汇编语言支持多种运算符，如表 4-2 所示。我们经常使用的是算术运算符，还可以运用圆括号表达运算的先后顺序。

表 4–2 各种运算符

运 算 符		举 例
算术运算符	+，-，*，/，mod	mov bx, 32+((13/6) mod 3)
逻辑运算符	shl，shr，and，or，xor，not	mov dh, 01100100b shr 2
关系运算符	gt，ge，eq，le，lt，ne	mov ax, 10h gt 16
地址运算符	seg，offset	mov dx, offset msg
类型运算符	Type，length，size	mov cx, type bvar

例如：mov ax,3*4+5　　；等价于：mov ax,17

下面分别讨论这些运算符。

（1）算术运算符

这是一些读者十分熟悉的运算符——加（+）、减（-）、乘（*）和除（/）运算符。另一个算术运算符是 MOD，它产生除法以后的余数，例如，19/7 是 2（商是 2），而 19MOD7 是 5（余数是 5）。

算术运算符总是可以应用于数字操作数，结果也是数字。

当算术运算符应用于存储器地址操作数时其规则就更加严格：只有当结果有明确的、有意义的物理解释时，这些运算才是有效的。

例如，两个存储器地址的乘积是没有意义的。所以，这是一种不允许的操作。

在同一个段的两个存储器地址的差，是这两个存储单元之间的距离，即它们的地址偏移量的差，这是有意义的。

对存储器地址操作数的另一个唯一有意义的算术运算是加或减一个数字量。

因此，对例子中的存储器地址作如下运算：

```
SUM+2
CYCLE-5
NOT_DONE-GO
```

是有效的表达式。而

```
SUM-CYCLE
```

不是一个有效的表达式，因为它们不在同一个段。

注意 SUM+2 的值，是 MY_DATA 段中离开存储单元 SUM 两个字节的存储单元的地址；而不是 SUM 单元的内容加 2。因为 SUM 单元的内容，在程序执行以前是不知道的，表达式是在汇编的时候计算的。

（2）逻辑运算符

逻辑运算符是按位操作的 AND、OR、XOR 和 NOT。

逻辑运算的操作数只能是数字，且结果也是数字。存储器地址操作数不能进行逻辑运算。例如：

```
1010 1010 1010 1010B AND 1100 1100 1100 1100B=1000 1000 1000 1000B
1100 1100 1100 1100B OR 1111 0000 1111 0000B=1111 1100 1111 1100B
NOT 1111 1111 1111 1111B=0000 0000 0000 0000B
```

而

1111 0000 1111 0000B XOR SUM 是无效的。

作为一个逻辑运算的例子，考虑：

```
IN   AL, PORT_VAL
OUT  PORT_VAL  AND  OFEH, AL
```

IN 指令从 PORT_VAL 端口得到输入信息，OUT 指令把输出结果送到端口 PORT_VAL AND OFEH。若 PORT_VAL 本身是偶数，则“与”操作以后仍是同一端口；若 PORT_VAL 是奇数，则输出端口就是 PORT_VAL 的下一个端口。这个端口的实际值是在汇编时确定的，而不是在执行的时候。

注意 AND、OR、XOR 和 NOT，也是 8086 指令的助记符。但是，作为 IBM 宏汇编的运算符是在程序汇编时计算的。而作为指令的助记符，则是在程序执行时计算的。下列指令：

```
AND  DX, PORT_VAL  AND  OFEH
```

在程序汇编时，计算 PORT_VAL AND OFEH，产生一个指令操作数域的立即数；然后在指令执行时，这个立即数与寄存器 DX 的内容作“与”运算，结果送至 DX。

（3）关系运算符

在 IBM 宏汇编中有以下关系运算符：

① 相等 Equal（EQ）；

② 不等 Not Equal（NE）;

③ 小于 Less Than（LT）;

④ 大于 Greater Than（GT）;

⑤ 小于或等于 Less Than or Equal（LE）;

⑥ 大于或等于 Greater Than or Equal（GE）。

PORT_VAL LT 5 就是一种关系运算。

关系运算的两个操作数，或者都是数字，或者是同一个段的存储器地址，结果始终是一个数字值。若关系为假，则结果为 0；若关系为真，则结果为 0FFFFH。

若在程序中有以下关系运算：

```
MOV  BX, PORT_VAL  LT  5
```

若 PORT_VAL 的值小于 5，关系为真，则汇编程序在汇编后产生的语句为：

```
MOV  BX, 0FFFFH
```

若 PORT_VAL 的值不小于 5，则关系为假，汇编后产生的语句为：

```
MOV  BX, 0
```

像上例中那样单独使用关系运算符并不常用，因为这样运算的结果不是 0 就是 0FFFFH，没有别的选择。所以，通常是把关系运算符与逻辑运算符组合起来使用。例如：

MOV BX,((PORT_VAL LT 5）AND 20）OR（(PORT_VAL GE 5）AND 30）则当 PORT_VAL 小于 5 时，将汇编为：

```
MOV  BX, 20
```

否则，将汇编为：

```
MOV  BX, 30
```

（4）地址运算符

地址运算符可以把存储器操作数分解为它的组成部分，如它的段值、段内偏移量。

（5）类型运算符

类型运算符可以由已存在的存储器操作数生成一个段值和偏移量相同而类型不同的新的存储器操作数。

4.2.2　变量

存放在存储单元中的操作数的是变量，因为它们的值是可以改变的。变量需要事先定义而后才能使用。在程序中出现的是存储单元地址的符号即它们的名字。

所有的变量都具有三种属性。

（1）段值（Segment），即变量单元所在段的段地址（段的起始地址）的高 16 位，低 4 位始终为 0。

（2）偏移量（Offset），即变量单元地址与段的起始地址之间的偏移量（16 位）。

（3）类型（Type），变量有三种类型：字节（Byte）、字（Word）和双字（Double Word）。

变量定义伪指令为变量申请固定长度为单位的存储空间，并可以同时将相应的存储单元初始化。变量定义的汇编语言程序格式为：

变量名 变量定义伪指令　初值表

变量名即汇编语句的名字部分，为用户自定义标识符，表示初值表首元素的逻辑地址，常称为符号地址。变量名也可以没有，这种情况下，汇编程序将直接为初值表分配空间，无符号地址。设置变量名是为了方便存取它指示的存储单元。

初值表是用逗号分隔的参数，主要由常量、数值表达式或“？”组成。其中“？”表示未赋初值。多个存储单元如果初值相同，可以用复制操作符 DUP 进行说明。DUP 格式为：

```
重复次数  DUP(重复参数)
```

变量定义伪指令有 DB、DW、DD、DF、DQ、DT，如表 4-3 所示。

表 4-3　变量定义伪指令

助记符	变量类型	变量定义含义
DB	字节（Byte）	分配一个或多个字节单元，每个数据是字节量，也可以是字符串常量；字节量表示 8 位无符号数或带符号数、字符的 ASCII 码值
DW	字（Word）	分配一个或多个字单元，每个数据是字量，16 位数据；字量表示 16 位无符号数或带符号数、16 位段地址、16 位偏移地址
DD	双字（Dword）	分配一个或多个双字单元，每个数据是双字量，32 位数据；双字量表示 32 位无符号数或带符号数、32 位段地址、32 位偏移地址，含 16 位段地址和 16 位偏移地址的指针地址
DF	3 个字（Fword）	分配一个或多个 6 字节单元，6 字节量表示含 16 位段选择器和 32 位偏移地址的 48 位指针地址
DQ	4 个字（Qword）	分配一个或多个 8 字节单元，8 字节量表示 64 位数据
DT	10 个字节（Tbyte）	分配一个或多个 10 字节单元，表示 BCD 码、10 字节数据（用于浮点运算）

4.3　伪指令语句

在 IBM 宏汇编中有以下几种伪指令语句：

（1）符号定义语句（Symbol Definition）；

（2）数据定义语句（Data Definition）；

（3）段定义语句（Segmentation Definition）；

（4）过程定义语句（Procedure Definition）；

（5）结束语句（Termination）。

下面分别予以介绍。

4.3.1　符号定义语句

MASM 提供等价机制，用来为常量定义符号名，符号定义伪指令有“等价 EQU” 和“等号＝”伪指令。

1. 等值语句 EQU

EQU 语句给符号名定义一个值，或定义为别的符号名，甚至可定义为一条可执行的指令等。EQU 语句的格式为：

```
符号名 EQU 数值表达式
符号名 EQU <字符串>
```

一些例子如下：

```
BOILING_POINT EQU      212
BUFFER_SIZE   EQU      32
NEW_PORT      EQU      PORT_VAL+1
COUNT         EQU      CX
CBD           EQU      AAD
CallDOS       EQU      <int 21h>
```

第四个语句与前三个不同，不是给 COUNT 定义一个值，而是定义为寄存器 CX 的同义语。

EQU 语句在未解除前，不能重新定义。

2．等号语句=

此语句的功能与 EQU 语句类似，最大特点是能对符号进行再定义。它们的格式为：

符号名=数值表达式

例如：

```
EMP = 7
EMP = EMP + 1
```

3．解除语句 PURGE

已经用 EQU 命令定义的符号，若以后不再用了，就可以用 PURGE 语句来解除。

PURGE 语句的格式为：

```
PURGE  符号 1， 符号 2， …， 符号 n
```

要注意：PURGE 语句本身不能有名字。用 PURGE 语句解除后的符号，就可以重新定义。

例如：

```
PURGE  NEW_PORT
NEW_PORT EQU   PORT_VAL+10
```

4.3.2　数据定义语句

数据定义语句，为一个数据项分配存储单元，用一个符号名与这个存储单元相联系，且为这个数据提供一个任选的初始值。

与数据项相联系的符号名称为变量。以下是数据定义语句的例子：

```
THING             DB        ?    ；定义一个字节
BIGGER_THING      DW        ?    ；定义一个字
BIGGEST_THING     DD        ?    ；定义一个双字
```

THING 是一个符号名，它与在存储器中的一个字节相联系，即它是一个字节变量。BIGGER_THING 也是一个符号名，它与在存储器中的一个字相联系，即它是一个字变量。BIGGEST_THING 也是一个符号名，它与在存储器中的一个双字相联系，即它是一个双字变量。

上述数据定义语句中的符号“？”是什么意思呢？当汇编程序汇编时遇到“？”号，则它为数据项分配相应的存储单元（DB 分配一个字节、DW 分配一个字、DD 分配一个双字），但并不产生一个目标码以初始化这些存储单元。即“？”号是为了保留若干个存储单元，以便存放指令执行的中间结果。

由汇编程序产生的目标码，产生指令和存放指令的地址。在目标码已经产生以后，指令已经存放在存储器中，然后就可以执行。

在指令送至存储器的时候，数据项的初始值也可以送至存储器中。这意味着目标码除了包含指令和它们的地址以外，也可以包括数据项的起始值和它们的地址。这些初始值是由数据定义语句所规定的。例如：

```
THING    DB   25
```

不仅使 THING 这个符号与一个字节的存储单元相联系，而且在汇编时会把 25 放入与 THING 相联系的存储单元中。所以 THING 是一个字节变量，它的初始值为 25。

同样，以下语句：

```
BIGGER_THING DW 4142H
```

在汇编时就会把 41H 与 42H 分别放至与 BIGGER_THING 相联系的两个连续的字节单元中（一个字中），而且 42H 放在地址低的字节，41H 放在地址高的字节。所以，若 BIGGER_THING 是一个字变量，则它的初始值为 4142H。

语句

```
BIGGEST_THING  DD   12345678H
```

在汇编时的初始化如图 4-1 所示。它定义了一个双字变量，且给了初始值。

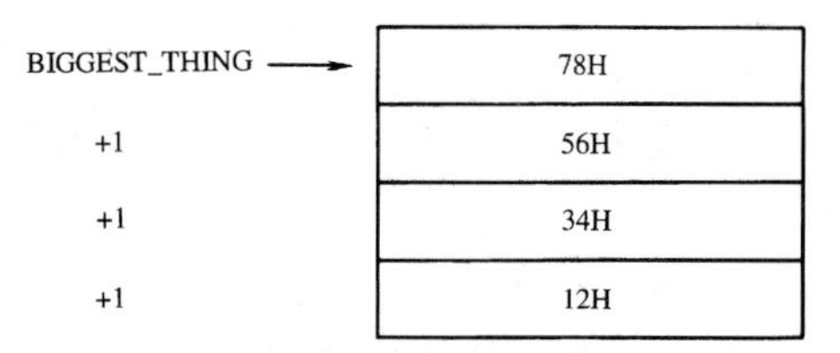

图 4-1　定义双字的数据定义语句的作用

通常，初始值能用一个表达式来规定，因为表达式是在汇编时计算的。所以能写如下语句：

```
IN_PORT       DB  PORT_VAL
OUT_PORT      DB  PORT_VAL+1
```

其中，PORT_VAL 已由 EQU 语句赋了值。

同样，在存储单元中可以存放存储器地址值。存放内存单元的段内偏移量需用一个字；而存放全地址，则需用两个字，一个字放段地址，另一个字放段内偏移量。如：

```
LITTLE_CYCLE      DW  CYCLE         ; CYCLE 的段内偏移量
BIG_CYCLE         DD  CYCLE         ; CYCLE 的段地址及段内偏移量
CYCLE:            MOV  BX, AX
```

在实际应用中，还经常会用到由字节、字或双字构成的表。例如 8086 中的指令 XLAT，可以利用一个由字节组成的表，把一种编码转换为同一个值的另一种编码；8086 的中断机构要用到一个中断服务程序的入口地址表，其中每一项是一个双字指针；8086 的串操作指令对包含串元素的由字节或字组成的表进行操作。如何在内存中建立起这样的表呢？只要在数据定义语句的参数部分，引入若干个用逗号分隔的参数就可以建立一个表。下列语句定义了一个包含 2 的权的字节的表：

```
POWERS_2   DB  1, 2, 4, 8, 16
```

在地址相应于 POWERS_2 的字节单元初始化为 1（在目标码输入存储器时实现），下面 4 个连续字节分别初始化为 2、4、8、16。

语句

```
ALL_ZERO   DB   0, 0, 0, 0, 0, 0
```

可以把 6 个字节单元全初始化为 0。这个语句可以用 DUP 来缩写：

```
ALL_ZERO  DB   6 DUP(0)
```

DUP 利用给出的一个初值（或一组初值）以及这些值应该重复的次数，来初始化存储器。

```
DB 100 DUP(0)                ; 100 个字节全初始化为 0
DW 100 DUP(0)                ; 100 个字全初始化为 0
DW 10 DUP(?)                 ; 保留 10 个字
FOO  DD 50 DUP(FOO)          ; FOO 的地址（包括它的段地址和段内偏移量）的 50 个拷贝
DB 10 DUP(10 DUP(0))         ; 10 次重复的 0 的 10 次重复
DW 35 DUP(FOO, 0, 1)         ; FOO 的段内偏移量，0 和 1，这三个字的 35 次重复
DB 5 DUP(1, 2, 4 DUP(3), 2 DUP(1, 0))     ; 这个语句定义了 1, 2, 3, 3, 3, 3, 1, 0, 1, 0 的 5 份拷贝
ALPHA DW 2 DUP(3 DUP(1, 2 DUP(4, 8), 6), 0) ; 定义了 1, 4, 8, 4, 8, 6, 1, 4, 8, 4, 8, 6,
                                            ; 1, 4, 8, 4, 8, 6, 0 的 2 份拷贝
```

可以用 DB 数据定义语句在内存中定义一个字符串。字符串中的每一个字符用它的 ASCII 表示为一个字节，故字符串的定义必须用 DB 命令。有两种定义字符串的方法：一种是字符串中的每一个字符分别定义，每一个字符之间用逗号分隔；另一种方法是在整个字符串的前后都加单引号，如：

```
EXAM1 DB  'THIS IS A EXAMPLE'
```

IBM 宏汇编将在程序中涉及的每一个存储单元与一种类型联系起来，这样能对访问存储器的指令产生正确的目标码。例如，数据定义语句

```
SUM  DB  ?
```

告诉汇编程序，SUM 是字节类型的，以后当遇到如下的指令语句

```
INC  SUM
```

汇编程序就产生一个字节增量指令，而不是一个字增量指令。

一个存储单元地址加或减一个数字值形成的新的存储单元与初始的存储单元有相同的类型。例如，SUM+2 是字节型，BIGGER-3 是字型。

现在有条件再回过来讨论地址运算符和类型运算符。

地址运算符把存储器地址操作数分解为它们的各个组成部分。这些运算符是①SEG；②OFFSET；③TYPE；④SIZE；⑤LENGTH。

若在一个程序中，对它的数据段有如下定义：

```
DATA_TABLES   SEGMENT
BUFFER1     DB  100 DUP(0)
BUFFER2     DW  200 DUP(20H)
BUFFER3     DD  100 DUP(13)
DATA_TABLES   ENDS
```

其中的每一个存储单元都有一些属性（或组成部分）。分析运算符 SEG，返回的是一个存储单元的段地址（即它所在段的起始地址）；OFFSET 运算符返回的是每一个存储单元地址的段内偏移量，即它与段地址之间的偏差。故：

```
SEG    BUFFER1
SEG    BUFFER2
SEG    BUFFER3
```

都是相同的，它们返回的地址都是 DATA_TABLES 的地址。所以，若要对数据段寄存器初始化，则可以采用指令：

```
MOV   AX, SEG BUFFER1
MOV   DS, AX
```

而

```
OFFSET  BUFFER1
```

```
OFFSET  BUFFER2
OFFSET  BUFFER3
```

是各不相同的。若要向这些缓冲区填入新的数据，可以用一些地址指针，则可以用以下指令来初始化地址指针：

```
MOV  BX, OFFSET BUFFER1
MOV  SI, OFFSET BUFFER2
MOV  DI, OFFSET BUFFER3
```

以后，就可以用这些指针来间接寻址这些缓冲区。

TYPE 运算符返回一个数字值，它表示存储器操作数的类型部分。各种存储器地址操作数类型部分的值如表 4-4 所示。

表 4–4　存储器地址操作数的类型值

存储器操作数	类 型 部 分
数据字节	1
数据字	2
数据双字	4
NEAR 指令单元	−1
FAR 指令单元	−2

注意　字节、字和双字的类型部分，分别是它们所占有的字节数。而指令单元的类型部分的值，没有实际的物理意义。

LENGTH 运算符返回一个与存储器地址操作数相联系的单元数（所定义的基本单元的个数）。要用 LENGTH 返回的存储区必须用 DUP（ ）来定义，否则返回为 1。故：

```
LENGTH BUFFER1 = 100
LENGTH BUFFER2 = 200
LENGTH BUFFER3 = 100
```

可以利用 LENGTH 运算符对计数器进行初始化。如：

```
MOV  CX, LENGTH BUFFER1
```

分析运算符 SIZE 返回一个为存储器地址操作数所分配的字节数。故：

```
SIZE BUFFER1 = 100
SIZE BUFFER2 = 400
SIZE BUFFER3 = 400
```

即

```
SIZE BUFFER3 = (LENGTH BUFFER3) × (TYPE BUFFER3)
```

一般地说，若一个存储单元操作数 X，则

```
SIZE X = (LENGTH X) × (TYPE X)
```

IBM 宏汇编中的合成运算符为 PTR 和 THIS，它们能建立起一些新的存储器地址操作数。PTR 运算符能产生一个新的存储器地址操作数（一个变量或标号）。新的操作数的段地址和段内偏移量与 PTR 运算符右边的操作数的对应分量相同，而类型由 PTR 的左边的操作数指定。不像一个数据定义语句，PTR 操作数并不分配存储器，它可以给已分配的存储器一个另外的定义。例如，若 TWO_BYTE 已定义为：

```
TWO_BYTE  DW  ?
```

于是我们可以给 TWO_BYTE 这个操作数的第一个字节定义为：

```
ONE_BYTE  EQU  BYTE PTR TWO_BYTE
```

在这里运算符 PTR 建立了一个新的存储器操作数，但是它的段地址和段内偏移量与 TWO_BYTE 相同，只是类型有所不同。TWO_BYTE 由 DW 命令规定了类型是字，而 ONF_BYTE 由 PTR 运算符的左边的 BYTE 规定了类型是字节。

同样，字单元 TWO_BYTE 的第二个字节也可由 PTR 来建立：

```
OTHER_BYTE  EQU  BYTE PTR TWO_BYTE
```

TWO_BYTE 只能用于字操作的指令中，故：

```
MOV  TWO_BYTE, AX
```

是合法的。但若要把它当字节来使用，企图用指令：

```
MOV  AL, TWO_BYTE
```

则是非法的，只能用如下指令：

```
MOV  AL, ONE_BYTE
```

或

```
MOV  AL, BYTE PTR TWO_BYTE
```

又例如，若已在数据段中定义了一个字缓冲区：

```
BUFFER  DW   10 DUP (?)
```

由于某种原因，希望把它当作 20 个字节而不是 10 个字来访问。例如想访问其中的第四个字节，若先使 SI 中的内容为 3，即：

```
MOV  SI, 3
```

想用以下指令来访问第四个字节：

```
MOV  AL, BUFFER[SI]
```

则是不合法的，因为 AL（字节）与 BUFFER（字）的类型不同。若把指令改为：

```
MOV  AL, BYTE PTR BUFFER[SI]
```

就是正确的了。

若要多次访问这个缓冲区中的不同字节，每次访问时都写为 BYTE PTR BUFFER 就不太方便了。于是就可以定义一个新的存储器操作数：

```
BYTE_BUFFER  EQU  BYTE PTR BUFFER
```

在要访问字节时，可用指令：

```
MOV  AL, BYTE_BUFFER[SI]
```

PTR 运算符也可以建立字和双字。如：

```
MANY_BYTES        DB       100 DUP(?)      ; 定义一个 100 个字节的矩阵
FIRST_WORD        EQU      WORD PTR MANY_BYTES
SECOND_DOUBLE     EQU      DWORD PTR MANY_BYTES
```

也可以用 PTR 运算符建立指令单元：

```
INCHES: CMP SUM, 100         ; INCHES 的类型是 NEAR
JMP INCHES                   ; 段内转移
MILES: EQU FAR PTR INCHES    ; MILES 的类型是 FAR
JMP MILES                    ; 段交叉转移
```

类型运算符 THIS 与 PTR 类似，也可以建立一个新的存储器地址操作数，并且不分配存储器。用运算符 THIS 建立起来的新的存储器地址操作数的类型在 THIS 中指定，而它的段地址和段内偏移量就是汇编时的当前值。

例如在前面所提到的数据表中，若希望原定义的字节缓冲区按字来使用，或字缓冲区按字节来使用，双字缓冲区按字来使用，则可以用 THIS 运算符：

```
DATQA_TABLES      SEGMENT
    WBUFFER1      EQU  THIS WORD
    BUFFER1       DB    100  DUP(0)
    BBUFFER2      EQU  THIS BYTE
    BUFFER2       DW   200  DUP(20H)
    DWBUFFER3     DQU  THIS WORD
    BUFFER3       DD    100  DUP(13)
DATA_TABLES       ENDS
```

其中 WBUFFER1 的类型是字（在 THIS 中指定），而它的段地址及段内偏移量即为 BUFFER1 的相应值（也即在汇编时遇到 THIS 运算符时的段地址及偏移量的当前值）。

THIS 操作符，对于建立 FAR 指令单元是比较方便的：

```
MILES    EQU  THIS  FAR
         CMP SUM, 100
         ⋮
         JMP MILES
```

4.3.3 段定义语句

8086 的存储器是分段的，所以 8086 必须按段来组织程序和利用存储器。这就需要有段定义语句。段定义的主要命令有：①SEGMENT；②ENDS；③ASSUME；④ORG。

SEGMENT 和 ENDS 语句把汇编语言源程序分成段。这些段就相应于存储器段，在这些存储器段中，存放相应段的目标码。

汇编程序为什么要关心存储器段呢？有以下几个原因：

首先，若有一个段内的转移和调用指令，在指令中只包含新的单元的 16 位段内偏移量；而段交叉的转移和调用指令，还必须包含段地址。

其次，使用当前（即现行）数据段和当前堆栈段的数据访问指令，对于 8086 结构来说是最优的，因为它只包含数据单元的 16 位段内偏移量。任何别的访问指令，访问处在四个当前的可寻址的段之一中的数据单元，在指令中还必须附加一个段超越前缀（另一个 8 位字节）。

因此，汇编程序必须知道程序的段结构，并知道在各种指令执行时将访问哪一个段（由段寄存器所指向）。这个信息是由 ASSUME 语句提供的。

下面的程序是一个简单的例子，它说明了如何使用 SEGMENT、ENDS 和 ASSUME 命令，以定义代码段、堆栈段、数据段和附加段。

```
MY_DATA  SEGMENT
      X       DB  ?
      Y       DW  ?
      Z       DD  ?
MY_DATA  ENDS
MY_EXTRA  SEGMENT
      ALPHA       DB  ?
      BETA        DW  ?
      GAMMA       DD  ?
MY_EXTRA  ENDS
MY_STACK  SEGMENT
```

```
        DW   100 DUP(?)
        TOP      EQU THIS WORD
MY_STACK ENDS
MY_CODE  SEGMENT
       ASSUME CS: MY_CODE,   DS: MY_DATA
       ASSUME ES: MY_EXTRA,  SS: MY_STACK
START: MOV  AX, SEG X
       MOV  DS, AX
       MOV  AX, SEG ALPHA
       MOV  ES, AX
       MOV  AX, MY_STACK
       MOV  SS, AX
       MOV  SP, OFFSET TOP
MY_CODE  ENDS
         END  START
```

通常在汇编语言的源程序中，至少要定义代码段（指令段）、堆栈段和数据段，有时还要定义附加段。每一个段必须有一个名字，如 MY_DATA、MY_CODE 等。一个段由命令 SEGMENT 开始，由命令 ENDS 结束，它们必须成对出现，而且它们的语句中必须有名字，名字必须相同。最后用语句 END 来结束整个源程序。

ASSUME 语句，只是使汇编程序知道在程序执行时各个段寄存器的值，而这些段寄存器的实际值（除了代码段寄存器 CS 以外），还必须在程序执行时，用 MOV 指令来赋给。ASSUME 语句的用途可解释如下：

若在上列程序中，要求把字节 X 的内容，传送至字节 ALPHA。这当然需要在代码段中编一些指令，先把 X 的内容送给一个寄存器（例如 BL），然后再由这个寄存器，传送给 ALPHA。即需要如下指令：

```
MOV  BL, X
MOV  ALPHA, BL
```

在指令执行时，若要用到数据单元，8086 CPU 的默认（Default）状态认为数据单元在数据段，即没有在指令中指定，则 CPU 到数据段去寻址操作数。这样，在执行第一条指令时工作得很好，因为 X 确实是在由 DS 的内容 MY_DATA 作为起始地址的数据段中。但在执行第二条指令时就遇到了问题，因为在数据段中没有单元 ALPHA，ALPHA 是在附加段而不是在数据段中。

但是，在汇编时，由 ASSUME 语句就知道有一个附加段，它的起始地址为 MY_EXTRA，ALPHA 单元是在附加段中。当汇编到上述的第二条指令时，汇编程序就知道要正确执行这条指令，必须告诉 CPU，ALPHA 单元不在数据段中，而要到其他段去寻找。这样在第二条指令前必须要有段超越前缀。汇编程序在汇编时就会加上这个前缀。

当实际的指令执行时，并不是总能知道段寄存器中的内容是什么的。考察以下程序：

```
OLD_DATA   SEGMENT
OLD_BYTE   DB  ?
OLD_DATA   ENDS
NEW_DATA   SEGMENT
NEW_BYTE   DB  ?
NEW_DATA   ENDS
MORE_CODE  SEGMENT
```

```
                ASSUME CS: MORE_CODE
                MOV   AX, OLD_DATA
                MOV   DS, AX
                MOV   ES, AX
                ASSUME DS: OLD_DATA, ES: OLD_DATA
      ⋮
CYCLE:     INC     OLD_BYTE
      ⋮
           MOV     AX, NEW_DATA
           MOV     DS, AX
           JMP     CYCLE
MORE_CODE  ENDS
```

在第一次执行 INC 指令时，DS 中包含的为 OLD_DATA，因而 OLD_BYTE 在数据段中，指令的执行是正常的。但是，随后 DS 改变为 NEW_DATA，而程序是循环的，当第二次执行同一个 INC 指令时，OLD_BYTE 就不在当前的数据段了。所以汇编程序必须产生一个段超越前缀加到 INC 指令上，虽然在第一次执行时，并不需要这个前缀。

为了告诉汇编程序，没有对 DS 作任何假定，则必须在 INC 指令之前，增加如下语句：

```
      ⋮
     ASSUME DS: NOTHING
CYCLE: INC   OLD_BYTE
      ⋮
```

但是，在代码段的一开始时，必须告诉汇编程序（通过一个 ASSUME 语句），在此程序执行时，寄存器 CS 中的内容是什么。

我们也可以用在每一条指令执行时，注明将使用哪一个段寄存器的方法来代替 ASSUME 语句（当然代码段是必须用 ASSUME 语句指明的）。例如上面提到的，把 X 单元的内容传送至 ALPHA 元，可以写为

```
MOV  BL, DS: X
MOV  ES: ALPHA, BL
```

这表示在访问 X 单元时，段地址应该用 DS；而访问 ALPHA 单元时，段地址应该用 ES。

因为 CPU 在执行这些指令时，正常地将用数据段，以 DS 的内容作为段地址，因此汇编程序在为第二条指令产生目标码时，将产生一个段超越前缀。

如前面提到的一个段的最大容量是 64KB，这是因为段内地址偏移量是 16 位。但这并不是说一个段的长度是固定的，都是 16 位，实际上只要在程序中改变段寄存器值，段的位置是可以根据需要改变的。

由于在形成某一个存储单元的物理地址时，是把某一个段寄存器的内容左移 4 位（低 4 位补 0），放到 20 位的地址线上，所以，一个段的起始地址始终处在 16 个字节的边界上。若一个段的实际空间不足 64K，则别的段可以在这个段的最后一个字节以外开始。但是，第二个段也只能处在一个 16 个字节的边界上，因此，有可能不是在第一个段的最后一个字节后立即开始。这意味着在两个段之间，可能有 15 个字节被浪费。

假定第一个段在地址 10000H 开始，只用 6DH 个字节，即所用的最后一个字节的地址为 1006CH。而最接近的可以开始的第二段的地址为 10070H，因而 1006DH、1006EH、1006FH 这些单元就被浪

费了。

为了避免这种浪费，可以不在第一段的最后一个字节之外开始第二段，而在第一段所用的最后一个 16 个字节的界限上开始第二段，例如不是从 10070H 开始第二段，而是从 10060H 开始第二段。这样第二段与第一段有重叠，第二段开始的 13 个字节归第一段使用，使第二段的空间减少了 13 个字节，但这样避免了存储单元的浪费。

一般来说，存储器段具体在哪儿是不要紧的，可由汇编程序来选择。但是，在有些情况下，可能要给汇编程序一些约束，例如：不要使这个段与别的段搭接，保证这个段所用的第一个字节在偶数地址——这样对于一个字的访问可以在一个存储器读/写周期完成。或在下列地址开始这个段。可以把这些约束写入到源程序中：

（1）不要搭接，段中的第一个可用字节是在 16 字节界限上。

```
MY_SEG  SEGMENT
    ⋮
MY_SEG  ENDS
```

这是一种正常情况。

（2）允许搭接，但第一个可用字节必须在字的界限上。

```
MY_SEG  SEGMENT  WORD
    ⋮
MY_SEG  ENDS
```

（3）段开始在指定的 16 个字节界值上，但第一个可用字节在指定的偏移位置上。

```
MY_SEG  SEGMENT AT 1A2BH    ；段地址为 1A2BH
    ORG   0003H             ；段内从偏移量 0003H 开始
    ⋮
MY_SEG  ENDS
```

在最后这个例子中，介绍了另一个语句 ORG（Origin），它规定了段内的起始地址。伪指令 ORG 的一般格式为：

```
ORG    <表达式>
```

此语句指定了段内在它以后的程序或数据块存放的起始地址，也即以语句中的表达式的值作为起始地址，连续存放，除非遇到一个新的 ORG 语句。

4.3.4 过程定义语句

过程是程序的一部分，它们可被程序调用。每次可调用一个过程。当过程中的指令执行完后，控制返回调用它的地方。

在 8086 中调用过程和从过程返回的指令是 CALL 和 RET。这些指令可以有两种情况：段内的和段交叉的。

段交叉指令把过程应该返回处的段地址和段内偏移量这两者都入栈保护（CALL 指令）和退栈（RET 指令）。

段内的调用与返回指令只入栈和退栈段内的地址偏移量。

过程定义语句的格式为：

```
PROCEDURE_NAME  PROC  [NEAR]
```

或

```
PROCEDURE_NAME  PROC  FAR
          ⋮
          RET
PROCEDURE_NAME  ENDP
```

伪指令 PROC 与 ENDP 都必须有名字，两者必须成对出现，名字必须相同。利用过程调用语句可以把程序分段，以便于阅读、理解、调试和修改。

若整个程序由主程序和若干个子程序组成，则主程序和这些子程序必须一起包含在代码段中（除非用段交叉调用）。主程序和各个子程序都作为一个过程，用上述的过程定义语句来定义。

用段内 CALL 指令调用的过程，必须用段内的 RET 指令返回，这样的过程是 NEAR 过程；用段交叉 CALL 指令调用的过程，必须用段交叉 RET 指令返回，这样的过程是 FAR 过程。

过程定义语句 PROC 和 ENDP（End Procedure）限定了一个过程，且指出它是一个 NEAR 或 FAR 过程。这在两方面帮助了汇编程序。

首先，当汇编到 CALL 时知道是什么样的调用；其次，当汇编到 RET 时知道是什么样的返回。

下面是一个过程定义的例子：

```
MY_CODE   SEGMENT
UP_COUNT  PROC   NEAR
          ADD    CX, 1
          RET
UP_COUNT  ENDP
START:
           ⋮
          CALL   UP_COUNT
           ⋮
          CALL   UP_COUNT
           ⋮
          HLT
MY_CODE   ENDS
          END    START
```

因为 UP_COUNT 标明是 NEAR 过程，所有对它的调用都汇编为段内调用，所有其中的 RET 指令都汇编为段内返回。

这个例子指出了在 RET 和 HLT 指令之间的某些类似点。在一个过程中可以有多于一个的 RET 指令，如同在一个程序中可以有多于一个的 HLT 指令一样。

在一个过程（程序）中的最后一条指令，可以不是 RET（HLT）指令，但必须是一条转移回到过程中某处的转移指令。

命令 END（ENDP）告诉汇编程序，程序（过程）在哪儿结束了，但它不会使汇编程序产生一条 HLT（RET）指令。

4.3.5　结束语句

一般来说，每一个结束语句（Termination Statements）都与某个开始语句成对出现。例如，SEGMENT 和 ENDS，PROC 和 ENDP。

唯一的例外就是 END 语句，它标志着整个源程序的结束，它告诉汇编程序，没有更多的指令要汇编了。END 语句的格式是：

```
END     <表达式>
```

其中，表达式必须产生一个存储器地址值，这个地址是当程序执行时，第一条要执行的指令的地址。下面的例子解释了 END 语句的使用。

```
START:
      ⋮
END  START
```

4.4 指令语句

每一条指令语句，使汇编程序产生一条 8086 指令。一条 8086 指令是由一个操作码字段和一些由操作数寻址方式所指定的字段组成的。

所以在 IBM 宏汇编的指令语句中，必须包括一个指令助记符，以及充分的寻址信息，以允许汇编程序产生一条指令。

4.4.1 指令助记符

大多数指令助记符与 8086 指令的符号操作码名相同。见上一章的介绍。

4.4.2 指令前缀

8086 指令允许指令用一个或多个指令前缀开始。有三种可能的前缀：①段超越；②重复；③锁定。

IBM 宏汇编中允许的作为前缀的助记符如下：

```
LOCK
REP       (Repeat)
REPE      (当相等时重复)
REPNE     (当不相等时重复)
REPZ      (当标志 ZF=1 时重复)
REPNZ     (当标志 ZF=0 时重复)
```

具有前缀的指令语句的例子为：

```
CYCLE:  LOCK  DEC  COUNT
```

段超越前缀是当汇编程序在汇编时意识到一个存储器访问需要这样一个前缀，并由汇编程序自动产生的。汇编程序这样的决定是分两步做的。

首先，它选择一个能使程序正常执行的段寄存器。汇编程序是基于前面的 ASSUME 语句所提供的信息来选择段寄存器的。也可以用包含有段寄存器的指令，来迫使汇编程序选择一个实际的段寄存器。如：

```
MOV  BX, ES: SUM
```

然后，汇编程序决定在用所选择的段寄存器执行指令时，是否需要一个段超越前缀。

4.4.3 操作数寻址方式

8086 CPU 提供了各种操作数寻址方式，IBM 宏汇编在写指令语句时，每一种寻址方式都有一种表达式。见上一章介绍。

4.4.4 串操作指令

汇编程序通常可以通过一个操作数自己的说明，来确定一个操作数的类型，从而帮助汇编程序确定当访问此操作数时应产生什么样的码。

然而，如上面讨论的，当用一个间接寻址方式时，可能需要向汇编程序提供附加的信息，以帮助汇编程序确定操作数的类型。

串操作指令（String Instructions）也需要这样的附加信息。首先考虑串操作指令 MOVS。

这条指令是把在数据段中的地址偏移量在 SI 中的存储单元的内容，传送给在附加段中的地址偏移量在 DI 中的存储单元。对于这样的指令，不需要规定任何操作数，因为这条指令对从哪儿传送到哪儿已经做了指定，不需要再选择。

然而，这条指令可以传送一个字节也可以传送一个字，汇编程序就必须确定它的类型，才能产生正确的指令。为了这个理由，IBM 宏汇编必须规定已经传送至 SI 和 DI 的项。如：

```
ALPHA    DB  ?
BETA     DB  ?
MOV  SI, OFFSET ALPHA
MOV  DI, OFFSET BETA
MOVS BETA, ALPHA
```

在 MOVS 指令中的 BETA 和 ALPHA，告诉汇编程序，产生一条传送字节的 MOVS 指令，因为 BETA 和 ALPHA 这两者的类型是字节。

与 MOVS 指令类似，另外四个基本的串操作指令也包括有操作数。MOVS 和 CMPS 有两个操作数，而 SCAS、LODS 和 STOS 有一个操作数。如：

```
CMPS     BETA, ALPHA
SCAS     ALPHA
LODS     ALPHA
STOS     BETA
```

XLAT 指令也要求一个操作数，如：

```
MOV      BX, OFFSET TABLE
XLAT     TABLE
```

通过上面的介绍，我们知道一个完整的用汇编语言写的源程序，应该是由可执行指令组成的指令性语句和由对符号定义、分配存储单元、分段等组成的指示性语句构成的。而且，一个完整的程序至少应该包含三种段：由源程序行组成的代码段，堆栈操作所需要的堆栈段和存放数据的数据段。在上一章介绍指令的应用中，我们介绍了一些简单的例子，但是这些例子只包含了可执行指令的指令语句，实际上只有给这些例子加上必要的指示性语句才能构成一个完整的源程序，才能上机调试和运行。

下面我们通过一个例子来说明：一个完整的汇编语言源程序应该由哪些部分组成。

例子是把两个分别由未组合的 BCD 码（一个字节为一位 BCD 数）的串相加。由于 8086 中允许两个未组合的十进制数相加，只要经过适当调整就可以得到正确的结果。所以，在程序中把第一个串的一位 BCD 数取至 AL 中，与第二个串的相应位相加，经过 AAA 调整，再把结果存至存储器中。程序中的前面部分是为了设置段，先设置数据段，用 DB 伪指令定义两个数据串，用 COUNT 表示数据的长度。接着是定义堆栈段，为堆栈留下了 100 个单元的空间（实际上当然要由需要来定），然后是定义代码段，从标号 GO 开始就是可执行指令部分。程序如下：

```
NAME  ADP_TWO_BCD_STRING
DATA      SEGMENT
          STRI1    DB    '1',  '7',  '5',  '2'
          STRI2    DB    '3',  '8',  '1',  '4'
          COUNT    EQU   $-STRI2
DATA      ENDS
STACK     SEGMENT        PARA STACK 'STACK'
          STAPN    DB        100 DUP(?)
          TOP      EQU       LENGTH STAPN
STACK     ENDS
CODE      SEGMENT
          ASSUME   CS: CODE, SS: STACK, DS: DATA, ES: DATA
STATR     PROC     FAR
          PUSH     DS
          MOV      AX, 0
          PUSH     AX
GO:       MOV      AX,DATA
          MOV      DS, AX
          MOV      ES, AX
          MOV      AX, STACK
          MOV      SS, AX
          MOV      AX, TOP
          MOV      SP, AX
          CLC
          CLD
          MOV      SI, OFFSET STRI1
          MOV      DI, OFFSET STRI2
          MOV      CX, COUNT
CYCLE:    LODS     STRI1
          ADC      AL, [DI]
          AAA
          STOS     STRI2
          LOOP     CYCLE
          RET
STATR     ENDP
CODE      ENDS
          END      START
```

程序中用：

```
DATA   SEGMENT
          ⋮
DATA   ENDS
```

定义了一个数据段，当然数据段的名字（程序中为 DATA）可由用户自己确定。数据段中定义了两个串，有的程序也可能要定义许多变量，也可能要为保存中间结果或最后结果保留一些存储单元。

程序中用：

```
STACK  SEGMENT PARA STACK 'STACK'
          ⋮
STACK  ENDS
```

定义了一个堆栈段，其中的 PARA 表示此段开始于 16 个字节的边界上；STACK 表示是堆栈段且给了一个名字“STACK”。在此段中用 DB 伪指令为堆栈段保留了 100 个字节的空间。

程序中用：

```
CODE  SEGMENT
```

```
        ⋮
CODE  ENDS
```

定义了一个代码段，包含了程序中的可执行语句。首先用 ASSUME 语句指明了代码段、堆栈段、数据段和附加码是哪些段（本程序中为 CODE，STACK，DATA 和 DATA，即数据段与附加段在物理上是同一个段）。在代码段中还包含了一个过程：

```
START  PROC   FAR
        ⋮
START  ENDP
```

其中包含了程序要执行的主要指令，也包含了在程序执行后能把控制返回 DOS 而设置的指令。在这个过程中的前三条指令：

```
PUSH   DS
MOV    AX, 0
PUSH   AX
```

是为了在过程一开始就在堆栈中推入了一个段地址和一个 IP 指针值（0000H），为过程的最后一个语句 RET 提供了转移地址。

那么，这个转移地址是什么呢？

当我们用编辑程序把源程序输入至机器中，用汇编程序把它转变为目标程序，用连接程序对其进行连接和定位后，连接程序为每一个用户程序建立了一个程序段前缀，共占用 256 个字节。在程序段前缀的开始处（0000 H 处）安排了一条结束程序运行返回 DOS 的指令，而且给 DS 所赋的值（在执行用户程序中的指令 MOV DS，AX 之前）就是程序段前缀的段地址。所以，上面提到的 3 条指令就能在用户程序结束以后，利用 RET 指令把控制返回到程序段前缀的开始处，通过执行在程序段前缀中的这一条指令，而把控制返回到 DOS。

程序中的：

```
MOV  DS, AX
MOV  ES, AX
MOV  SS, AX
```

是给段寄存器赋实际所用的值（堆栈段若按程序中定义，则连接程序会给 SS 和 SP 赋初值，可以省去程序中给 SS 和 SP 赋值的指令）。

其他的语句就是为了完成所规定的操作必需的指令语句。程序最后的：

```
END  START
```

结束整个源程序，这也是汇编时所需要的。

在后面的程序举例中，我们给出的都是完整的汇编语言的源程序。

4.5　汇编语言程序设计及举例

4.5.1　算术运算程序设计（直线运行程序）

最简单的程序是没有分支、没有循环的直线运行程序。下面以一个算术运算程序作说明。

例 4-1　两个 32 位无符号数乘法程序。

在 8086 中，数据是 16 位的，它只有 16 位运算指令，若是两个 32 位数相乘就无法直接用指令实现（自 80386 开始，IA-32 处理器中有 32 位数相乘的指令），但可以用 16 位乘法指令做 4 次乘法，然后把部分积相加来实现 32 位数相乘。

若数据区中已有一个缓冲区存放了 32 位的被乘数和乘数，保留了 64 位的空间以存放乘积，能实现上述运算的程序流程图如图 4-2 所示。

相应的程序为：

```
        NAME  32 BIT MULTIPLY
DATA    SEGMENT
MULNUM  DW  0000, 0FFFFH, 0000,  0FFFFH, 4 DUP(?)
DATA    ENDS
STACK   SEGMENT PARA STACK 'STACK'
        DB  100 DUP(?)
STACK   ENDS
CODE    SEGMENT
      ASSUME    CS :CODE, DS :DATA, SS :STACK, ES :DATA
START   PROC FAR
BEGIN:  PUSH DS               ; DS 中包含的是程序段前缀的起始地址
        MOV  AX, 0
        PUSH AX               ; 设置返回至 DOS 的段值和 IP 值
        MOV  AX, DATA
        MOV  DS, AX
        MOV  ES, AX           ; 置段寄存器初值
        LEA  BX, MULNUM
MULU32: MOV  AX, [BX]         ; B→AX
        MOV  SI, [BX+4]       ; D→SI
        MOV  DI, [BX+6]       ; C→DI
        MUL  SI               ; B×D
        MOV  [BX+8], AX       ; 保存部分积 1
        MOV  [BX+0AH], DX
        MOV  AX, [BX+2]       ; A→AX
        MUL  SI               ; A×D
        ADD  AX, [BX+0AH]
        ADC  DX, 0            ; 部分积 2 的一部分与部分积 1 的相应部分相加
        MOV  [BX+0AH], AX
        MOV  [BX+0CH], DX     ; 保存
        MOV  AX, [BX]         ; B→AX
        MUL  DI               ; B×C
        ADD  AX, [BX+0AH]     ; 与部分积 3 的相应部分相加
        ADC  DX, [BX+0CH]
        MOV  [BX+0AH], AX
        MOV  [BX+0CH], DX
        PUSHF                 ; 保存后一次相加的进位位
        MOV  AX, [BX+2]       ; A→AX
        MUL  DI               ; A×C
        POPF
        ADC  AX, [BX+0CH]     ; 与部分积 4 的相应部分相加
        ADC  DX, 0
        MOV  [BX+0CH], AX
        MOV  [BX+0EH], DX
        RET
START   ENDP
```

```
CODE      ENDS
          END     BEGIN
```

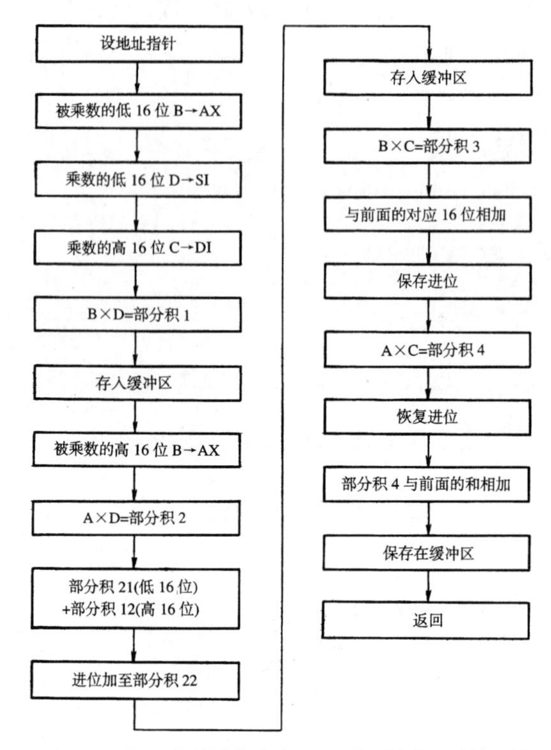

图 4-2　用 16 位乘法指令实现 32 位乘法的程序流程图

4.5.2　分支程序设计

在一个实际的程序中，程序始终是直线执行的情况是不多见的，通常都会有各种分支。例如变量 x 的符号函数可用下式表示。

$$y=\begin{cases}1 & \text{当 } x>0\\ 0 & \text{当 } x=0\\ -1 & \text{当 } x<0\end{cases}$$

在程序中，要根据 x 的值给 y 赋值，如图 4-3 所示。先把变量 x 从内存中取出来，执行一次“与”或“或”操作，就可把 x 值的特征反映到标志位上。于是就可以判断是否等于零，若是，则令 y = 0；若否，再判断是否小于零，若是，则令 y = −1；不是，就令 y = 1。相应的程序为：

```
SIGEF    MOV     AX, BUFFER
         OR      AX, AX
         JE      ZERO
         JNS     PLUS
         MOV     BX, 0FFH
         JMP     CONTI
ZERO:    MOV     BX, 0
         JMP     CONTI
PLUS:    MOV     BX, 1
CONTI:
```

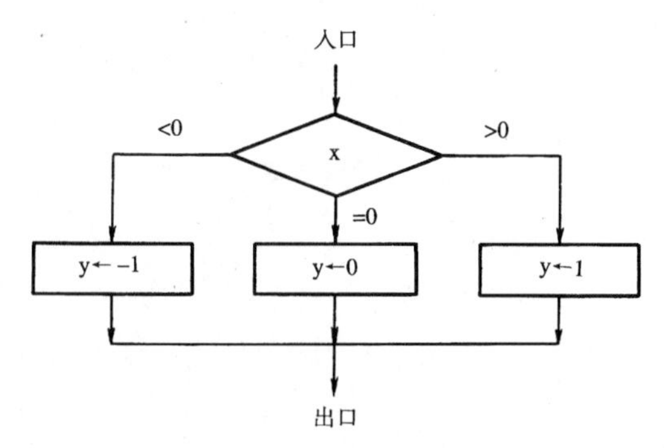

图 4-3　符号函数的程序流程图

4.5.3　循环程序设计

在程序中，往往要求某一段程序重复执行多次，这时候就可以利用循环程序结构。一个循环结构由以下几部分组成。

（1）循环体：就是要求重复执行的程序段部分。其中又分为循环工作部分和循环控制部分。循环控制部分每循环一次检查循环结束的条件，当满足条件时就停止循环，往下执行其他程序。

（2）循环结束条件：在循环程序中必须给出循环结束条件，否则程序就会进入死循环。常见的循环是计数循环，当循环了一定次数后就结束循环。在微型机中，常用一个内部寄存器（或寄存器对）作为计数器，通常这个计数器的初值置为循环次数，每循环一次令其减 1，当计数器减为 0 时，就停止循环。也可以将初值置为 0，每循环一次加 1，再与循环次数相比较，若两者相等就停止循环。循环结束条件还可以有好多种。

（3）循环初态：用于循环过程的工作单元，在循环开始时往往要置以初态，即分别给它们赋一个初值。循环初态又可以分成两部分，一个是循环工作部分初态，另一个是结束条件的初态。例如，要设地址指针，要使某些寄存器清零，或设某些标志等。循环结束条件的初态往往置为循环次数。置初态也是循环程序的重要的一部分，不注意往往容易出错。

1. 用计数器控制循环

在循环程序中，控制循环的方法因要求不同而有若干种。最常用的是以计数器控制循环。

例 4-2　在一串给定个数的数中寻找最大值（或最小值），放至指定的存储单元。每个数用 16 位表示。

```
         NAME  SEARCH_MAX
DATA     SEGMENT
BUFFER   DW        X1, X2, ..., Xn
COUNT    EQU       $ - BUFFER
MAX      DW        ?
DATA     ENDS
STACK    SEGMENT  PAPA STACK 'STACK'
         DB        64 DUP (?)
TOP      EQU       $ - STACK
STACK    ENDS
CODE     SEGMENT
START    PROC    FAR
    ASSUME   CS: CODE, DS: DATA, SS: STACK
BEGIN:   PUSH      DS
```

```
        MOV     AX, 0
        PUSH    AX
        MOV     AX, DATA
        MOV     DS, AX
        MOV     AX, STACK
        MOV     SS, AX
        MOV     AX, TOP
        MOV     SP, AX
        MOV     CX, COUNT
        LEA     BX, BUFFER
        MOV     AX, [BX]
        INC     BX
        DEC     CX
AGAIN:  CMP     AX, [BX]
        JGE     NEXT
        MOV     AX, [BX]
NEXT:   INC     BX
        LOOP    AGAIN
START   ENDP
CODE    ENDS
        END   BEGIN
```

2. 多重循环

程序常常在一个循环中包含另一个循环，这就是多重循环，例如，多维数组的运算就要用到多重循环。下面介绍一个延时程序作为多重循环的例子。系统中许多动作是有次序的，而且有一定的时间要求，这就要求延时。执行一条指令是需要时间的（由指令表可以查到指令的执行时间），由若干条指令形成循环程序就可以形成一定的延时时间，精心选择指令和安排循环次数可以得到需要的延时时间。

下面是一个多重循环的例子（没有精确计算延时时间）：

```
DELAY:  MOV     DX, 3FFH
TIME    MOV     AX, 0FFFFH
TIME1   DEC     AX
        NOP
        JNE     TIME1
        DEC     DX
        JNE     TIME
        RET
```

4.5.4 字符串处理程序设计

计算机经常要处理字符，常用的字符编码是 ASCII。在使用 ASCII 字符时，要注意以下几点。

（1）ASCII 的数字和字符形成一个有序序列。例如数字 0～9 的 ASCII 值为 30H～39H，大写字母 A～Z 的 ASCII 值为 41H～5AH 等。

（2）计算机并不区分可打印的和不可打印的字符，只有 I/O 装置（例如显示器、打印机）才加以区分。

（3）一个 I/O 装置只按 ASCII 值处理数据。例如要打印数码 7，必须向它送 7 的 ASCII 值 37H，而不是 07H。若按数字键 9，键盘送至主机的是 9 的 ASCII 值 39H。

（4）许多 ASCII 装置（例如键盘、显示器、打印机等）并不用整个 ASCII 字符集。例如有的 ASCII

装置忽略了许多控制字符和小写字母。

（5）不同的设备对 ASCII 控制字符的解释往往不同，在使用中需要注意。

（6）一些广泛使用的控制字符为：

0AH　换行（LF）

0DH　回车（CR）

08H　退格

7BH　删除字符（DEL）

（7）基本 ASCII 字符集的编码为 7 位，在微型机中就用一个字节（最高位为零）来表示。

1. **确定字符串的长度**

系统中字符串的长度是不固定的。通常以某个特殊字符作为结束标志，例如有的用回车符（CR），有的用字符$。但在对字符串操作时就要确定它的长度。

例 4-3　从头搜索字符串的结束标志，统计搜索的字符个数，其流程图如图 4-4 所示。

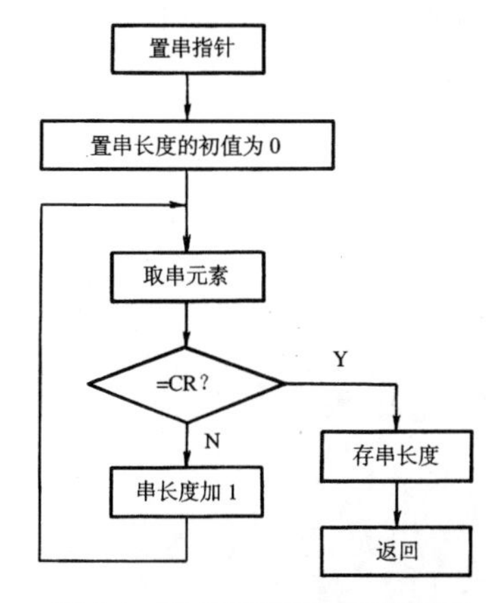

图 4-4　确定字符串长度的流程图

相应的程序为：

```
         NAME   LENGTH_OF_STRING
DATA     SEGMENT
STRING   DB        'ABCDUVWXYZ', 0DH
LL       DB        ?
CR       EQU       0DH
DATA     ENDS
STACK    SEGMENT PARA  STACK  'STACK'
         DB        LOODUP（?）
STACK    ENDS
CODE     SEGMENT
         ASSUME    CS:CODE, DS:DATA, ES:DATA, SS:STACK
START    PROC      FAR
BEGIN:   PUSH      DS
         MOV       AX, 0
         PUSH      AX
         MOV       AX, DATA
         MOV       DS, AX
         MOV       ES, AX
         LEA       DI, STRING    ；设串的地址指针
```

```
         MOV      DL, 0          ; 置串长度初值为 0
         MOV AL, CR              ; 串结束标志→AL
AGAIN:   SCASB                   ; 搜索串
         JE       DONE           ; 找到结束标志，停止
         INC      DL             ; 串长度加 1
         JMP      AGAIN
DONE:    LEA      BX, LL
         MOV      [BX], DL
         RET
START    ENDP
CODE     ENDS
         END     BEGIN
```

以上的循环是由特定的字符控制的，万一此字符丢失，就有可能进入死循环。为避免出现这种情况，还可用循环次数控制循环，要求循环次数大于字符串长度。另外，在程序结束时，检查程序得到字符串长度是否与给定的循环次数相等，若相等，则转至出错处理。按上述要求，程序改为：

```
DATA     SEGMENT
STRING   DB       'ABCDEFGHIJ', 0DH
COUNT    EPU      $ - STRING
LL       DB       ?
DATA     ENDS
STACK    SEGMENT  PARA   STACK  'STACK'
         DB       L00  DUP(?)
STACK    ENDS
CODE     SEGMENT
         ASSUME   CS:CODE, DS:DATA, ES:DATA, SS:STACK
START    PROC          FAR
BEGIN:   PUSH          DS
         MOV           AX, 0
         PUSH          AX
         MOV           AX, DATA
         MOV           DS, AX
         MOV           ES, AX
         LEA           DI, STRING         ; 置被搜索串地址指针
         MOV           DL, 0              ; 置串长度初值为 0
         MOV           AL, 0DH
         MOV           CX, COUNT+10       ; 置循环次数大于串长度
AGAIN:   SCASB
         JE            DONE               ; 找到结束标志，停止
         INC           DL
         DEC           CX                 ; 循环次数减 1
         JNE           AGAIN              ; 规定的循环次数未完，循环
         JMP           ERROR              ; 由计数停止循环，则出错，转至出错处理程序
DONE:    MOV           LL, DL
         RET
START    ENDP
CODE     ENDS
         END           BEGIN
```

2. 加偶校验到 ASCII 字符

标准的 ASCII 字符集用七位二进制编码来表示一个字符，而在微机中通常用一字节（8 位）来存放一个字符，它的最高位始终为零。但字符在传送时，特别是在串行传送时，由于传送距离长容易

出错，就需要进行校验。对一个字符的校验常用奇偶校验，即用最高位作为校验位，使得每个字符包括校验位，其中“1”的个数为奇数（奇校验）或为偶数（偶校验）。在传送时，校验电路自动产生校验位作为最高位传送；在接收时，对接收到的整个字符中的“1”的个数进行检验，有错则指示。

例 4-4 若有一个 ASCII 字符串，它的起始地址放在单元 STRING 内，要求从串中取出每一个字符，检查其中包含的“1”的个数，若已为偶数，则它的最高有效位置“0”；否则，最高有数位置“1”，然后送回。其流程如图 4-5 所示。

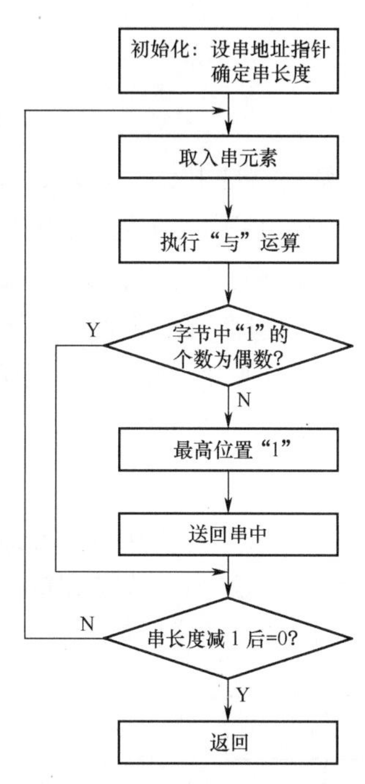

图 4-5 加偶校验位至 ASCII 字符

相应的程序为：

```
        NAME     PARITY_CHECK
DATA    SEGMENT
STRING  DB       '1234567890'
COUNT   EPU      $ - STRING
DATA    ENDS
STACK   SEGMENT  PARA     STACK  'STACK'
        DB      100 DUP (?)
STACK   ENDS
CODE    SEGMENT
        ASSUME  CS:CODE, DS:DATA, ES:DATA, SS:STACK
START   PROC     FAR
BEGIN:  PUSH     DS
        MOV      AX, 0
        PUSH     AX
        MOV      AX, DATA
        MOV      DS, AX
        MOV      ES, AX
        LEA      SI, STRING
        MOV      CX, COUNT
AGAIN:  LODSB
```

```
        AND     AL, AL
        JPE     NEXT
        OR      AL, 80H
        MOV     [SI - 1], AL
NEXT:   DEC     CX
        JNZ     AGAIN
        RET
START   ENDP
CODE    ENDS
        END     BEGIN
```

4.5.5 码转换程序设计

输入输出设备以ASCII表示字符，数通常是用十进制数表示，而机器内部以二进制表示。在CPU与I/O设备之间必须要进行码的转换，有几种实现码转换的方法。

（1）有些转换利用CPU的算术和逻辑运算指令很容易实现，故可用软件实现转换。

（2）某些更为复杂的转换，可以用查表来实现，但要求占用较大的内存空间。

（3）对于某些转换，用硬件也是容易实现的，如BCD到七段显示之间转换的译码器等。

下面讨论利用软件实现码之间的转换。

1. 十六进制到ASCII的转换

例4-5 若有一个二进制数码串，要把每一个字节中的二进制转换为两位十六进制数的ASCII，高4位的ASCII放在地址高的单元。串中的第一个字节为串的长度（小于128）。

能实现这样转换的流程如图4-6所示。

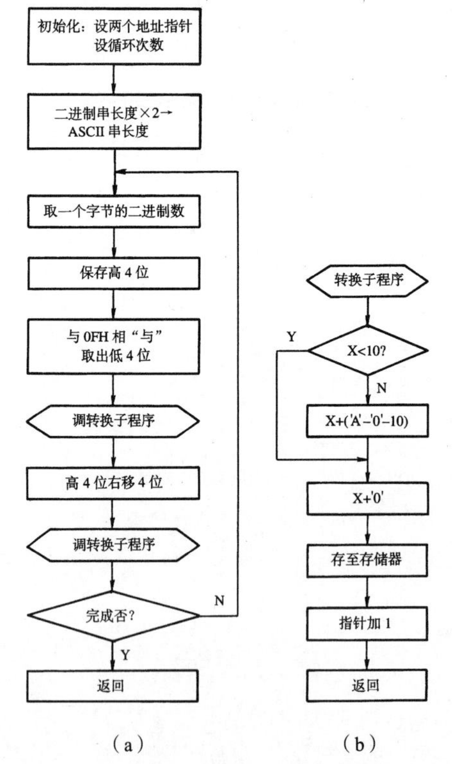

图4-6 把十六进制数转换为ASCII的程序流程图

相应的程序为:

```
        NAME    HEX_CHANGE_TO_ASCII
DATA    SEGMENT
L1      DW      2
STRING  DB      34H, 98H
L2      DW      ?
BUFFER  DB      2*2 DUP(?)
DATA    ENDS
STACK   SEGMENT PARA STACK 'STACK'
        DB      100 DUP(?)
STACK   ENDS
CODE    SEGMENT
        ASSUME  CS:CODE, DS:DATA,
                ES:DATA, SS:STACK
START   PROC    FAR
BEGIN:  PUSH    DS
        MOV     AX, 0
        PUSH    AX
        MOV     AX, DATA
        MOV     DS, AX
        MOV     ES, AX
        MOV     CX, LL
        LEA     BX, STRING
        LEA     SI, BUFFER
        MOV     AX, CX
        SAL     CX, 1
        MOV     L2, CX
        MOV     CX, AX
AGAIN:  MOV     AL, [BX]
        MOV     DL, AL
        AND     AL, 0FH
        CALL    CHANGE
        MOV     AL, DL
        PUSH    CX
        MOV     CL, 4
        SHR     AL, CL
        POP     CX
        CALL    CHANGE
        INC     BX
        LOOP    AGAIN
        RET
START   ENDP
CHANGE  PROC
        CMP     AL, 10
        JL      ADD_0
        ADD     AL, 'A'-'0'-10
ADD_0:  ADD     AL, '0'
        MOV     [SI], AL
        INC     SI
        RET
CHANGE  ENDP
CODE    ENDS
        END     BEGIN
```

2. 从二进制到 ASCII 串的转换

若要把一个二进制位串显示或输出打印，则要把位串中的每一位转换为它的 ASCII。

例 4-6 把在内存变量 NUMBER 中的 16 位二进制数，每一位转换为相应的 ASCII，存入串变量 STRING 中，其流程如图 4-7 所示。

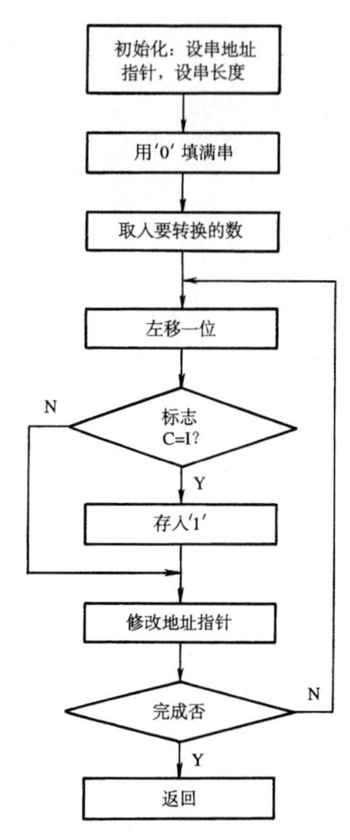

图 4-7 把二进制位串的每一位转换为 ASCII 的程序流程图

相应的程序为：

```
        NAME     BINARY_TO_ASCII
DATA    SEGMENT
NUM     DW       4F78H
STRING  DB       16 DUP(?)
DATA    ENDS
STACK   SEGMENT  PARA  STACK  'STACK'
        DB       100 DUP(?)
STACK   ENDS
CODE    SEGMENT
        ASSUME       CS:CODE, DS:DATA, ES:DATA, SS:STACK
START   PROC         FAR
BEGIN:  PUSH         DS
        MOV          AX, 0
        PUSH         AX
        MOV          AX, DATA
        MOV          DS, AX
        MOV          ES, AX
        LEA          DI, STRING
        MOV          CX, LENGTH  STRING
        PUSH         DI
        PUSH         CX
```

```
            MOV        AL, 30H        ; 使缓冲区全置为“0”
            REP        STOSP
            POP        CX
            POP        DI
            MOV        AL, 31H
            MOV        BX, NUM
AGAIN:      RCL        BX, L               ; 左移 BX，把相应位进入 C 标志
            JNC        NEXT                ; 若为零则转至 NEXT
            MOV        [DI], AL            ; 若为“1”，则把“1”置入缓冲区
NEXT:       INC        DI
            LOOP       AGAIN
            RET
START       ENDP
CODE        ENDS
            END     BEGIN
```

4.5.6　有关 I/O 的 DOS 功能调用

上面的一些程序的运行结果，或是保留在寄存器中，或是保留在存储器中，不能很方便、直观地看到运行的结果。为了在程序运行过程中了解运行的情况，应设法把结果在 CRT 上显示出来。要在程序中显示结果，较方便的方法是调用操作系统中的 I/O 子程序。操作系统的核心是由许多有关 I/O 驱动、磁盘读写以及文件管理等子程序构成的。这些子程序都编了号，可由汇编语言的源程序调用。在调用时，把子程序的号（或称系统功能调用号）送至 AH，把子程序规定的入口参数，送至指定的寄存器，然后由中断指令 INT 21H 来实现调用。本节通过几个程序例子介绍一些有关 I/O 的功能调用的知识，便于读者在程序中使用。

1. 在 CRT 上连续输出字符 0～9

DOS 的功能调用 2 就是向 CRT 输出一个字符的子程序，它要求把要输出的字符的 ASCII 码送至寄存器 DL。即：

```
MOV      DL, OUTPUT_CHAR
MOV      AH, 2
INT      21H
```

为了使输出的字符之间有间隔，在每一循环中，输出一个 0～9 的字符和一个空格。要输出 0～9，只要使一个寄存器（程序中为 BL）的初值为 0，每循环一次使其增量，为了保证是十进制数，增量后要用 DAA 指令调整，为了保证始终是一位十进制数，用 AND 0FH 指令屏蔽掉高 4 位。其流程如图 4-8 所示。

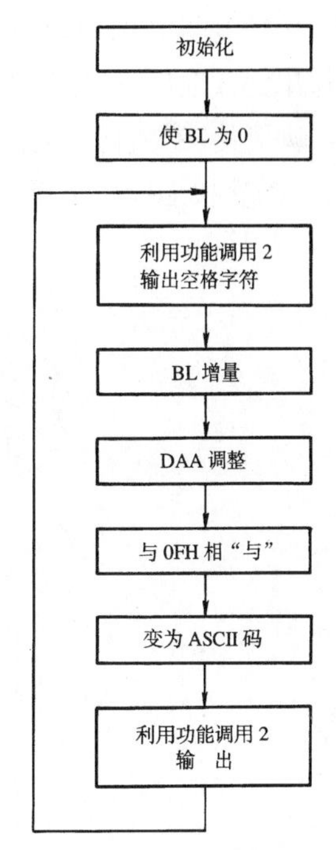

图 4-8　在 CRT 上输出 0～9 的程序流程图

相应的程序为：

```
            NAME  OUTPUT_CHAR_0_9
STACK       SEGMENT PARA STACK  'STACK'
            DB  100 DUP (?)
STACK       ENDS
CODE        SEGMENT
            ASSUME  CS: CODE, SS: STACK
START       PROC       FAR
BEGIN:      PUSH       DS
            MOV        AX, 0
            PUSH       AX
```

```
        MOV     BL, 0
        PUSH    BX
GOON:   MOV     DL, 20H         ; 把空格字符→DL
        MOV     AH, 2
        INT     21H             ; 输出空格字符
        POP     BX
        MOV     AL, BL
        INC     AL
        DAA                     ; 增量后进行十进制调整
        AND     AL, 0FH
        MOV     BL, AL
        PUSH    BX
        OR      AL, 30H         ; 转换为 ASCII 码
        MOV     DL, AL
        MOV     AH, 2
        INT     21H             ; 输出一个 0～9 之间的字符
        MOV     CX, 0FFFFH      ; 为便于观察，插入一定的延时
AGAIN:  DEC     CX
        JNE     AGAIN
        JMP     GOON
START   ENDP
CODE    ENDS
        END     BEGIN
```

2. 在 CRT 上连续显示 00～59

在微型机系统上常常可以显示实时时钟，这就要能输出数码 00～59。当输出多于一个字符时，要利用功能调用 9，它是向 CRT 输出字符串的子程序，要求在调用前使 DX 指向字符串的首地址，字符串必须以字符“$”结束，则功能调用 9 能把字符“$”之前的全部字符向 CRT 输出。

为了使每次输出的数码能够换行，在每一循环中，利用系统调用 2，分别输出一个回车和换行字符，其流程如图 4-9 所示。

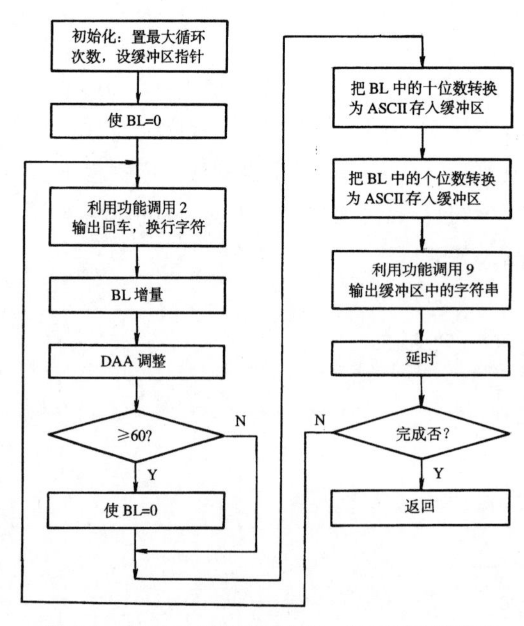

图 4-9　在 CRT 上连续显示 00～59 的程序流程图

相应的程序为：

```
        NAME  OUTPUT_CHAR_00_59
STACK   SEGMENT PARA STACK  'STACK'
        DB  100 DUP(?)
STACK   ENDS
DATA    SEGMENT
BUFFER  DB  3 DUP(?)
DATA    ENDS
CODE    SEGMENT
        ASSUME  CS: CODE, DS: DATA, SS: STACK
START   PROC     FAR
BEGIN:  PUSH     DS
        MOV      AX, 0
        PUSH     AX
        MOV      AX, DATA
        MOV      DS, AX
        MOV      CX, 1000            ; 设置最大的循环次数
        MOV      BL, 0
        LEA      SI, BUFFER
        PUSH     BX
GOON:   MOV      DL, 0DH
        MOV      AH, 2               ; 输出回车符
        INT      21H
        MOV      DL, 0AH
        MOV      AH, 2               ; 输出换行符
        INT      21H
        POP      BX
        MOV      AL, BL
        INC      AL
        DAA
        CMP      AL, 60H             ; AL 增加到 60 了吗?
        JC       NEXT                ; 未达到，转去显示
        MOV      AL, 0               ; 到 60，置为 0
NEXT:   MOV      BL, AL
        PUSH     BX
        MOV      DL, AL
        PUSH     CX
        MOV      CL, 4
        SHR      AL, CL
        OR       AL, 30H             ; 把 AL 中十位数，转换为 ASCII
        MOV      [SI], AL
        INC      SI
        MOV      AL, DL
        AND      AL, 0FH
        OR       AL, 30H             ; 把 AL 中的个位数，转换为 ASCII
        MOV      [SI], AL
        INC      SI
        MOV      AL, '$'
        MOV      [SI], AL
        MOV      DX, OFFSET BUFFER
        MOV      AH, 9
        INT      21H                 ; 输出字符串
```

```
        MOV     CX, 0FFFFH
AGAIN:  DEC     CX
        JNE     AGAIN
        POP     CX
        DEC     CX
        JE      DONE
        MOV     SI, OFFSET BUFFER
        JMP     GOON
DONE:   RET
START   ENDP
CODE    ENDS
        END     BEGIN
```

4.5.7 子程序设计

在前面的实例中，有程序段要多次使用，为了简化程序，采用了调用子程序的办法。编程过程中，常常把一些经常使用的典型的程序编为子程序，这样一方面简化了程序的编制，另外也可以提高程序的质量和可靠性。

当需要执行这个程序段时，可以使用 CALL 指令调用它。调用子程序的程序通常称为“主程序”或“调用程序”；与之相对应，子程序执行完后，通过 RET 指令返回主程序现场继续后面指令的执行。主程序和子程序的调用关系如图 4-10 所示。

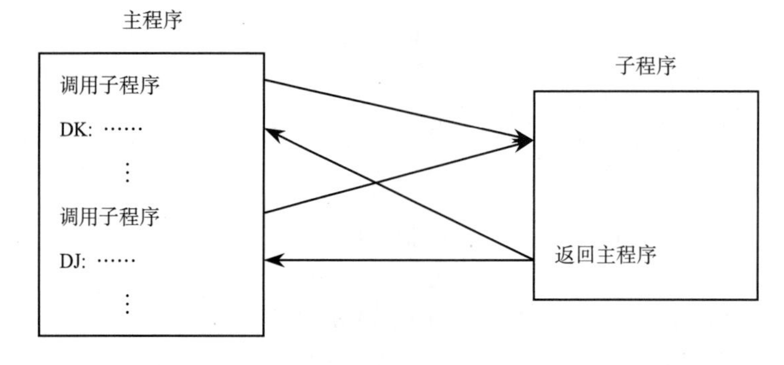

图 4-10　主程序与子程序调用关系示意图

图中主程序两次调用子程序。当主程序调用子程序后，CPU 就转去执行子程序，执行完毕，自动返回到主程序的断点处继续往下执行。断点是指转子指令的直接后继指令的地址。调用指令的基本功能是将子程序的返回地址（即 CALL 指令的下一条指令的地址，简称断点地址，包括段地址和偏移地址）压入堆栈，以便执行完子程序后能返回主程序，并从断点处继续往下执行，然后按照某种寻址方式转向子程序的入口地址去执行子程序。如第一次断点就是 DK，子程序执行完后，由子程序返回指令 RET 来实现返回主程序 DK 处，继续向下执行。RET 的功能是从堆栈的栈顶弹出返回地址。返回指令总是与调用指令配套使用，并且返回指令通常放在子程序的末尾（即出口处），使子程序执行完毕能够返回主程序。

1. **子程序定义**

子程序又称为过程（Procedure）。在程序设计中，往往把多次重复出现、具有通用性、能够完成特定处理任务的程序段编写成独立的程序模块，这就是子程序。

为了用户使用方便，子程序以文件形式编写。子程序文件由子程序说明和子程序本身两部分组成。

（1）子程序说明

子程序说明部分应提供足够的信息，使用户了解该段子程序的功能。子程序说明部分一般由以下几部分组成：

① 子程序名：给编写的子程序取名；

② 子程序功能描述：简单介绍子程序的功能、性能指标（如执行时间）等；

③ 子程序入口参数：说明子程序运行所需要的参数及存放位置；

④ 子程序出口参数：说明子程序运行完的结果及存放位置；

⑤ 子程序占用的寄存器和存储区域；

⑥ 子程序是否调用其他子程序。

子程序说明部分的示例如下。

；子程序名：DTOB

；功能描述：完成两位十进制数（BCD 码）转换二进制数

；入口参数：AL 寄存器中存放待转换的十进制数

；出口参数：CL 寄存器中存放转换完的二进制数

；所用寄存器：BX

；执行时间 0.06ms

（2）子程序本身

子程序用过程定义语句（PROC/ENDP）定义，子程序定义的语法格式为：

```
<子程序名> PROC      [NEAR/FAR]
           ......                ；过程体
           RET
<子程序名> ENDP
```

其中，子程序名为标识符，它又是子程序入口的符号地址，它的写法与标号的写法相同，但其后不加“:”号，而且每个子程序应该具有一个唯一的子程序名；CALL 和 RET 指令都有 NEAR 和 FAR 属性，段内调用使用 NEAR 属性，可以不显式地写出；段间调用使用 FAR 属性。

例 4-7　编写子程序将寄存器 AX 内容乘 10，结果仍保存在 AX 中。

```
X          EQU  1000
CODE       SEGMENT
           ASSUME CS:CODE
START:     MOV AX, X
           CALL      MUL10                     ；调用子程序 MUL10
           MOV       AX, 4C00H
           INT       21H
MUL10      PROC                                ；乘 10 子程序，入口参数 AX，出口参数 AX
           PUSHF                               ；保护标志寄存器
           PUSH      BX                        ；保护 BX
           ADD       AX, AX                    ；2AX
           MOV       BX, AX
           ADD       AX, AX                    ；4AX
           ADD       AX, AX                    ；8AX
```

```
        ADD     AX, BX                  ; 10AX
        POP     BX                      ; 恢复 BX
        POPF                            ; 恢复标志寄存器
        RET
MUL10   ENDP
CODE    ENDS
        END START
```

2. 子程序使用中的问题

子程序编写方法同主程序，但作为独立和通用的程序段，它具有一定的特殊性。编写时需要注意以下几点：

① 子程序要利用过程定义伪指令声明，获得子程序名和调用属性。

② 子程序最后利用 RET 指令返回主程序，主程序执行 CALL 指令调用子程序。

③ 子程序中对堆栈的压入和弹出操作要成对使用，保持堆栈的平衡。

④ 子程序开始应该保护使用到的寄存器内容，子程序返回前相应进行恢复。

因为寄存器的数目是有限的，对于同一个寄存器主程序和子程序都可能会使用到。为了不影响主程序调用子程序后的指令执行，子程序应该把用到的寄存器内容做保护。常用的方法是在子程序开始时，将要修改的寄存器内容顺序入栈；而在子程序返回前，再将这些寄存器内容逆序出栈到原来的寄存器中。当然带回结果的寄存器不需恢复。如：

```
SUBP    PROC    NEAR
        PUSH    AX              ; 现场保护
        PUSH    BX
        PUSH    CX
        .....                   ; 子程序体
        POP     CX              ; 现场恢复
        POP     BX
        POP     AX
        RET
SUBP    ENDP
```

⑤ 子程序应安排在代码段的主程序之外，最好放在主程序执行终止后的位置（返回 DOS 后、汇编结束 END 伪指令前），也可以放在主程序开始执行之前的位置。

⑥ 子程序允许嵌套和递归。

根据需要，子程序可以调用其他的子程序或直接间接地调用自身。递归子程序往往能设计出效率较高的程序。嵌套层数多时应特别注意寄存器内容的保护和恢复，以免数据发生冲突。

⑦ 子程序可以与主程序共用一个数据段，也可以使用不同的数据段（注意修改 DS）。如果子程序使用的数据或变量不需要与其他程序共享，还可以在子程序最后设置数据区、定义变量。此时子程序应该利用 CS 寻址这些数据。

⑧ 子程序的编写可以很灵活，例如具有多个出口（多个 RET 指令）和入口，但一定要保证堆栈操作的正确性。

⑨ 处理好子程序与主程序间的参数传递问题。

3. 子程序调用时参数的传递方法

主程序与子程序间一个主要问题就是参数传递。这些参数可以是主程序调用子程序时，提供给子程序的参数（入口参数），也可以是子程序执行结束返回给主程序的参数（出口参数）。传递参数的具体内容，可以是数据本身，也可以是数据的主存地址。

参数传递必须事先约定，子程序根据约定从寄存器或存储单元获取数据（入口参数），进行处理后将处理结果（出口参数）送到约定的寄存器或存储单元，返回主程序。常用的参数传递方法有以下三种：

① 用寄存器传递：适用于参数传递较少的情况，传递速度快；

② 用存储单元传递：适用于参数传递较多的情况，传递速度较慢；

③ 用堆栈传递：适用于参数传递较多，存在嵌套或递归的情况。

4. 应用程序举例

例 4-8 假设在 A、B、C、D 四个字变量中各存放一个正整数，试编写程序分别求出 A 与 B 的最大公约数 M，C 与 D 的最大公约数 N，再求出 M 与 N 之和，将结果存入 RESULT 字变量中。

本程序需两次调用求最大公约数子程序，将两次返回结果求和再存入 RESULT 字变量中。

```
STACK    SEGMENT  PARA STACK
         DB   200  DUP（0）
STACK    ENDS
DATA     SEGMENT
         A    DW   720
         B    DW   81
         C    DW   1150
         D    DW   125
         RESULT DW    ?
DATA     ENDS
CODE     SEGMENT
         ASSUME CS:CODE, DS:DATA, SS:STACK
BEGIN:   MOV       AX, DATA
         MOV       DS, AX
         MOV       AX, A
         MOV       BX, B
         CALL      GCD            ；调用子程序，求 A、B 的最大公约数
         MOV       RESULT, CX     ；结果存入 RESULT 单元
         MOV       AX, C
         MOV       BX, D
         CAL L     GCD            ；调用子程序，求 C、D 的最大公约数
         ADD       RESULT, CX     ；将结果加到 RESULT 单元
         MOV       AH, 4CH        ；返回
         INT       21H
GCD      PROC                     ；求最大公约数子程序
         PUSH      AX
         PUSH      BX
         PUSH      DX
AGAIN:   XOR       DX, DX         ；DX 清 0，扩充被除数
         DIV       BX             ；商存入 AX，余数存入 DX
         AND       DX, DX         ；判断余数是否为 0
         JZ        EXIT           ；余数为 0 转 EXIT
         MOV       AX, BX         ；否则，更新被除数
         MOV       BX, DX         ；更新除数
         JMP       AGAIN          ；继续辗转相除
```

```
EXIT:   MOV     CX, BX          ; 最大公约数存入 CX
        POP     DX              ; 恢复现场
        POP     BX
        POP     AX
        RET
GCD     ENDP
CODE    ENDS
        END  BEGIN
```

例 4-9 从 BUF 开始存放若干无符号字节数据，找出其中的最小值并以十六进制形式输出。

本题用子程序 SEARCH 来求最小数字节数并输出，再调用一个子程序输出 1 位十六进制数，由于数据多，因此可以利用子程序的嵌套。

```
DATA    SEGMENT
BUF     DB   13, 25, 23, 100, 423, 78, 90, 134
CNT     EQU     $-BUF
DATA    ENDS
CODE    SEGMENT
        ASSUME   CS: CODE, DS: DATA
START:  MOV AX, DATA
        MOV DS, AX
        MOV CX, CNT-1               ; 比较次数
        MOV SI, OFFSET BUF          ; 首地址
        CALL SEARCH
        MOV AH, 4CH                 ; 返回 DOS
        INT     21H
SEARCH  PROC    NEAR
        MOV BL, [SI                 ; 假定第一个数为最小数
SEAR1:  INC     SI                  ; 指向下一个数
        CMP     BL, [SI]            ; 比较
        JBE     SEAR2               ; BL 中的数小，转 SEAR2
        MOV BL, [SI]                ; BL 中的数大，把它替换掉
SEAR2:  DEC     CX
        JNZ     SEAR1               ; 循环比较
        MOV DL, BL                  ; 最小值送 D
        MOV CL, 4
        SHR     DL, CL              ; 分离出高 4 位
        CALL DISP                   ; 调用子程序显示输出
        MOV DL, BL                  ; 最小值送 DL
        AND     DL, 0FH             ; 分离出低 4 位
        CALL DISP                   ; 调用子程序显示输出
        RET
SEARCH  ENDP
DISP    PROC NEAR
        CMP     DL, 9               ; DL 和 9 比较
        JBE     DISP1               ; 小于等于 9 加 30H，否则加 37H      ADD  DL, 7
DISP1:  ADD DL. 30H
        MOV AH, 2                   ; 输出结果
        INT     21H
        RET
DISP    ENDP
```

```
CODE      ENDS
          END  START
```

4.5.8　宏汇编

宏是具有宏名的一段汇编语句序列。利用宏汇编和经常与宏配合的条件汇编可以使得编写的源程序更加灵活方便，提高工作效率。

1. 宏定义

（1）在汇编语言的源程序中，若有的程序段要多次使用，为了使在源程序中不重复书写这个程序段，可以用一条宏指令来代替。由宏汇编程序在汇编时产生所需要的代码。

例如，为了实现 ASCII 与 BCD 码之间的相互转换，往往需要把 AL 中的内容左移四位或右移四位。这当然可以用 8086 的指令来实现。若要左移 4 位，可用：

```
MOV       CL, 4
SAL       AL, CL
```

若要多次使用，就可以用一条宏指令代替。如下所示：

```
SHIFT     MACRO
MOV       CL, 4
SAL       AL, CL
ENDM
```

以后凡要使 AL 中的内容左移四位，就可以用一条指令 SHIFT 来代替。

前者称为宏定义，SHIFT 是这个宏定义的名，它是调用时的依据，也是各个宏定义之间相互区分的标志。

宏需要先定义，然后在程序中进行宏调用。MACRO 是宏定义的定义符，ENDM 是宏定义的结束符，这两者必须成对出现。

在 MACRO 与 ENDM 之间的是宏定义的体，即是要用宏指令来代替的程序段。它是由 IBM 宏汇编的指令语句（可执行语句）和指示语句（即由伪指令构成的语句）所构成的。后者是宏调用，即用宏定义名作为一条指令。宏汇编程序遇到这样的调用时，就把此宏定义的体来代替这条宏指令，以产生目的代码。

（2）宏定义不但能使源程序的书写简洁，而且由于宏指令具有接收参量的能力，所以功能就更灵活。

例如上述的宏指令只能使 AL 中的内容左移四位。若每次使用时，要移位的次数不同，或要使不同的寄存器移位，就不方便了。但是，若在宏定义中引入参量，就可以满足上述要求。

```
SHIFT     MACRO     X
          MOV       CL, X
          SAL       AL, CL
          ENDM
```

其中，X 是一个形式参量，在此用来代表移位次数。在调用时可把实际要求的移位次数作为实在参量代入，如：

```
SHIFT  4
```

就以实际参量 4，代替在宏定义体中出现的形式参量 X，而实现移位 4 次。若用：

```
SHIFT  6
```

则 AL 就左移 6 次。这样，就可以由调用时的实际参数来规定任意的移位次数。若我们再引入一个形式参量：

```
SHIFT    MACRO    X, Y
         MOV      CL, X
         SAL      Y, CL
         ENDM
```

用形式参量Y来代替需要移位的寄存器。只要在调用时，把要移位的寄存器作为实际参量代入，就可以对任一寄存器实现指定的左移次数。

```
SHIFT  4, AL
SHIFT  4, BX
SHIFT  6, DI
```

这些宏指令在汇编时，分别产生以下指令的目标代码：

```
MOV      CL, 4
SAL      AL, CL
MOV      CL, 4
SAL      BX, CL
MOV      CL, 6
SAL      DI, CL
```

第一条宏指令使AL左移4位；第二条使BX（16位寄存器）左移4位；第三条使DI左移6位。

（3）形式参量不只可以出现在操作数部分，也可以出现在操作码部分。如：

```
SHIFT    MACRO    X, Y, Z
         MOV      CL, X
         S&Z      Y, CL
         ENDM
```

其中第三个形式参量Z代替操作码中的一部分。在IBM宏汇编中规定，若在宏定义体中的形式参量没有适当的分隔符，则不被看作形式参量，调用时也不被实际参量所代替。例如上例中的操作码部分S&Z，若Z与S之间没有分隔，则此处的Z，就不被看作形式参量。要把它定义为形式参量，必须在前面加上符号&。于是S&Z中的Z就被看作形式参量。若有以下调用：

```
SHIFT  4, AL, AL
SHIFT  6, BX, AR
SHIFT  8, SI, HR
```

在汇编时，分别产生以下指令的目标代码。

```
MOV    CL, 4
SAL    AL, CL
MOV    CL, 6
SAR    BX, CL
MOV    CL, 8
SHR    SI, CL
```

就可以对任一个寄存器，进行任意的移位（算术左移，算术右移，逻辑右移）操作，移位任意指定的位数。由此可见宏指令的使用是十分灵活的。

2. 宏调用

宏定义之后就可以使用它，即宏调用。宏调用遵循先定义后调用的原则，格式为：

宏名 [实参表]

宏调用的格式同一般指令，在使用宏指令的位置写下宏名，后跟实参；如果有多个参数，按形参顺序填入实参，之间用逗号分隔。

```
DIF      MACRO    N1, N2
         MOV      AX, N1
         SUB      AX, N2
         ENDM
```

```
DIFSQR   MACRO    N1, N2  RESULT
         PUSH     DX
         PUSH     AX
         DIF      N1, N2
         IMUL     AX
         MOV      RESULT, AX
         POP      AX
         POP      DX
         ENDM
```

在汇编时，宏指令被汇编程序用对应的代码序列代替，称之为宏展开。汇编后的列表文件中带"+"或"1"等数字的语句为相应的宏定义体。当汇编扫描源程序遇到已有定义的宏调用时，即用相应的宏定义体取代源程序的宏指令，同时用位置匹配的实参对形参进行取代。多余实参不予考虑，缺少的实参则用空格取代；汇编程序不对实参和形参进行类型检查，完全是字符串的替代，至于宏展开后是否有效由汇编程序编译时进行语法检查。

若有以下宏调用：

```
SIFROT   SHIFT
SHIFT    AX, 4, SHR
```

则经过汇编后产生以下指令：

```
+  PUSH   CX
+  MOV    CX, 4
+  SHR    AX, CL
+  POP    CX
```

3. 宏指令与子程序的区别

宏指令是用宏来代替一段程序，以简化源程序。子程序也有类似的功能，那么，这两者之间有什么区别呢？

（1）宏指令是为了简化源程序的书写，在汇编时，汇编程序处理宏指令，把宏定义体插入到宏调用处。所以，宏指令并没有简化目标程序。有多少次宏调用，在目标程序中仍需要有同样多次的目标代码插入。所以，宏指令不能节省目标程序所占的内存单元。

子程序在执行时，是由 CPU 处理的。若在一个主程序中多次调用同一个子程序，在目标程序的代码中，主程序中仍只有调用指令的目标代码，子程序的代码仍是一个。

（2）把上述两者的特点加以比较，可以看出：若在一个源程序中多次调用一个程序段，则可用子程序，也可以用宏指令来简化源程序。用子程序的方法，汇编后产生的目标代码少，也即目标程序占用的内存空间少，节约了内存空间。但是，子程序在执行时，每调用一次都要先保护断点，通常在程序中还要保护现场；在返回时，先要恢复现场，然后恢复断点（返回）。这些操作都额外增加了时间，因而执行时间长，速度慢。而宏指令恰好相反，它的目标程序长，占用的内存单元多；但是执行时不需要保护断点，也不需要保护现场以及恢复、返回等这些额外的操作，因而执行时间短、速度快。

所以，当要代替的程序段不长时，速度是主要矛盾，通常用宏指令；而当要代替的程序段较长时，额外操作所附加的时间就不明显了，而节省存储空间是主要矛盾，通常采用子程序。

另外，宏指令可以用形式参量，使用时很灵活、很方便。

4. 局部标号

当宏定义体具有分支、循环等程序结构时，需要标号。宏定义体中的标号必须用 LOCAL 伪指令声明为局部标号，否则多次宏调用将出现标号的重复定义语法错误。

局部标号伪指令 LOCAL 只能用在宏定义体内，而且必须是 MACRO 伪操作后的第一个语句，在 MACRO 与 LOCAL 之间不允许有注释和分号标志。格式如下：

```
LOCAL  形式参量表
```

汇编程序对 LOCAL 伪操作中的形式参量表中的每一个形式参量建立一个符号（用??0000～??FFFF 表示），以代替在展开中存在的每个形式参量符号。例如在 AL 中有一位十六进制数码要转换为 ASCII，宏定义在有多次调用的情况下，应定义为：

```
CHANGE   MACRO
         LOCAL    ADD_0
         CMP      AL, 10
         JL       ADD_0
         ADD      AL, 'A'-'0'10
ADD_0    ADD      AL, '0'
         ENDM
```

若有宏调用：

```
    ⋮
CHANGE
    ⋮
CHANGE
    ⋮
```

在宏汇编展开时为：

```
    ⋮
+    CMP       AL, 10
+    JL        ??0000
+    ADD       AL, 'A'-'0'-10
    ⋮
+??0000ADD     AL, '0'
+              CMP  AL, 10
+              JL  ??0001
+              ADD  AL, 'A'-'0'-10
+??0001        ADD AL, '0'
    ⋮
```

5. 文件包含

宏必须先定义后使用，宏定义通常书写在源程序的开始。为了使宏定义为多个源程序使用，可以将常用的宏定义单独写成一个宏库文件。使用这些宏的源程序运用包含伪指令 INCLUDE 将它们结合成一体。包含伪指令的格式为：

```
INCLUDE  文件名
```

文件名的命名按照 DOS 要求，可以包含路径，否则就在默认目录下找寻。汇编程序在对 INCLUDE 伪指令进行汇编时将它指定的文本文件内容插入在该伪指令所在的位置，与其他部分同时汇编。

文件包含方法不限于对宏定义库，实际上可以针对任何文本文件。

4.5.9 与 C 语言的混合编程

汇编语言可以直接、有效地控制计算机硬件，容易产生运行速度快、指令序列短小的高效率目标程序。但是由于汇编语言与处理器的密切关系，每个处理器有自己的指令系统，汇编语言各不相同，要求程序编写时熟悉计算机硬件系统，考虑许多细节问题，导致编写程序繁琐，调试、维护、交流和移植困难。而高级语言不仅功能强大，并且与具体计算机无关，可以在各种计算机上编译后执行；容易掌握和应用，将许多相关的机器指令合成单条指令，去掉了与具体操作有关但与完成工作无关的细节，如堆栈、寄存器的使用等，这样大大简化了程序中的指令。

混合编程是指在一个应用程序中，根据任务的具体要求和特点，采用不同的编程语言编写源程序，最后通过编译/连接生成一个可执行的完整程序。

C 语言编程容易、可移植性强、支持多种数据类型，能直接对硬件进行操作，效率高，但实时处理弱于汇编语言。采用混合编程后编写出的程序效率高、速度快、易于编程、可读性强、可移植性好、使用范围广。

汇编语言和 C 语言的混合编程有两种方式：

① 在 C 语言中嵌入汇编指令；

② 分别必须 C 语言程序和汇编语言程序，然后独立编译成目标代码模块，再进行链接。

第一种方法适用于语句执行频率非常高，并且 C 语言编程与汇编编程效率差异较大的情况，如进入中断的通用中断子程序等。第二种方法是混合编程最常用的方式之一，在这种方式下，C 语言程序与汇编语言程序均可使用另一方定义的函数与变量。这里只介绍第一种方式。

1. 格式

C 语言程序支持 ASM 指令，所以可以利用这条指令直接将汇编语句嵌入到 C 语言程序中。格式如下：

```
ASM  操作码      操作数      <; 或换行>
```

其中，操作码是处理器指令或伪指令，操作数是操作码可以接受的数据。内嵌的汇编语句可以用分号“;”结束，也可以用换行符结束。一行中可以有多个汇编语句，相互间用分号分隔，但不能跨行书写。嵌入汇编语句的分号不是注释的开始，要对语句注释，用 C 语言程序的注释，如/*....*/。例如：

```
ASM  MOV AX, DS;                           /*DS 值给 AX*/
ASM  POP  AX;    ASM POP DS;     ASM RET;  /*合法语句*/
ASM PUSH DS                                /*ASM 是 C 语言程序中唯一可以用换行结尾的语句*/
```

在 C 语言程序的函数内部，每条汇编语言语句都是一条可执行语句，它被编译后存入程序的代码段。在函数外部，一条汇编语句是一个外部说明，它在编译时被放在程序的数据段中。这些外部数据可以被其他程序引用。例如：

```
ASM  ERRMSG   DB   'SYSTEM ERROR'
ASM  NUM      DW   0FFFFH
ASM  PI       DD   301415926
```

上述例子是针对 Turbo C 中嵌入汇编语言。含嵌入汇编语句的 C 语言程序不是一个完整的汇编语言程序，故 C 语言程序只允许有限的汇编语言指令。

2. 汇编语言访问 C 语言

内嵌的汇编语句除了可以使用指令允许的立即数、寄存器名外，还可以使用 C 语言程序中的任何符号（标识符），包括常量、变量、标号、函数名、寄存器、函数参数等。C 编译程序自动将它们转换成相应汇编语言指令的操作数，并在标识符前加下划线。一般地，只要汇编语句能够使用存储器操作数，就可以采用一个 C 语言程序中的符号。同样地，只要汇编语句可以用寄存器作为合法的操作数，就可以使用一个寄存器变量。

对于具有内嵌汇编语句的 C 程序，C 语言编译器要调用汇编程序进行汇编。汇编程序在分析一条嵌入式汇编指令的操作数时，若遇到一个标识符，它将在 C 语言程序的符号表中搜索该标识符，但 8086 寄存器名不再搜索范围之内，而且大小写形式的寄存器名都可以使用。

例 4-10 用嵌入汇编方式实现取两个数中较小值的函数 MIN。

```
/*MIN.C*/
INT MIN  (INT VAR1, INT VAR2)   /*用嵌入汇编语句实现的求较小值*/
{
    ASM MOV  AX,VAR1
    ASM CMP  AX, VAR2
    ASM JLE  MINEXIT
    ASM MOV  AX, VAR2
MINEXIT: RETURN(_AX);           /*将寄存器 AX 的内容作为函数的返回值*/
}
MAIN  ( )                       /*C 程序主函数*/
{
    PRINTF ("较小数为：%D", MIN (100, 200));
}
```

C 语言中使用汇编语言时要注意通用寄存器的使用，Turbo C 中可以直接使用通用寄存器和段寄存器，只要在寄存器名前加一个下划线即可。另外，C 语言中使用 SI 和 DI 指针寄存器作为寄存器变量，利用 AX 和 DX 传递返回参数。

3. 编译过程

C 语言程序中含有嵌入式汇编语言语句时，C 编译器首先将 C 代码的源程序（.c）编译成汇编语言源程序（.asm），然后激活汇编程序 Turbo Assembler 将产生的汇编语言源文件编译成目标文件（.obj），最后激活 Tlink 将目标文件链接成可执行文件（.exe）。

例 4-11 将字符串中的小写字母转换为大写字母显示。

```
/*CONVERT.C*/
#INCLUDE <STDIO.H>
VOID UPPER (CHAR *DEST, CHAR *SRC)
{
    ASM      MOV SI, SRC        /*DEST 和 SRC 是地址指针*/
    ASM      MOV DI, DEST
    ASM      CLD
LOOP:ASM     LODSB              /*C 语言定义的标号*/
    ASM      CMP AL, 'a'
    ASM      JB COPY            /*转移到 C 的标号*/
    ASM      CMP AL, 'z
    ASM      JA COPY            /*表示'a'到'z'之间的字符原样复制*/
    ASM      SUB  AL,20H        /*是小写字母就转换为大写字母*/
COPY:ASM     STOSB
    ASM      AND AL, AL         /*C 语言中，字符串用 NULL(0)结尾*/
    ASM      JNZ  LOOP
}
MAIN  ( )                       /*C 程序主函数*/
{
    CHAR STR []="This Is C case!";
    CHAR CHR [100];
```

```
    UPPER (CHAR,STR];
    PRINTF ("Origin string:\n %s\n",STR);
    PRINTF ("Uppercase string:\n%S\n", CHR);
}
```

编译完成，在命令行输入如下编译命令，选项-I 和-L 分别指定头文件和库函数的所在目录。

```
TCC  -B -Iinclude  -Llib CONVERT.C
```

生成可执行文件 CONVERT.EXE，程序运行后输出的结果是：

```
Origin string:
This Is C case!
Uppercase string:
THIS IS C CASE!
```

由上例可看出，嵌入汇编方式把插入的汇编语言语句作为 C 语言的组成部分，不使用完全独立的汇编模块，所以比调用汇编子程序更方便、快捷。

习　题

4.1　编一个程序，统计一个 8 位二进制数中的为“1”的位的个数。

4.2　编一个程序，使放在 DATA 及 DATA + 1 单元的两个 8 位带符号数相乘，乘积放在 DATA + 2 及 DATA + 3 单元中（高位在后）。

4.3　若在自 1000H 单元开始有一个 100 个数的数据块，要把它传送到自 2000H 开始的存储区中去，用以下三种方法，分别编制程序：

（1）不用数据块传送指令；

（2）用单个传送的数据块传送指令；

（3）用数据块成组传送指令。

4.4　利用变址寄存器，编一个程序，把自 1000H 单元开始的 100 个数传送到自 1070H 开始的储存区中去。

4.5　要求同题 4.4，源地址为 2050H，目的地址为 2000H，数据块长度为 50。

4.6　编一个程序，把自 1000H 单元开始的 100 个数传送至 1050H 开始的存储区中（注意：数据区有重叠）。

4.7　在自 0500H 单元开始，存有 100 个数。要求把它们传送到 1000H 开始的存储区中，但在传送过程中要检查数的值，遇到第一个零就停止传送。

4.8　条件同题 4.7，但在传送过程中检查数的值，零不传送，不是零则传送到目的区。

4.9　把在题 4.7 中指定的数据块中的正数，传送到自 1000H 开始的存储区。

4.10　把在题 4.7 中指定的数据块中的正数，传送到自 1000H 开始的存储区；而把其中的负数，传送到自 1100H 开始的存储区。且分别统计正数和负数的个数，分别存入 1200H 和 1201H 单元中。

4.11　自 0500H 单元开始，有 10 个无符号数，编一个程序求这 10 个数的和（用 8 位数运算指令），把和放到 050A 及 050B 单元中（和用两个字节表示），且高位在 050B 单元。

4.12　自 0200H 单元开始，有 100 个无符号数，编一个程序求这 100 个数的和（用 8 位数运算指令），把和放在 0264H 和 0265H 单元（和用两个字节表示），且高位在 0265H 单元。

4.13　同题 4.12，只是在累加时用 16 位运算指令编程序。

4.14　若在 0500H 单元中有一个数 x：

（1）利用加法指令把它乘 2，且送回原存储单元（假定 x*2 后仍为一个字节）；

（2）x*4；

（3）x*10（假定 x*10≤255）。

4.15　题意与要求同题 4.14，只是 x*2 后可能为两个字节。

4.16　若在存储器中有两个数 a 和 b（它们所在地址用符号表示，下同），编一个程序实现 a*10+b（a*10 以及“和”用两个字节表示）。

4.17　若在存储器中有数 a、b、c、d（它们连续存放），编一个程序实现

((a*10+b)*10+c)*10+d　（和≤65535）

4.18　在 0100H 单元和 010AH 单元开始，各存放两个 10 个字节的 BCD 数（地址最低处放的是最低字节），求它们的和，且把和放在 0114H 开始的存储单元中。

4.19　在 0200H 单元和 020AH 单元开始，存放两个各为 10 个字节的二进制数（地址最低处放的是最低字节），求它们的和，且把和放在 0214H 开始的存储单元中。

4.20　若自 STRING 单元开始存放一个字符串（以字符 $ 结尾）：

（1）编一个程序统计这个字符串的长度（不包括 $ 字符）；

（2）把字符串的长度，放在 STRING 单元，把整个字符串往下移两个存储单元。

4.21　若在 0500H 单元有一个数 x，把此数的前四位变 0，后四位维持不变，送回同一单元。

4.22　条件同题 4.21，要求最高位不变，后 7 位都为 0。

4.23　写一个宏定义，使 8088 的 16 位寄存器的数据互换。

4.24　写一个宏定义，能把任一个内存单元中的最高位移至另一个内存单元的最低位中。

4.25　写一个宏定义，能使任一个寄存器对向左或向右移位指定的次数。

4.26　用宏定义写一个数据块传送指令。

4.27　从 0200H 单元读入一个数，检查它的符号，且在 0300H 单元为它建立一个符号标志（正为 00，负为 FF）。

4.28　若从 0200H 单元开始有 100 个数，编一个程序检查这些数，正数保持不变，负数都取补后送回。

4.29　把题 4.28 中的负数取补后送至 0300H 单元开始的存储区。

4.30　若在 0200H 和 0201H 单元中有一个双字节数，编一个程序对它求补。

4.31　在 BX 寄存器对中有一个双字节数，对它求补。

4.32　若在 0200H～0203H 单元中有一个四字节数，编一个程序对它求补。

4.33　若在 0200H 和 0201H 单元中有两个正数，编一个程序比较它们的大小并把大的数放在 0201H 单元中。

05 第5章　处理器总线时序和系统总线

总线时序（Timing）描述了总线信号随时间变化的规律以及总线信号间的相互关系。微处理器利用其对外引脚连接存储器和外部设备，通过引脚间的相互配合控制其他部件的协同工作。作为微机信息传输的公共通道，系统总线将微机系统的各个部件相互连接，实现数据的传输，使微机系统具有组态灵活、易于扩展等特点。本章深入介绍了 16 位 8086 微处理器，从它的外部特性入手，引申到系统总线，使读者能了解广泛使用的总线标准和规范。

5.1 8086的引脚功能

1. 8086的两种组态

当把 8086 CPU 与存储器和外设构成一个计算机的硬件系统时，根据连接的存储器和外设的规模，8086可以有最小和最大两种不同的组态。

目前常用的是最大组态，它要求系统具有较强的驱动能力。此时8086要通过一组总线控制器8288来形成各种总线周期，控制信号由8288供给，如图5-1所示。

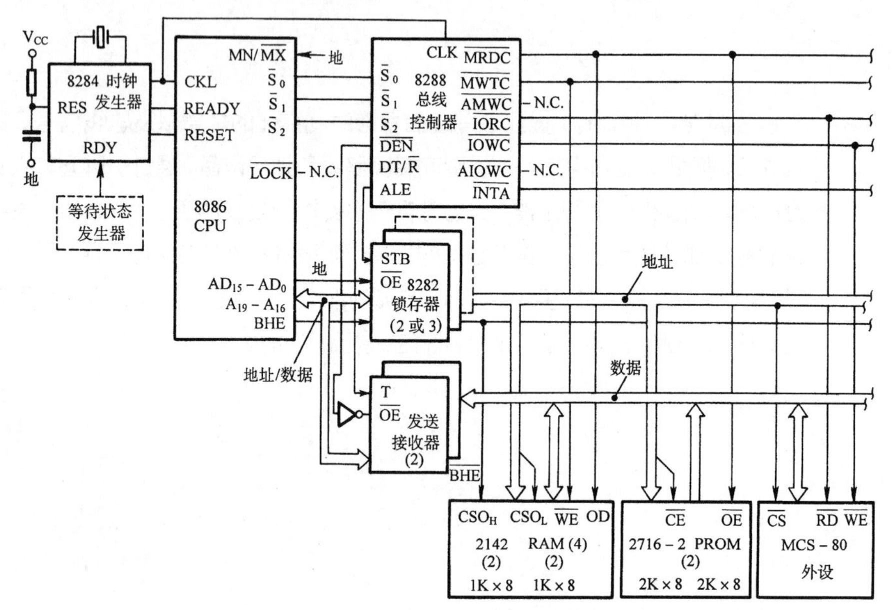

图5-1 8086的最大组态

在这两种组态下，8086 引脚中的脚 24～脚 31 有不同的名称和意义，所以需要有一个引脚 $MN/\overline{MX}$ 来规定 8086 处在什么组态。若把 $MN/\overline{MX}$ 引脚连至电源（+5V），则为最小组态；若把它接地，则8086处在最大组态。

当8086处在最大状态时的脚24～脚31的含义如下。

- $\overline{S}_2$、$\overline{S}_1$、$\overline{S}_0$（输出，三态）

这些状态线的功能如表5-1所示。

表5-1 最大组态下的总线周期

$\overline{S}_2$	$\overline{S}_1$	$\overline{S}_0$	性　能
0（低）	0	0	中断响应
0	0	1	读I/O端口
0	1	0	写I/O端口
0	1	1	暂停（Halt）
1（高）	0	0	取指
1	0	1	读存储器
1	1	0	写存储器
1	1	1	无源

这些信号由 8288 总线控制器用以产生有关存储器访问或 I/O 访问的总线周期和所需要的控制信号。

在时钟周期 T_4 状态期间，$\overline{S_2}$、$\overline{S_1}$、$\overline{S_0}$ 的任何变化，指示一个总线周期的开始；而它们在 T_3 或 T_w 期间返回到无源状态（111），则表示一个总线周期的结束。当 CPU 处在 DMA 响应状态时，这些线浮空。

$\overline{RQ}/\overline{GT_0}$，$\overline{RQ}/\overline{GT_1}$（输入/输出）

这些请求/允许（Request/Grant）脚，是由外部的总线主设备请求总线并促使 CPU 在当前总线周期结束后让出总线用的。每一个脚都是双向的，$\overline{RQ}/\overline{GT_0}$ 比 $\overline{RQ}/\overline{GT_1}$ 有更高的优先权。这些线的内部有一个上拉电阻，所以允许这些引脚不连接。请求和允许的顺序如下：

（1）由其他的总线主设备，输送一个宽度为一个时钟周期的脉冲给 8086，表示总线请求，相当于 HOLD 信号；

（2）CPU 在当前总线周期的 T_4 或下一个总线周期的 T_1 状态，输出一个宽度为一个时钟周期的脉冲给请求总线的设备，作为总线响应信号（相当于 HLDA 信号），从下一个时钟周期开始，CPU 释放总线；

（3）当外设的 DMA 传送结束时，总线请求主设备输出一个宽度为一个时钟周期的脉冲给 CPU，表示总线请求的结束。于是 CPU 在下一个时钟周期开始又控制总线。

每一次总线主设备的改变，都需要这样的三个脉冲，脉冲为低电平有效。在两次总线请求之间，至少要有一个空时钟周期。

- $\overline{LOCK}$（输出，三态）

低电平有效，当其有效时，别的总线主设备不能获得对系统总线的控制。$\overline{LOCK}$ 信号由前缀指令“LOCK”使其有效，且在下一个指令完成以前保持有效。当 CPU 处在 DMA 响应状态时，此线浮空。

- QS_1、QS_0（输出）

QS_1 和 QS_0 提供一种状态（Queue Status）允许外部追踪 8086 内部的指令队列，如表 5-2 所示。

表 5-2　QS_1、QS_0 的功能

QS_1	QS_0	性　能
0（低）	0	无操作
0	1	从队列中取走操作码的第一个字节
1（高）	0	队列空
1	1	除第一个字节外，还取走队列中的其他字节

队列状态在 CLK 周期期间是有效的，在这以后，队列的操作已完成。

- $\overline{BHE}/S_T$（输出）

在总线周期的 T_1 状态，在 $\overline{BHE}/S_7$ 引脚输出 $\overline{BHE}$ 信号，表示高 8 位数据线 AD_{15}～AD_8 上的数据有效；在 T_2、T_3、T_4 及 T_w 状态，$\overline{BHE}/S_7$ 引脚输出状态信号 S_7。

2. 8086 的引线

8086 的引线如图 5-2 所示。

其中脚 24～脚 31 的含义已在前面介绍过了，在最小组态时的名称如图 5-2 的括号中所示。

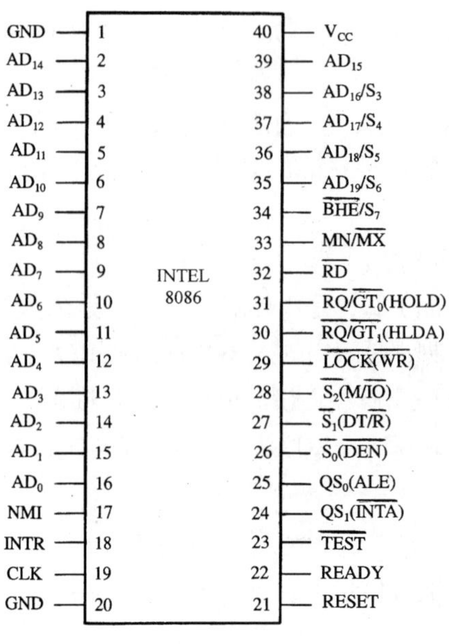

图 5-2　8086 的引线

- $AD_{15}\sim AD_0$（输入/输出，三态）

这些地址/数据引线是多路开关的输出。由于 8086 只有 40 条引线，而它的地址线是 20 位、数据线是 16 位，因此 40 条引线的数量不能满足要求，于是在 CPU 内部用一些多路开关，使数据线与低 16 位地址线公用，从时间上加以区分。通常当 CPU 访问存储器或外设时，先要给出所访问单元（或端口）的地址（在 T_1状态），然后才是读写所需的数据（T_2、T_3、T_w状态），它们在时间上是可区分的。只要在外部电路中有一个地址锁存器，把在这些线上先输出的 16 位地址锁存下来就可以了。在 DMA 方式时，这些线浮空。

- A_{19}/S_6、A_{18}/S_5、A_{17}/S_4、A_{16}/S_3（输出，三态）

这些引线也是多路开关的输出，在存储器操作的总线周期的 T_1 状态时，这些线上是最高四位地址（也需要外部锁存）。在 I/O 操作时，这些地址不用，故在 T_1 状态时全为低电平。在存储器和 I/O 操作时，这些线又可以用来作为状态信息（在 T_2、T_3、T_w 状态时）。但 S_6 始终为低，表示 8086 当前与总线相连；S_5 表明中断允许标志的当前设置，它在每一个时钟周期开始时被修改；S_4 和 S_3 用以指示是哪一个段寄存器正在被使用，其编码如表 5-3 所示。

表 5–3　S_4、S_3的功能

S_4	S_3	含　义
0（低）	0	当前正在使用 ES
0	1	当前正在使用 SS
1	0	当前正在使用 CS，或者未用任何段寄存器
1	1	当前正在使用 DS

在 DMA 方式时，这些线浮空。

- $\overline{RD}$（输出，三态）

读选通信号，低电平有效。当其有效时，表示正在进行存储器读或 I/O 读操作。在 DMA 方式时，此线浮空。

- READY（输入）

准备就绪信号。这是从所寻址的存储器或 I/O 设备来的响应信号，高电平有效。当其有效时，将完成数据传送。CPU 在 T_3 周期的开始采样 READY 线，若其为低，则在 T_3 周期结束以后，插入 T_w 周期，直至 READY 变为有效。若 READY 有效，则在此 T_w 周期结束以后，进入 T_4 周期，完成数据传送。

- INTR（输入）

可屏蔽中断请求信号。这是一个电平触发输入信号，高电平有效。CPU 在每一个指令周期的最后一个 T 状态采样这条线，以决定是否进入中断响应周期。这条线上的请求信号，可以用软件复位内部的中断允许位来加以屏蔽。

- $\overline{\text{TEST}}$（输入）

这个检测输入信号是由“Wait”指令来检查的。若此输入脚有效（低电平有效），则执行继续，否则处理器就等待进入空转状态。这个信号在每一个时钟周期的上升沿由内部同步。

- NMI（输入）

非屏蔽中断输入信号（Non-Maskable Interrupt），是一个边沿触发信号。这条线上的中断请求信号不能用软件来加以屏蔽，所以这条线上电平由低到高的变化，将在当前指令结束以后引起中断。

- RESET（输入）

复位输入引起处理器立即结束当前操作。这个信号必须保持有效（高电平）至少 4 个时钟周期，以完成内部的复位过程。当其返回为低电平时，它重新启动执行。

- CLK（输入）

时钟输入信号。它提供了处理器和总线控制器的定时操作。8086 的标准时钟频率为 8MHz。

- Vcc

是 5V ± 10%的电源脚。

- GND

是接地线。

5.2　8086 处理器时序

1. 时序的基本概念

计算机的工作是在时钟脉冲 CLK 的统一控制下，一个节拍一个节拍地实现的。在 CPU 执行某一个程序之前，先要把程序（已编译为可执行的目标程序）放到存储器的某个区域。在启动执行后，CPU 就发出读指令的命令；存储器接到这个命令后，从指定的地址（在 8086 中由代码段寄存器 CS 和指令指针 IP 给定）读出指令，把它送至 CPU 的指令寄存器中；CPU 对读出的指令进行译码器分析之后，发出一系列控制信号，以执行指令规定的全部操作，控制各种信息在系统各部件之间传送。简单地说，每条指令的执行由取指令（Fetch）、译码（Decode）和执行（Excute）构成。对于 8086 微处理器来说，每条指令的执行有取指、译码、执行这样的阶段，但由于微处理器内有总线接口单元 BIU 和执行单元 EU，所以在执行一条指令的同时（这在 EU 中操作），BIU 就可以取下一条指令，它们在时钟上是重叠的。所以，从总体上来看，似乎不存在取指阶段。这种功能就称为“流水线”功能。目前，在高档微处理器中往往有多条流水线，使微处理器的许多内部操作“并行”进行，从而大大提高了微处理器的工作速度。

上述的这些操作，以及执行一条指令的一系列动作，都是在时钟脉冲 CLK 的统一控制下一步一步进行的。它们都需要一定的时间（当然有些操作在时间上是重叠的），如何确定执行一条指令所需要的时间呢？

执行一条指令所需要的时间称为指令周期（Instruction Cycle）。但是，8086 中不同指令的指令周期是不等长的。因为，首先 8086 的指令是不等长的，最短的指令是一个字节，大部分指令是两个字节，又由于各种不同寻址方式又可能要附加几个字节，8086 中最长的指令可能要 6 个字节。指令的最短执行时间是两个时钟周期，一般的加、减、比较、逻辑操作是几十个时钟周期，最长的为 16 位数乘除法大约需要 200 个时钟周期。

指令周期又分为一个又一个的总线周期（Bus Cycle）。每当 CPU 要从存储器或 I/O 端口，读写一个字节（或字）就是一个总线周期。所以，对于多字节指令，取指就需要若干个总线周期（当然，对于 8086 来说，取指可能与执行前面的指令在时间上有一定的重叠）；在指令的执行阶段，不同的指令也会有不同的总线周期，有的只需要一个总线周期，而有的可能需要若干个总线周期。一个基本的总线周期的时序如图 5-3 所示。

每个总线周期通常包含 4 个 *T* 状态（T state），即图 5-3 中的 T_1、T_2、T_3、T_4，每个 *T* 状态是 8086 中处理动作的最小单位，它就是时钟周期（Clock Cycle）。早期的 8086 的时钟频率为 8MHz，故一个时钟周期（一个 *T* 状态）为 125ns。

虽然各条指令的指令周期有很大差别，但它们仍然是由以下一些基本的总线周期组成的：

（1）存储器读或写；

（2）输入/输出端口的读或写；

（3）中断响应。

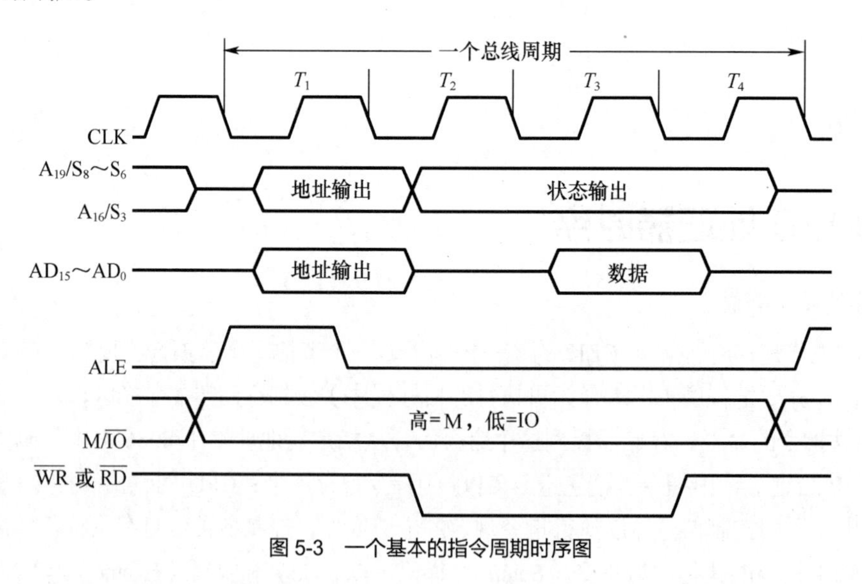

图 5-3　一个基本的指令周期时序图

如上所述，8086 CPU 的每条指令都有自己的固定的时序。例如从存储器读一个字节（或字）的总线周期，是由 4 个 *T* 状态组成的，如图 5-4 所示。

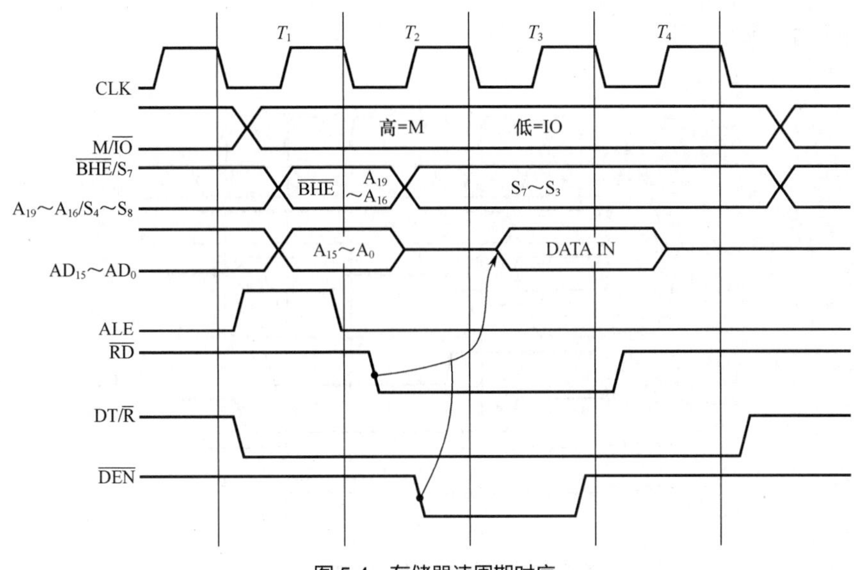

图 5-4　存储器读周期时序

CPU 希望能在 4 个 T 状态时间内，把存储单元的信息读出来，在 T_1 周期开始后一段时间（在 T_1 状态）把地址信息从地址线 A_{19} ~ A_{16}、AD_{15} ~ AD_0 上输出，且立即发出地址锁存信号 ALE，把在 A_{19} ~ A_{16} 上出现的高 4 位地址和在 AD_{15} ~ AD_0 上出现的低 16 位地址，在外部地址锁存器上锁存。这样，20 位地址信息就送至存储器。CPU 也是在 T_1 状态发出区分是存储器还是 I/O 操作的 M/$\overline{IO}$ 信号。在 T_2 状态，CPU 发出读命令信号（若使用接口芯片 8286，还有相应的控制信号 DT/$\overline{R}$ 和 $\overline{DEN}$ ）。有了这些控制信号，存储器就可以实现读出（详见下面的有关存储器的分析）。在这些信号发出后，CPU 等待一段时间，到它的 T_4 状态的前沿（下降沿）采样数据总线 AD_{15} ~ AD_0 获取数据，从而结束此总线周期。这是 CPU 在执行存储器读时的时序，至于存储器在接到地址和读命令信号后，能否在 T_4 的前沿把数据读出送到数据总线，这是存储器本身的读写时间问题。

实际上存储器（I/O 端口也如此），从接收地址信号开始，要经过地址译码选择，选中所需要的单元；从接收到 M/$\overline{IO}$ 信号和 $\overline{RD}$ 信号（这些信号一般用作选通信号），到信息从被选中的单元读出送至数据总线也都是需要一定时间的，它是否能在 T_4 周期的前沿前完成，这完全取决于存储电路本身。所以，在 CPU 的时序和存储器或 I/O 端口的时序之间存在配合问题。

这个问题在早期的计算机设计中，是在设计 CPU 和存储器以及外设时协调解决的，因为当时 CPU 和存储器是统一设计的。而随着大规模集成电路生产的发展，以及计算机的专业化、产业化的发展，CPU 和存储器的生产企业都是一些大规模的系列化、标准化的企业。所以，在构成一个计算机硬件系统时，硬件系统的设计者要解决 CPU 的时序与存储器或 I/O 端口的时序之间的配合问题。为解决此问题，在 CPU 中就设计了一条准备就绪（READY）输入线，这是由存储器或 I/O 端口输送给 CPU 的状态信号线，在存储器或 I/O 端口对数据的读写操作完成时，使 READY 线有效（即为高电平）。CPU 在 T_3 状态的前沿（下降沿）采样 READY 线，若其有效，则为正常周期，在 T_3 状态结束后进入 T_4 状态，且 CPU 在 T_4 状态的前沿采样数据总线，完成一个读写周期；若 CPU 在 T_3 状态的前沿采样到 READY 为无效（低电平），则在 T_3 周期结束后，进入 T_w 周期（等待周期），且在 T_w 周期的前沿采样 READY 线，只要其为无效，就继续进入下一个 T_w 周期，直至在某一个 T_w 周期的前沿采样到 READY 为有效，则在此 T_w 周期结束时进入 T_4 周期，在 T_4 状态的前沿采样数据线，完成一个读写周期，其过程如图 5-5 所示。

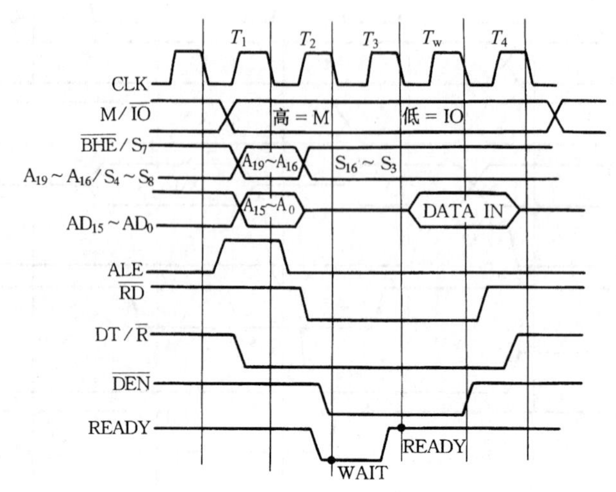

图 5-5　具有 T_w 状态的存储器读周期

所以，在设计系统的硬件电路时，要根据 CPU 与所选的存储器的读写速度，分析能否在时序上很好地配合，若需要插入 T_w 周期，就要设计一个硬件电路来产生适当的 READY 信号。

有了 READY 信号线，就可以使 CPU 与任何速度的存储器相连接（当然存储器的速度还是要由系统的要求来选定）。但是，这说明了当 CPU 与存储器或 I/O 端口连接时，要考虑相互之间的时序配合问题。

目前，在高端 CPU 的微机中，常有无等待（0 等待）、1 等待、2 等待等指标，就是指当 CPU 读写存储器时，是否需要插入以及插入多少个等待周期。

插入了 T_w 状态，改变了指令的时钟周期数，使系统的速度变慢。若系统中使用了动态存储器（目前的系统中大量采用），则它要求周期性地进行刷新，所以，能插入的 T_w 数也是有限制的。

2. 8086 的典型时序

目前在构成微型计算机硬件系统时，所连接的存储器和 I/O 接口电路的数量较多，8086 通常工作在最大组态。下面所介绍的时序是以 8086 工作在最大组态为基础的。

在最大组态下，8086 的基本总线周期由 4 个 T 状态组成。在 T_1 状态时，8086 发出 20 位地址信号，同时送出状态信号 $\bar{S}_0$、$\bar{S}_1$、$\bar{S}_2$ 给 8288 总线控制器。8288 对 $\bar{S}_0$ ~ $\bar{S}_2$ 进行译码，产生相应的命令的控制信号输出。首先，8288 在 T_1 期间送出地址锁存允许信号 ALE，将 CPU 输出的地址信息锁存至地址锁存器中，再输出到系统地址总线上。

在 T_2 状态，8086 开始执行数据传送操作。此时，8086 内部的多路开关进行切换，将地址/数据线 AD_0 ~ AD_{15} 上的地址撤消，切换为数据总线，为读写数据作准备。8288 发出数据总线允许信号和数据发送/接收控制信号 DT/$\overline{R}$ 允许数据收发器工作，使数据总线与 8086 的数据线接通，并控制数据传送的方向。同样，把地址/状态线 A_{16}/S_3 ~ A_{19}/S_6 切换成与总线周期有关的状态信息，指示若干与周期有关的情况。

在 T_3 周期开始的时钟下降沿上，8086 采样 READY 线。如果 READY 信号有效（高电平），则在 T_3 状态结束后进入 T_4 状态，在 T_4 状态开始的时钟下降沿，把数据总线上的数据读入 CPU 或写到地址选中的单元。在 T_4 状态中结束总线周期。如果访问的是慢速存储器或是外设接口，则应该在 T_1

状态输出的地址，经过译码选中某个单元或设备后，立即驱动 READY 信号到低电平。8086 在 T_3 状态采样到 READY 信号无效，就会插入等待周期 T_w，在 T_w 状态 CPU 继续采样 READY 信号；直至其变为有效后再进入 T_4 状态，完成数据传送，结束总线周期。

在 T_4 状态，8086 完成数据传送，状态信号 $\overline{S_0}$ ~ $\overline{S_2}$ 变为无操作的过渡状态。在此期间，8086 结束总线周期，恢复各信号线的初态，准备执行下一个总线周期。

（1）存储器读周期和存储器写周期

存储器读写周期由 4 个时钟组成，即使用 T_1、T_2、T_3 和 T_4 四个状态。

对存储器读周期，从 T_1 开始，8086 发出 20 位地址信息和 $\overline{S_0}$ ~ $\overline{S_2}$ 状态信息。8288 对 $\overline{S_0}$ ~ $\overline{S_2}$ 进行译码，发出 ALE 信号将地址锁存；同时判断为读操作，DT/$\overline{R}$ 信号输出为低电平。在 T_2 期间，8086 将 AD_{15} ~ AD_0 切换为数据总线，8288 发出读存储器命令 $\overline{MRDC}$，此命令使地址选中的存储单元把数据送上数据总线；然后输出信号 DEN 有效（相位与最小模式下相反），接通数据收发器，允许数据输入至 8086。在 T_3 状态开始时，8086 采样 READY，当 READY 有效时，进入 T_4 状态，8086 读取在数据总线上的数据，到此读操作结束。在 T_4 之前时钟周期的时钟信号的上升沿，8086 就发出过渡的状态信息（$\overline{S_0}$ ~ $\overline{S_2}$ 为 111），使各信号在 T_4 期间恢复初态，准备执行下一个总线周期。存储器读周期的时序如图 5-6 所示。

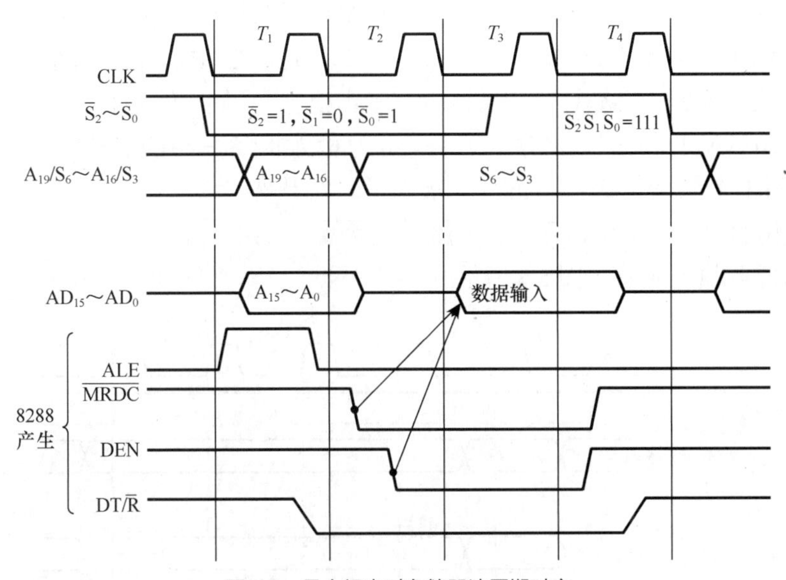

图 5-6　最大组态时存储器读周期时序

对于存储器写周期，大部分过程与读周期类似，但执行的是写操作。T_1 期间 8086 发出 20 位地址信息和 $\overline{S_0}$ ~ $\overline{S_2}$，8288 判断为写操作，则 DT/$\overline{R}$ 信号变为高电平。在 T_2 开始，8288 输出写命令 $\overline{AMWC}$，命令存储器把数据写入选中的地址单元；同时 $\overline{DEN}$ 信号有效，使 8086 输出的数据马上经数据收发器送到数据总线上。T_3 开始，采样 READY 线，当 READY 为高电平后，进入 T_4 状态，结束存储器写周期。存储器写周期的时序如图 5-7 所示。

从图 5-7 中可看到在存储器写周期，8288 有两种写命令信号：存储器写命令 $\overline{MWTC}$ 和提前写命令 $\overline{AMWC}$，这两个信号大约差 200ns。

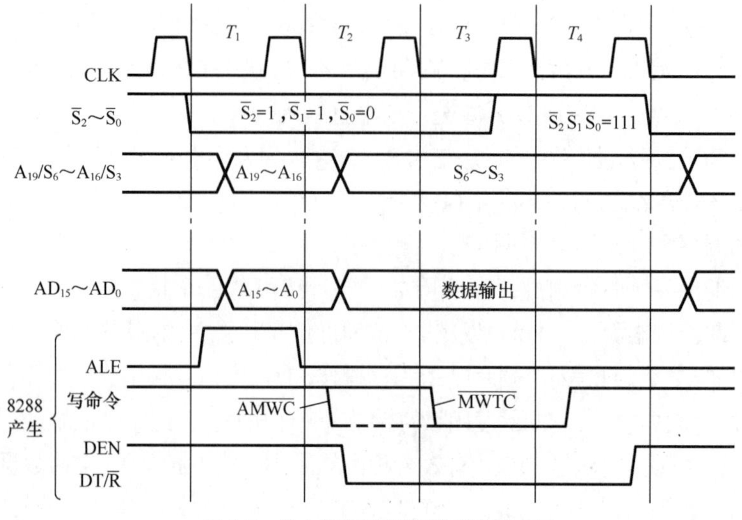

图 5-7　最大组态时存储器写周期时序

（2）I/O 读和 I/O 写周期

8086 的基本 I/O 总线周期时序与存储器读写的时序是类似的。但通常 I/O 接口电路的工作速度较慢，往往要插入等待状态。例如在 IBM-PC/XT 的 READY 信号设计在 I/O 操作时，要求插入一个 T_w 状态。即在 PC/XT 中，基本的 I/O 操作是由 T_1、T_2、T_3、T_w、T_4 组成，占用五个时钟周期。

这样的 I/O 读写周期和存储器读写周期的时序基本相同，不同之处如下。

- T_1 期间 8086 发出 16 位地址信息，A_{19} ~ A_{16} 为 0。同时 S_0 ~ S_2 的编码为 I/O 操作。
- 在 T_3 时采样到的 READY 为低电平，插入一个 T_w 状态。
- 8288 发出的读写命令为 $\overline{\text{IORC}}$ 和 $\overline{\text{AIOWC}}$（$\overline{\text{IOWC}}$ 未用）。

I/O 读和 I/O 写周期的时序如图 5-8 所示。

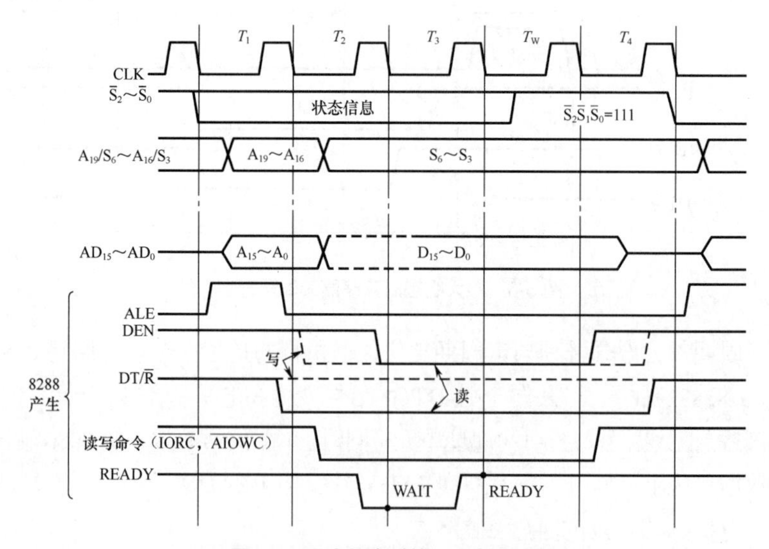

图 5-8　最大组态时的 I/O 读写时序

（3）空闲周期

若 CPU 不执行总线周期（不进行存储器或 I/O 操作），则总线接口执行空闲周期（一系列的 T_1

状态)。在这些空闲周期，CPU 在高位地址线上仍然驱动上一个机器周期的状态信息。

若上一个总线周期是写周期，则在空转状态，CPU 在 $AD_{15} \sim AD_0$ 上仍输出上一个总线周期要写的数据，直至下一个总线周期的开始。

在这些空转周期，CPU 进行内部操作。

(4) 中断响应周期

当外部中断源，通过 INTR 或 NMI 引线向 CPU 发出中断请求信号时，若是 INTR 线上的信号，则只有在标志位 IF = 1（即 CPU 处在开中断）的条件下，CPU 才会响应。CPU 在当前指令执行完以后，响应中断。在响应中断时，CPU 执行两个连续的中断响应周期，如图 5-9 所示。

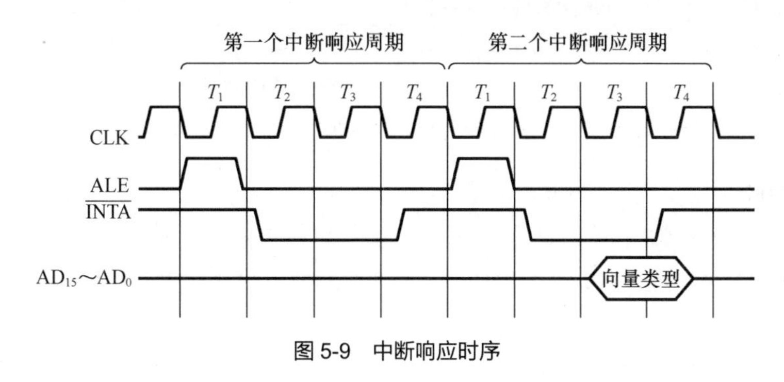

图 5-9　中断响应时序

在每一个中断响应周期，CPU 都输出中断响应信号 $\overline{INTA}$。在第一个中断响应周期，CPU 使 $AD_{15} \sim AD_0$ 浮空。在第二个中断响应周期，被响应的外设（或接口芯片），应向数据总线输送一个字节的中断向量号，CPU 把它读入后，就可以在中断向量表上找到该设备的服务程序的入口地址，转入中断服务。

(5) 系统复位

8086 的 RESET 引线，可用来启动或再启动系统。

当 8086 在 RESET 引线上检测到一个脉冲的正沿，它终结所有的操作，直至 RESET 信号变低。在这时寄存器被初始化到复位状态，如表 5-4 所示。

表 5-4　复位后寄存器的初始状态

CPU 中的部分	内　容
标志位	清除
指令指针（IP）	0000H
CS 寄存器	FFFFH
DS 寄存器	0000H
SS 寄存器	0000H
ES 寄存器	0000H
指令队列	空

在复位的时候，代码段寄存器和指令指针分别初始化为 0FFFFH 和 0。因此，8086 在复位后执行的第一条指令，存在绝对地址为 0FFFF0H 的内存单元。在正常情况下，从 0FFFF0H 单元开始，存放一条段交叉直接 JMP 指令，以转移到系统程序的实际开始处。

在复位时，由于把标志位全清除了，所以系统对 INTR 线上的请求是屏蔽的。因此，系统软件在系统初始化时，就应立即用指令来开放中断（即用 STI 指令）。

8086 要求复位脉冲的有效电平（高电平），必须至少持续四个时钟周期（若是闭合电源引起的复位，即必须大于 50μs）。

因为 CPU 内部是用时钟脉冲来同步外部的复位信号的，所以内部是在外部 RESET 信号有效后的时钟的上升沿有效的，如图 5-10 所示。

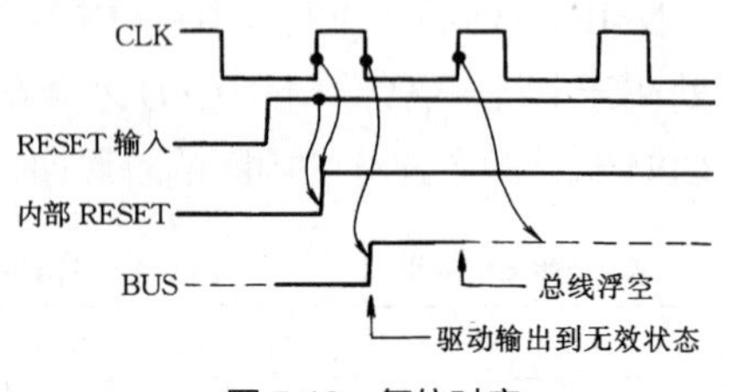

图 5-10　复位时序

在复位时，8086 将使系统总线处于如表 5-5 所示的状态。

地址总线浮空，直至 CPU 脱离复位状态。开始从 0FFFF0H 单元取指令。

别的控制信号线，先变高一段时间（相应于时钟脉冲低电平的宽度），然后浮空，如图 5-10 中所示。

ALE、HLDA 信号变为无效（低电平）。

表 5-5　8086 复位时的总线状态

信　号	状　态
$AD_7 \sim AD_0$ $A_8 \sim A_{15}$	浮空
$M/\overline{IO}$ $DT/\overline{R}$ $\overline{DEN}$ $\overline{WR}$ $\overline{RD}$ INTA	先置成不作用状态，然后进入浮空状态
ALE HLDA	低（无效）

（6）CPU 进入和退出保持状态的时序

当系统中有别的总线主设备请求总线时。向 CPU 输送请求信号 HOLD，HOLD 信号可以与时钟异步，则在下一个时钟的上升沿同步 HOLD 信号。CPU 接收同步的 HOLD 信号后，在当前总线周期的 T_4，或下一个总线周期的 T_1 的后沿输出保持响应信号 HLDA，紧接着从下一个时钟开始 CPU 就让出总线。当外设的 DMA 传送结束，它将使 HOLD 信号变低，HOLD 信号是与 CLK 异步的，则在下一个时钟的上升沿同步，在紧接着的下降沿使 HLDA 信号变为无效，其时序如图 5-11 所示。

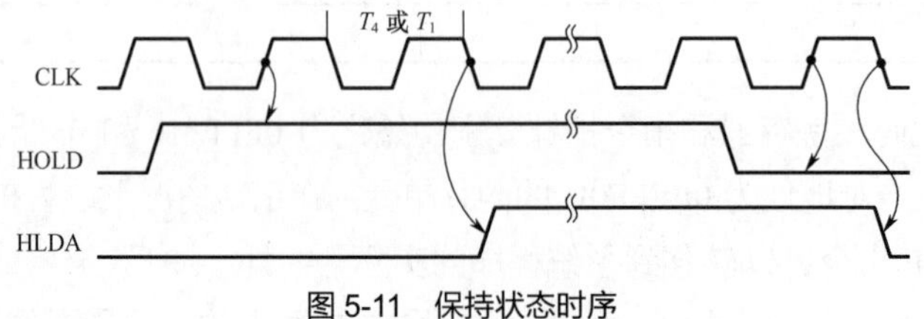

图 5-11　保持状态时序

5.3　系统总线

微型计算机系统大都采用总线结构。这种结构的特点是采用一组公共的信号线作为微型计算机各部件之间的通信线。这种公共信号线就称为总线。在微型计算机的应用中，有些场合，只要用单片计算机，或者用 CPU 与为数不多的芯片组成一个小系统，或者使用单板计算机；有些场合则要使用若干块插件板来组成一个较大的微型计算机系统。

在小系统单板计算机各芯片之间，组成微型机的插件板之间，或微型机系统之间，都有各自的总线，把各部件组织起来，组成一个能彼此传递信息和对信息进行加工处理的整体。因此总线是各部件联系的纽带，在接口技术中扮演着重要的角色。随着微型计算机硬件的发展，总线技术也在不断地发展与更迭。

5.3.1　概述

1. 总线的分类

根据总线所处的位置不同，总线可分为片内总线、片总线、内总线和外总线。

（1）片内总线

它位于微处理器芯片的内部，用于算术逻辑单元（ALU）与各种寄存器或其他功能单元之间的相互连接。

（2）片总线（又称元件级总线或局部总线）

它是一台单板计算机或一个插件板的板内总线，用于各芯片之间的连接。它是微型机系统内的重要总线，在把接口芯片与 CPU 连接时就涉及这样的总线。它一般是 CPU 芯片引脚的延伸，往往需要增加锁存、驱动等电路，以提高 CPU 引脚的驱动能力。

（3）内总线（又称为微型计算机总线或板级总线，一般称为系统总线）

它用于微型计算机系统各插件板之间的连接，是微型机系统的最重要的一种总线。一般谈到微型机总线，指的就是这种总线。

目前，通用的微型机系统有一块标准化的主板，板上安装了 CPU、内存和 I/O 设备的接口。通过主板上的插口槽上所插的插件板与各种 I/O 设备相连。例如，通过插件板与各种显示器相连；提供一部分串行、并行的 I/O 口；通过网络适配器连接各种网络……当然也有一种趋势，把上述这些最基本的外设的接口或适配器集成到主板上。但是，一个系统总是有扩展的需要的，微机系统有可能应用在各个领域，而每个领域都会有自己的特殊需求。所以，目前的微机系统的主板上，总是留有插槽，用于插件板与微机系统相连；插件板与主板的连接，就要用到内总线（系统总线）。

（4）外总线（又称通信总线）

它用于系统之间的连接，如微机系统之间，微机系统与仪器、仪表或其他设备之间的连接。常用的外总线有 RS-232C、IEEE-488、VXI 等。

上述各种总线的定义如图 5-12 所示。

从接口的角度来说，我们关心的是片总线、内总线和外总线。这些总线通常有几十根到上百根信号线。

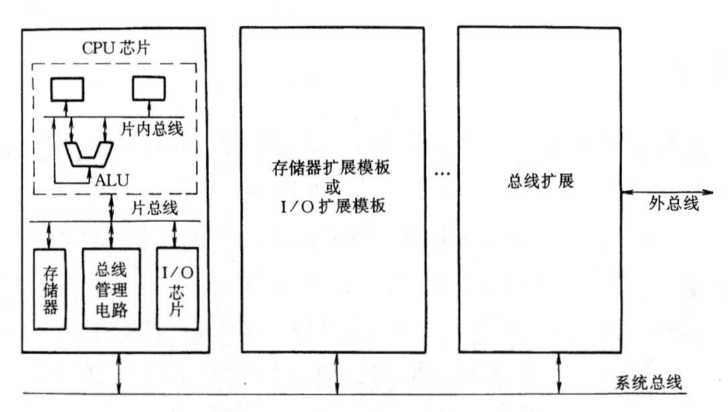

图 5-12　微型计算机各级总线示意图

所谓总线必须在以下几方面作出规定。

（1）物理特性：物理特性指的是总线物理连接的方式。包括总线的根数、总线的插头、插座的形状和引脚的排列。例如，IBM-PC/XT 的总线共 62 根线，分两列编号。

（2）功能特性：功能特性是指在一组总线中，每一根线的功能是什么。从功能上看，总线分为三组（即三总线）：地址总线、数据总线和控制总线。

（3）电气特性：电气特性定义每一根线上信号的传送方向、有效电平范围。一般规定送入 CPU 的信号叫输入信号 IN，从 CPU 送出的信号叫输出信号 OUT。

（4）时间特性：时间特性定义了每根线在什么时间有效，也就是每根线的时序。

本节主要介绍各种总线的前两种特性。总线大体可以分成以下几种主要类型。

（1）地址总线

它们是微型计算机用来传送地址的信号线。地址线的数目决定了直接寻址的范围。早期的 8 位 CPU 有 16 根地址线，可寻址 64KB 地址空间。IBM-PC 的 8088（8086）有 20 根地址线，可寻址 1MB。IBM AT 的 80286 有 24 根地址线，可寻址 16MB。80386 以上的芯片有 32 根地址线，可寻址 4GB。P6 以上处理器有 36 根地址线，可寻址 64GB。地址总线均为单向、三态总线，即信号只有一个传送方向，三态是指可输出高电平或低电平外，还可处于断开（高阻）状态。

（2）数据总线

它们是传送数据和代码的总线，一般为双向信号线（既可输入也可输出）。数据总线也采用三态逻辑。

目前，数据总线已由 8 条、16 条、32 条，扩展为 64 条。

（3）控制总线

传送控制信号的总线，用来实现命令、状态传送、中断、直接存储器传送的请求与控制信号传送，以及提供系统使用的时钟和复位信号等。

根据不同的使用条件，控制总线有的为单向、有的为双向，有的为三态，有的为非三态。控制总线是一组很重要的信号线，它决定了总线功能的强弱和适应性的好坏。好的总线控制功能强、时序简单且使用方便。

（4）电源和地线

它们决定了总线使用的电源种类及地线分布和用法。

（5）备用线

留作功能扩充和用户的特殊要求使用。

系统总线一般都做成多个插槽的形式，各插槽相同的引脚都连在一起，总线就连到这些引脚上。

为了工业化生产和能实现兼容，总线是标准化的。总线接口引脚的定义、传输速率的设定、驱动能力的限制、信号电平的规定、时序的安排以及信息格式的约定等，都有统一的标准。外总线则使用标准的接口插头，其结构和通信约定也都是标准的。

2. 总线的操作过程

系统总线上的数据传输是在主控模块的控制下进行的，主控模块具有控制总线的能力，例如 CPU、DMA 控制器。总线从属模块则没有控制总线的能力，它可以对总线上传来的信号进行地址译码，并且接收和执行总线主控模块的命令信号。总线完成的每一次数据传输周期，一般分为四个阶段。

（1）申请阶段

当系统总线上有多个主控模块时，需要使用总线的主控模块提出申请，由总线仲裁部分确定把下一传输周期的总线使用权授给哪个模块。若系统总线上只有一个主控模块，就无需这一阶段。

（2）寻址阶段

取得总线使用权的主控模块，通过总线发出本次打算访问的从属模块的地址及有关命令，以启动参与本次传输的从属模块。

（3）传输阶段

主控模块和从属模块之间进行数据传输，数据由源模块发出经数据总线流入目的模块。

（4）结束阶段

主控模块的有关信息均从系统总线上撤除，让出总线。

3. 总线的数据传输方式

主控模块和从属模块之间的数据传送有以下几种传输方式。

（1）同步式传输

此方式用“系统时钟”作为控制数据传送的时间标准。主设备与从设备进行一次传送所需的时间（称为传输周期或总线周期）是固定的，其中每一步骤的起止时刻，也都有严格的规定，都以系统时钟来统一步伐。

很多微机系统的基本传输方式都是同步传输。例如 5.1 节中提到的 8086 的基本总线周期是由四个时钟周期组成的，以 CPU 从存储器读取数据的过程为例，其时序如图 5-13 所示。

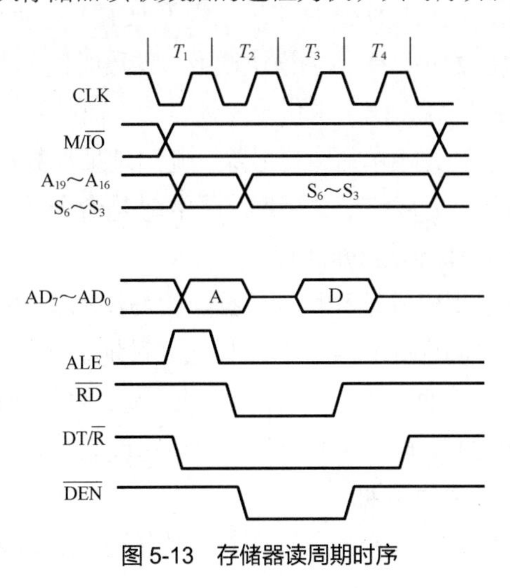

图 5-13　存储器读周期时序

主设备在 T_1 周期发出 M/$\overline{\text{IO}}$ 高电平，表示与存储器通信，20 位地址信号也在 T_1 期间发出，以便寻访指定的内存单元。在 T_1 时刻发出的 ALE 高电平信号，把在 AD_{15} ~ AD_0 上出现的地址信号锁存至地址锁存器中；在 T_2 状态，读命令变为有效，以控制数据传送的方向。作为从设备的存储器，经过地址译码、$\overline{\text{RD}}$ 选通等电路延时，应在 T_3 时刻将被选通的数据放至数据线上，以便 CPU 在 T_4 的下降沿采样数据线，获取数据，随后撤消数据命令等信息，整个读周期就在 T_4 上升沿全部结束。

上述同步传输要求主模块严格地按系统时钟这个标准规定的时刻发出地址、命令，也要求从模块严格地按系统时钟的规定读出数据或完成写入操作。主模块和从模块之间的时间配合是强制同步的。

同步传输动作简单，但要解决各种速率的模块的时间匹配。当把一个慢速设备连接至同步系统上，就要求降低时钟速率来迁就此慢速设备。

（2）异步式传输

异步式传输采用“应答式”传输技术。用“请求（Request，REQ）”和“应答（Acknowledge，ACK）”两条信号线来协调传输过程，而不依赖于公共时钟信号。它可以根据模块的速率自动调整响应的时间，接口任何类型的外围设备，都不需要考虑该设备的速度，从而避免同步式传输的上述缺点。

异步式读、写操作的时序如图 5-14 所示。

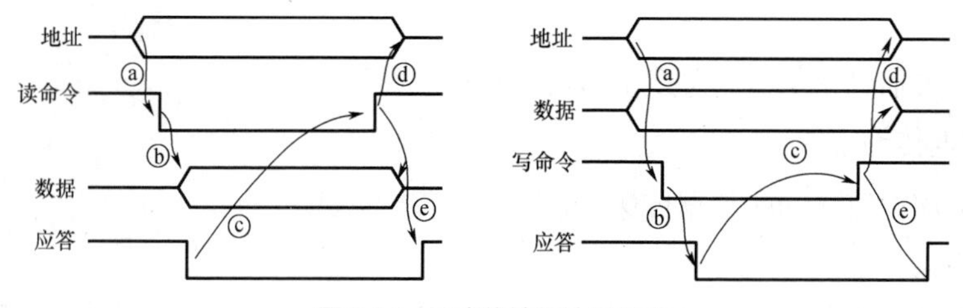

图 5-14　异步传输的读写时序

数据传输是从总线主模块将欲读、写的数据从模块（存储器或 I/O 端口）的地址放至地址总线上开始的。对读操作，主模块在地址建立时间ⓐ之后，送出低电平有效的读请求信号（这里是用读命令信号来代表读请求）。总线上的所有从模块各自进行地址译码和判断选择，被选中的模块响应这一请求，将数据读出放至总线上，该从模块此时使响应线（ACK）变为有效，标识已将主模块所需的数据放至数据总线上，数据也已稳定，等待主模块读取。这段时间ⓑ是由从模块的速度决定的。主模块在检测到 ACK 信号有效后，就撤消请求信号（读命令），利用请求信号的变化沿，把从模块送出的数据锁存，完成数据的读取，并表示命令已撤除。随后地址与数据分别撤除，ACK 信号也变为无效，以表示知道读请求的撤除，完成整个读周期。图中ⓒ是命令撤除所需时间，ⓓ是命令撤除后，地址、数据的保持时间，ⓔ是 ACK 信号撤除时间。

对于写操作，主模块可同时提供地址和待写数据。在写请求（写命令）产生之前，地址和数据必须是有效的，这由地址建立时间ⓐ来保证。各从模块经过地址译码和判断、选通之后，被选中的从模块发出应答信号（ACK 电平变低），表示数据已接收，允许主模块撤去命令、地址和数据。这里ⓑ是从模块接收数据所要求的时间，取决于从模块的存取速度。主模块接收到 ACK 信号后，就撤消写请求以及撤消地址和数据，结束写周期。

异步式传输，利用 REQ 和 ACK 的呼应关系来控制传输过程，有以下主要特点。

① 应答关系完全互锁，即 REQ 和 ACK 之间有确定的制约关系，主设备的请求 REQ 的有效，由从设备的 ACK 来响应；ACK 的有效，允许主设备撤销 REQ；只有 REQ 已撤销，才最后撤销 ACK；只有 ACK 已撤销，才允许下一个传输周期的开始。这就保证了数据传输的可靠进行。

② 数据传送的速度不是固定不变的，它取决于从模块的存取速度。因而同一个系统中可以容纳不同存取速度的模块，每个模块都能以其最佳可能的速度来配合数据的传输。

异步传输的缺点是不管从模块存取时间的快、慢，每次都要经过四个步骤：请求、响应、撤销请求、撤销响应，这样就会影响效率。

（3）半同步式传输

此种方式是前两种方式的折中。从总体上看，它是一个同步系统，它仍用系统时钟来定时，利用某一时钟脉冲的前沿或后沿判断某一信号的状态，或控制某一信号的产生或消失，使传输操作与时钟同步。但是，它又不像同步传输那样传输周期固定。对于慢速的从模块，其传输周期可延长时钟脉冲周期的整数倍。其方法是增加一条信号线（WAIT 或 READY）。READY 信号线为无效时，表示选中的从设备尚未准备好数据传输（写时，未作好接收数据的准备；读时，数据未放至数据总线上）。系统用一适当的状态时钟检测此线，若 READY 为无效，系统就自动地将传输周期延长一个时钟周期（通过插入等待周期来实现），强制主模块等待。在延长的时钟周期中继续进行检测，重复上述过程，直至检测到 READY 信号有效，才不再延长传输周期。这个检测过程又像异步传输那样视从设备的速度而异。允许不同速度的模块协调地一起工作。但 READY 信号不是互锁的，只是单方面的状态传输。

半同步传输方式，对能按预定时刻一步步完成地址、命令和数据传输的从模块，完全按同步方式传输；而对不能按预定时刻传输地址、命令、速度的慢速设备，则利用 READY 信号，强制主模块延迟等待若干时钟周期，协调主模块与从模块之间的数据传输。这是微机系统中常用的方法（在前面的时序中，已作了详细的说明）。

通常，主模块（CPU）工作速度快，而从模块（存储器或 I/O 设备）工作速度慢，而且不同的存储器和 I/O 设备的工作速度也是不同的，所以，半同步式传输采用 READY 信号在正常的 CPU 总线周期中插入等待周期的方法，来协调 CPU 与存储器或 CPU 与 I/O 设备之间的传输。

5.3.2　PC 总线

IBM-PC 及 XT 使用的总线就称为 PC 总线。当时使用的 CPU 是 Intel 公司的准 16 位 CPU 8088，但 PC 总线不是 CPU 引脚的延伸，而是由 8282 锁存器、8286 发送接收器、8288 总线控制器、8259 中断控制器、8237 DMA 控制器以及其他逻辑的重新驱动和组合控制而成，所以又称为 I/O 通道。它共有 62 条引线，全部引到系统板 8 个双列扩充槽插座上，每个插座相对应的引脚连在一起，再连到总线的相应信号线上。

插件板分 A、B 两面，A 面为元件侧。用户自行设计的或购买的与总线匹配的插件板就可插在这些插座上。其中第 8 个插槽的 B8 是该插槽的插件板选中（CARD SLCTD）信号，由该插件板建立，它通知系统板该插件板已被选中。

5.3.3　ISA 总线

ISA（Industry Standard Architecture）——工业标准体系结构总线，又称 AT 总线。是 IBM AT 机

推出时使用的总线，逐步演变为一个事实上的工业标准，得到广泛的使用。

AT 机以 80286 为 CPU，它具有 16 位数据宽度，24 条地址线，可寻址 16MB 地址单元，它是在 PC 总线的基础上扩展一个 36 线插槽形成的。同一槽线的插槽；分成 62 线和 36 线两段，共计 98 线。在目前的 PC 中已不再使用 PC 与 ISA 总线，故不再详细分析。

5.3.4 PCI 总线

随着 CPU 的迅速发展，主频率不断提高，数据总线的宽度也由 8 位扩展到 16 位、32 位甚至 64 位，总线也随之不断发展。

伴随着 Pentium 芯片的出现和发展，PCI 总线也得到广泛的应用，已经成为总线的主流。

PCI（Peripheral Component Interconnect）总线称为外部设备互连总线，它能与其他总线互连，如图 5-15 所示。

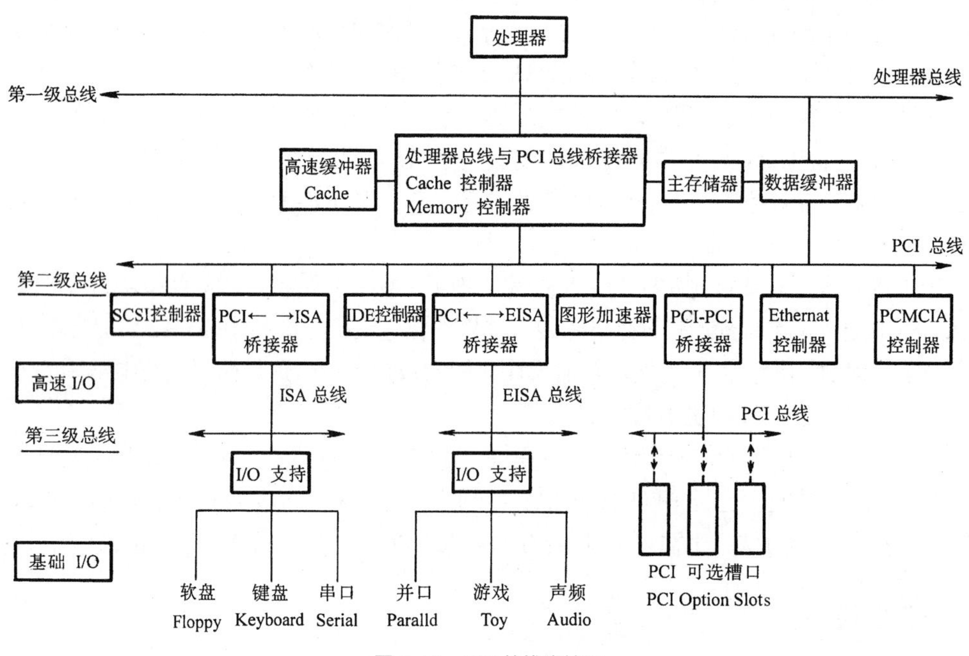

图 5-15　PCI 总线连接图

它把一个计算机系统的总线分为几个档次，速度最高的为处理器总线，可连接主存储器等高速部件；第二级为 PCI 总线，可直接连接工作速度较高的卡，如图形加速卡、高速网卡等，也可以通过 IDE 控制器、SCSI 控制器连接高速硬盘等设备；第三级通过 PCI 总线的桥，可以与目前常用的 ISA 总线的设备相连，以提高兼容性。

1. PCI 总线的特点

（1）高性能

① 32 位总线宽度，可升级到 64 位。

② 支持突发工作方式，后边可跟无数个数据总线周期，改善了由写确定的图像质量。

③ 处理器/内存与系统能力完全一致。

④ 同步总线操作的工作频率可达到 33MHz。

（2）低成本

① 采用最优化的芯片，标准的 ASIC 技术和其他处理技术相结合。

② 多路复用体系结构减少了管脚个数和 PCI 部件。

③ 在 ISA 基本系统上的扩展板，也可在 PCI 系统上工作。PCI 到 ISA 的桥由厂家提供，减少了用户的开发成本，避免了混乱。

（3）使用方便

能够自动配置参数，支持 PCI 总线扩展板和部件。PCI 设备包含配置寄存器，可用来存放设备配置的信息。

（4）寿命长

① 处理器独立，支持多种处理器及将来待开发的更高性能的处理器，并且不依赖任何 CPU。

② 支持 64 位地址。

③ 5V 和 3V 信号环境已规范化：工业上 5V 到 3V 已完成平滑过渡。

④ 附加板尺寸较小。

（5）可靠性高

① 可以比较乐观地认为，即使扩展卡超过了电力负载的最大值，系统也可以运行。

② 通过了以硬件模式进行的 2000 多小时的电子 Spice 模拟试验。

③ 32 位、64 位扩展板和部件正、反向兼容。

在局部总线的部件级满足负载和频率需求的情况下，可以提高附加卡的可靠性和可操作性。

（6）灵活

① 多主控器允许任何 PCI 主设备和从设备之间进行点对点的访问。

② 共享槽口既可以插标准的 ISA 板，也可以插 PCI 扩展板。

（7）数据完整

PCI 提供的数据和地址奇偶校验功能，保证了数据的完整和准确。

（8）软件兼容

PCI 部件和驱动程序可以在各种不同的平台上运行。

2. PCI 总线信号定义

PCI 总线信号如图 5-16 所示。

信号类型由每一个信号名称后边的符号表明，这些符号含义如下。

IN：标准的只输入信号。

OUT：标准的只输出信号。

T/S：双向三态信号。

S/T/S：一次只有一个信号驱动的低电平三态信号。驱动 S/T/S 信号必须在它空浮之前维持一个时钟周期的高电平。新的驱动信号必须在三态之后一个时钟周期才开始驱动。

O/D：漏极开路信号，允许多个设备共享的一个“线或”信号。

信号后面的#符号，指明信号是低电平有效。

（1）系统信号定义

CLK IN：系统时钟信号对于所有的 PCI 设备都是输入信号。除了 RST#、IRQB#、IRQC#、IRQD#之外，其他的 PCI 信号都在时钟上升沿有效。这一频率也称为 PCI 总线的工作频率。

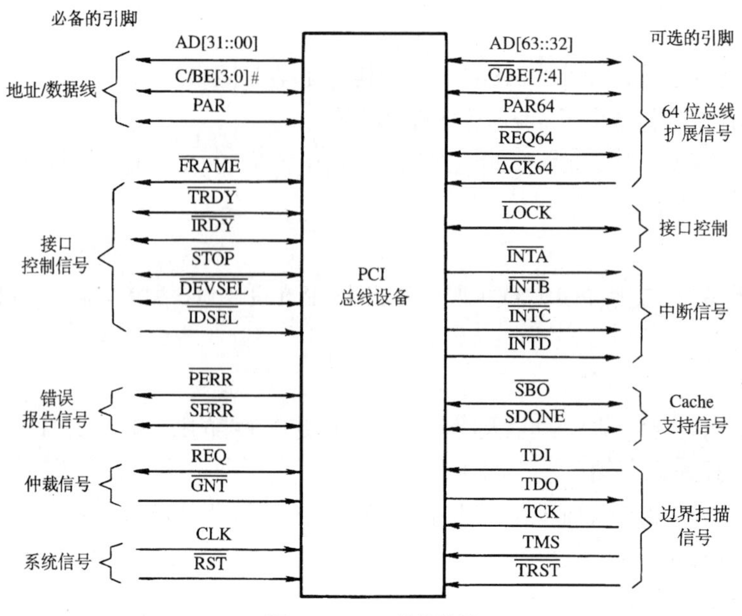

图 5-16　PCI 总线信号

RST IN：复位信号。用来使 PCI 特性寄存器和定序器相关的信号恢复初始状态。RST#和 CLK 可以不同步。当设备请求引导系统时，将响应“RESET”，复位后将响应系统引导。

（2）地址和数据信号

AD[31::00]T/S：地址和数据共用相同的 PCI 引脚。一个 PCI 总线传输周期包含了一个地址信号期和接着的一个（或无限个）数据期。PCI 总线支持突发读写功能。在 FRAME#有效时，是地址期；在 IRDY#和 TRDY#同时有效时，是数据期。

C/BE[3::0]#T/S：总线命令和字节启用信号。在地址期，C/BE[3::0]#定义总线命令；在数据期 C/BE[3::0]#用作字节启用（允许）。

PAR T/S：奇偶校验信号。它通过 AD[31::0]和 C/BE[3::0]进行奇偶校验。

（3）接口控制信号

FRAME#S/T/S：帧周期信号。是当前主设备的一个访问开始和持续时间。FRAME#预示总线传输的开始；FRAME#失效后，是传输的最后一个数据期。

IRDY#S/T/S：主设备准备好信号。当与 TRDY#同时有效时，数据能完整传输。在写周期，IRDY#指出数据变量存在 AD[31::0]；在读周期，IRDY#指示主设备准备接收数据。

TRDY#S/T/S：从设备准备好信号。预示从设备准备完成当前的数据传输。在读周期，TRDY#指示数据变量在 AD[31::0]中；在写周期，指示从设备准备接收数据。

STOP#S/T/S：从设备要求主设备停止当前数据传送。

LOCK#S/T/S；锁定信号。当该信号有效时，一个动态操作可能需要多个传输周期来完成。

IDSEL IN：初始化设备选择。在参数配置读写传输期间，用作芯片选择。

DEVSEL#S/T/S：设备选择信号。该信号有效时，指出有地址译码器的设备作为当前访问的从设备。作为一个输入信号，DEVSEL#显示出总线上某处、某设备被选择。

（4）仲裁信号

REQ#T/S：总线占用请求信号。这是个点对点信号，任何主控器都有它自己的 REQ#信号。

GNT#T/S：总线占用允许信号，指明总线占用请求已被响应。这是个点对点的信号，任何主设备都有自己的 GNT#。

（5）错误报告信号

PERR#S/T/S：只报告数据奇偶校验错。一个主设备只有在响应 DEVSEL#信号和完成数据期之后，才报告一个 PERR#。当发现奇偶校验错时，必须驱动设备，使其在该数据后接收两个数据期的数据。

SERR#S/T/S：系统错误信号。专门用作报告地址奇偶错、特殊命令序列中的数据奇偶错，或能引起大的灾难性的系统错。

（6）中断信号

PCI 上的中断设备是可操作的，定义为低电平有效。INT#信号与时钟不同步，PCI 定义的一个中断向量对应一个设备；四个以上中断向量对应一个多功能的设备或连接器。

INTX# O/D：其中 X = A、B、C3 被用在需要一个中断请求时，且只对一个多功能设备有意义。

（7）其他可选信号

① 高速缓存支持信号 SBO#和 SDONE。

SBO# IN/OUT：试探返回。当该信号有效时，关闭，预示命中一个缓冲行。

SDONE IN/OUT：预示命中一个缓冲行。当它无效时，表明探测结果仍未确定；当它有效时，则表明探测完成。

② 64 位扩展信号。

AD[L63::32]T/S：地址数据复用同一引线，提供附加的 32 位。

C/BE[7::4]#T/S：扩展高 32 位的总线命令和字节启动信号。

REQ64# S/T/S：64 位传输请求。REQ64#与 FRAME#有相同时序。

ACK64# S/T/S：告知 64 位传输。标明从设备将用 64 位传输。ACK64#与 DEVSEL#具有相同时序。

PAR64#T/S：奇偶双字节校验，是 AD[63::32]和 C/BE[7::4]的校验位。

5.3.5　USB 总线

目前，一般主流微机主板都可以支持 2 ~ 4 个通用串行接口（Universal Serial Bus，USB）。与此同时，USB 设备的数量逐渐增多，鼠标、键盘、游戏杆、显示器、扫描仪、打印机、话筒、调制解调器、摄像头、数码相机等可以根据用户的爱好随意选择，USB 接口是目前最为流行、应用最广泛的接口技术。

USB 是由 Intel、Microsoft、IBM、DEC、Compaq、Northen Telecom 等共同提出的。它虽然叫串行接口，但与以往的串行接口有许多不同。它是一种全新的串行总线式接口，可以完成输入/输出的功能，它具有以下的特点。

（1）因为使用了总线的设计，所以可以在一个 USB 接口上接多个设备。理论上 USB 接口可以共同支持连接 127 个设备，这是普通串口不能比拟的。

（2）USB 接口可以为设备提供+5V 的电源供应，所以只要所接外设不是高耗电的设备，如电机等（+12V），那么就可以由 USB 口直接供给电源，而无须另接电源了。对于移动办公的设备来说，USB 接口设备将是一个上佳的选择。

（3）USB 接口的速度十分快，数据传输速率可以高达 1.5 ~ 12MB/s，而普通串口却只能达到 115

200B/s，这样大的传输量可以胜任许多工作，所以 USB 接口可以连接一些高数据量的存储设备，比如外置存储器等。USB 2.0 已将 12Mb/s 的带宽提升到 120～240Mb/s，传输速度提高了 10 倍以上。

（4）因为 USB 是一种独立的串口总线，所以它在驱动设备的时候不需要占用中断和 DMA 通道，这样对于不太懂计算机的人来说，不需再设定这些参数。同时因为这个特点，USB 接口的设备具有真正的即插即用（PNP）功能，即使在计算机正在工作的时候，也可以插拔新的 USB 设备，无需关闭计算机，十分方便快捷。

习　题

5.1　总线周期的含义是什么？8086/8088 的基本总线周期由几个时钟组成？如一个 CPU 的时钟频率为 8MHz，那么，它的一个时钟周期为多少？一个基本总线周期为多少？如主频为 5MHz 呢？

5.2　在总线周期的 T_1、T_2、T_3、T_4 状态，CPU 分别执行什么动作？什么情况下需要插入等待状态 T_w？T_w 在哪儿插入？怎样插入？

5.3　8086 和 8088 是怎样解决地址线和数据线的复用问题的？ALE#信号何时处于有效电平？

5.4　T_1 状态下，数据/地址线上是什么信息？用哪个信号将此信息锁存起来？数据信息是在什么时候给出的？用时序图表示出来。

5.5　若已有两个数：a=200，b=150。用累加的办法求 x=a*b，可以有两种编程的方法：

（1）用一个起始值为 0 的 16 位部分积寄存器，把被乘数（即 200）加 150 次（即次数由乘数决定），即直接用 150 次加法指令。

（2）方法同上，但用循环程序，用乘数作循环次数。

分别编写出这两种程序，比较这两种程序的执行时间（指令的执行时间见附录）。

5.6　采用部分积右移的办法来编写乘法程序，计算这种方法所用的执行时间，与题 5.5 中的结果相比较。

5.7　编写用被乘数左移的方法实现乘法的程序，计算它的执行时间，与上题中的结果相比较。

5.8　下面是两个能实现数据块传送的程序：

```
          MOV    BX, AREA1                 MOV    SI, 0
          MOV    DI, AREA2                 MOV    DI, 0
          MOV    CX, 100                   MOV    CX, 100
LOOP1:    MOV    AL, [BX]          LOP1:   MOV    AL, AREA1[SI]
          MOV    [DI], AL                  MOV    AREA2[DI], AL
          INC    BX                        INC    SI
          INC    DI                        INC    DI
          LOOP   LOOP1                     LOOP   LOP1
          HLT                              HLT
```

比较这两个程序的执行时间。

5.9　下面是两个能把累加器 A 中的数*10（*10 后仍<255）的程序：

```
SAL    AL             ADD    AL, AL
MOV    CL, AL         MOV    CL, AL
SAL    AL             ADD    AL, AL
SAL    AL             ADD    AL, AL
ADD    AL, CL         ADD    AL, CL
```

比较这两个程序的执行时间。

5.10　编一个能用软件实现延时 20ms 的子程序。

5.11　编一个能用软件实现延时 100ms 的子程序。

5.12　编一个能用软件实现延时 1s 的子程序。

5.13　若在 TIME 开始的存储区中，已输入了以 BCD 码表示的时、分、秒的起始值（共用三个存储单元，时在前），利用延时 1 秒的子程序，在 CPU 内部的三个寄存器中，产生实时时钟。

06 第6章　存储器

存储器作为微型计算机的重要组成部分，能够保存计算机的程序和数据。不同类型的存储器按照一定的方法组织起来，就构成了微型计算机的存储系统。存储器的速度、容量等都会影响到存储系统的性能。本章通过对半导体存储器的类型（ROM 和 RAM）、工作原理、各存储器芯片的特点、存储系统性能的提高技术和微机存储空间的分配来深入了解存储系统。

存储器是信息存放的载体，是计算机系统的重要组成部分。有了它，计算机才能有记忆功能，才能把要计算和处理的数据以及程序存入计算机，使计算机能脱离人的直接干预，自动地工作。

显然，存储器的容量越大，存放的信息越多，计算机系统的功能也越强。在计算机中，大量的操作是 CPU 与存储器交换信息。但是，存储器的工作速度相对于 CPU 总是要低 1~2 个数量级。所以，存储器的工作速度又是影响计算机系统数据处理速度的主要因素。计算机系统对存储器的要求是：容量要大、存取速度要快。但容量大、速度快与成本低是矛盾的，容量大、速度快必然使成本增加。为了使容量、速度与成本适当折中，现代计算机系统都是采用多级存储体系结构：主存储器（内存储器）、辅助（外）存储器以及网络存储器，如图 6-1 所示。

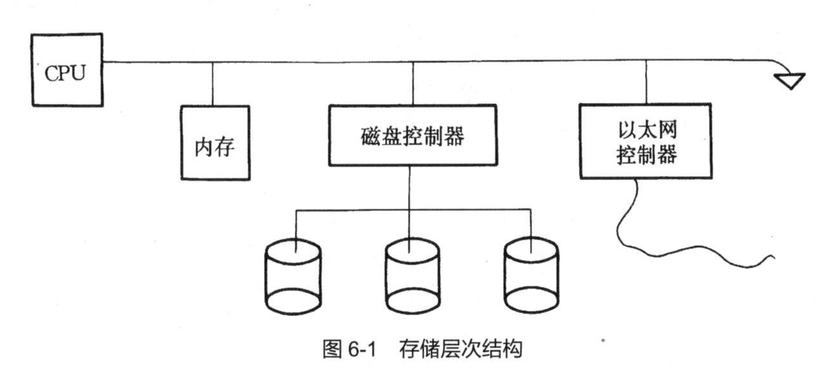

图 6-1　存储层次结构

越靠近 CPU 的存储器速度越快（存取时间短）而容量越小。为了使主存储器的速度能与 CPU 的速度匹配，目前在 CPU 与主存储器之间还有一级，称为高速缓冲存储器（Cache）。

Cache 容量较小，目前一般为几百 KB，其工作速度几乎与 CPU 相当。

主存储器（内存条）容量较大，目前一般为 2GB 或 4GB，工作速度比 Cache 慢。但目前所用的 SDRAM、DDR SDRAM 和 RDRAM 性能已有了极大的提高。

外存储器容量大，目前一般为几百 GB，但工作速度慢。

这种多级存储器体系结构，较好地解决了存储容量要大、速度要快而成本又要求比较合理的矛盾。

前两种存储器也称为内存储器，目前主要采用的是半导体存储器。随着大规模集成电路技术的发展，半导体存储器的集成度大大提高，体积急剧减小，成本迅速降低。

外部存储器，目前主流是磁介质存储器，容量迅速提高，现在主流的是几 TB 的硬盘，速度也提高很快，成本不断下降，成为微型计算机的主流外存储器。另外，只读光盘、可擦除的光盘也在迅速发展。

本章主要讨论内存储器及其与 CPU 的接口。

6.1　半导体存储器的分类

半导体存储器从使用功能上来分，可分为两类：读写存储器（Random Access Memory，RAM），又称为随机存取存储器；只读存储器（Read Only Memory，ROM）。RAM 主要用来存放各种现场的输入、输出数据，中间计算结果，与外存交换的信息和作堆栈用。它的存储单元的内容按需要既可以读出，也可以写入或改写。而 ROM 的信息在使用时是不能改变的，即只能读出不能写入，故一般用来存放固定的程序，如微型机的管理、监控程序，汇编程序，存放各种常数、函数表等。

半导体存储器的分类，可用图 6-2 来表示。

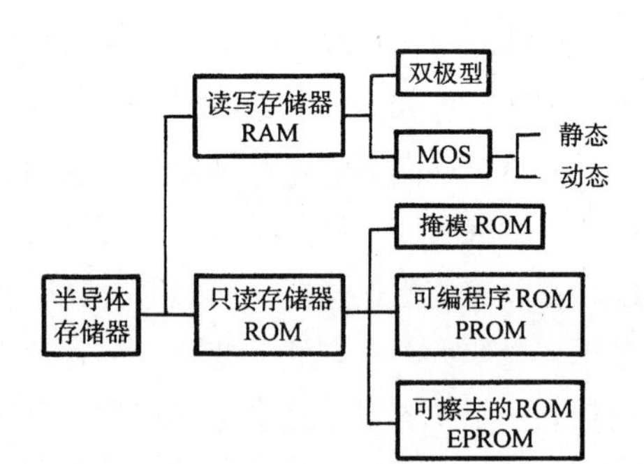

图 6-2　半导体存储器的分类

6.1.1　RAM 的种类

在 RAM 中,又可以分为双极型(Bipolar)和 MOS RAM 两大类。

1. 双极型 RAM 的特点

（1）存取速度高。

（2）以晶体管的触发器（F-F——Flip-Flop）作为基本存储电路，故管子较多。

（3）集成度较低（与 MOS 相比）。

（4）功耗大。

（5）成本高。

所以，双极型 RAM 主要用在对速度要求较高的微型机中或作为 Cache。

2. MOS RAM

用 MOS 器件构成的 RAM，又可分为静态（Static）RAM（有时用 SRAM 表示）和动态（Dynamic）RAM（有时用 DRAM 表示）两种。

（1）静态 RAM 的特点

① 6 管构成的触发器作为基本存储电路。

② 集成度高于双极型，但低于动态 RAM。

③ 不需要刷新，故可省去刷新电路。

④ 功耗比双极型的低，但比动态 RAM 高。

⑤ 易于用电池作为后备电源（RAM 的一个重大问题是当电源去掉后，RAM 中的信息就会丢失。为了解决这个问题，就要求当交流电源掉电时，能自动地转换到一个用电池供电的低压后备电源，以保持 RAM 中的信息）。

⑥ 存取速度较动态 RAM 快。

（2）动态 RAM 的特点

① 基本存储电路用单管线路组成（靠电容存储电荷）。

② 集成度高。

③ 比静态 RAM 的功耗更低。

④ 价格比静态便宜。

⑤ 因动态存储器靠电容来存储信息，由于总是存在着泄漏电流，故需要定时刷新。典型的是要求每隔 1ms 刷新一遍。

6.1.2　ROM 的种类

1. 掩模 ROM

早期的 ROM 是由半导体厂按照某种固定线路制造的，制造好以后就只能读不能改变。这种 ROM

适用于批量生产的产品中，成本较低，但不适用于研究工作。

2. 可编程序的只读存储器 PROM（Programmable ROM）

为了便于用户根据自己的需要来写 ROM，就发展了一种 PROM，可由用户对它进行编程，但这种 ROM 用户只能写一次。目前已不常用。

3. 可擦去的可编程只读存储器 EPROM（Erasable PROM）

为了适应科研工作的需要，希望 ROM 能根据需要写，也希望能把已写上去的内容擦去，然后再写，能改写多次。EPROM 就是这样的一种存储器。EPROM 的写入速度较慢，而且需要一些额外条件，故使用时仍作为只读存储器来用。

只读存储器电路比 RAM 简单，故而集成度更高，成本更低。而且有一重大优点，就是当电源去掉以后，它的信息是不丢失的。所以，在计算机中尽可能地把一些管理和监控程序（Monitor）、操作系统的基本输入输出程序（BIOS）、汇编程序，以及各种典型的程序（如调试、诊断程序等）放在 ROM 中。

随着应用的发展，ROM 也在不断发展，目前常用的还有电可擦除的可编程 ROM 及新一代可擦除 ROM（闪烁存储器）等。

6.2　读写存储器 RAM

6.2.1　基本存储电路

基本存储电路是组成存储器的基础和核心，它用于存储一位二进制信息：“0”或“1”。在 MOS 存储器中，基本存储电路分为静态和动态两大类。

1. 六管静态存储电路

静态存储电路是由两个增强型的 NMOS 反相器交叉耦合而成的触发器，如图 6-3（a）所示。其中 T_1、T_2 为控制管，T_3、T_4 为负载管。这个电路具有两个不同的稳定状态：若 T_1 截止则 A = “1”（高电平），它使 T_2 开启，于是 B = “0”（低电平），而 B = “0”又保证了 T_1 截止。所以，这种状态是稳定的。同样，T_1 导电，T_2 截止的状态也是互相保证而稳定的。因此，可以用这两种不同状态分别表示“1”或“0”。

当把触发器作为存储电路时，就要能控制是否被选中。这样，就形成了图 6-3（b）所示的 6 管的基本存储电路。

当 X 的译码输出线为高电平时，则 T_5、T_6 管导通，A、B 端就与位线 D_0 和 $\overline{D_0}$ 相连；当这个电路被选中时，相应的 Y 译码输出也是高电平，故 T_7、T_8 管（它们是一列公用的）也是导通的，于是 D_0 和 $\overline{D_0}$（这是存储器内部的位线）就与输入输出电路 I/O 及 $\overline{I/O}$（这是指存储器外部的数据线）相通。当写入时，写入信号自 I/O 和 $\overline{I/O}$ 线输入，如要写“1”，则 $\overline{I/O}$ 线为“1”，而 $\overline{I/O}$ 线为“0”。它们通过 T_7、T_8 管以及 T_5、T_6 管分别与 A 端和 B 端相连，使 A=“1”，B=“0”，就强迫 T_2 管导通，T_1 管截止，相当于把输入电荷存储于 T_1 和 T_2 管的栅极。当输入信号以及地址选择信号消失后，T_5、T_6、T_7、T_8 都截止，由于存储单元有电源和两负载管，可以不断地向栅极补充电荷，所以靠两个反相器的交叉控制，只要不掉电就能保持写入的信号“1”，而不用刷新。若要写入“0”，则 I/O 线为“0”，

而 $\overline{I/O}$ 线为“1”，使 T_1 导通，而 T_2 截止，同样写入的“0”信号也可以保持住，一直到写入新的信号为止。

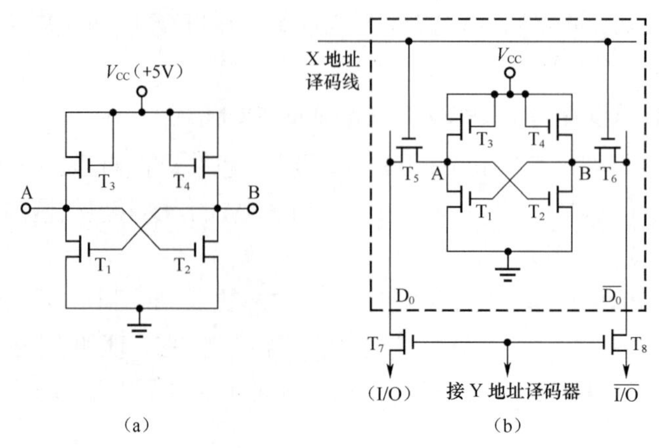

图 6-3　六管静态存储单元

在读出时，只要某一电路被选中，相应的 T_5、T_6 导通，A 点和 B 点与位线 D_0 和 $\overline{D_0}$ 相通，且 T_7、T_8 也导通，故存储电路的信号被送至 I/O 与 $\overline{I/O}$ 线上。读出时可以把 I/O 与 $\overline{I/O}$ 线接到一个差动放大器，由其电流方向即可判定存储单元的信息是“1”还是“0”；也可以只有一个输出端接到外部，以其有无电流通过而判定所存储的信息。这种存储电路的读出是非破坏性的（即信息在读出后，仍保留在存储电路内）。

2. 单管存储电路

其电路如图 6-4 所示。它由一个管子 T_1 和一个电容 C 构成。写入时，字选择线为“1”，T_1 管导通，写入信号由位线（数据线）存入电容 C 中；在读出时，选择线为“1”，存储在电容 C 上的电荷，通过 T_1 输出到数据线上，通过读出放大器即可得到存储信息。

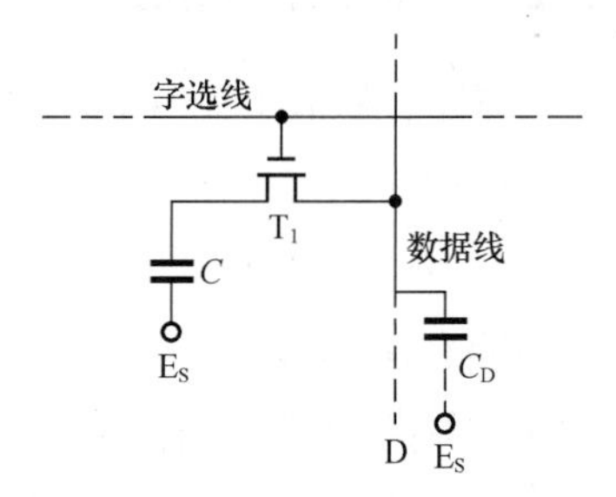

图 6-4　单管动态存储单元

为了节省面积，这种单管存储电路的电容不可能做得很大，一般都比数据线上的分布电容 C_D 小，因此，每次读出后，存储内容就被破坏，要保存原先的信息必须采取恢复措施。

6.2.2 RAM 的结构

一个基本存储电路表示一个二进制位，目前微型计算机主存储器的通常容量为 2GB 或 4GB，故需要多个基本存储电路，因而存储器是由大量的存储电路组成的。这些存储电路必须有规则地组合起来，这就是存储体。

为了区别不同的存储单元，就给它们各编一个号——地址。所以，我们是以地址号来选择不同的存储单元的，于是，在电路中就要有地址寄存器和地址译码器用来选择所需要的单元；另外，选择时往往还要有驱动电路；读出的信息还要有放大等。总之，在存储器中除了存储体外，还要有相应的外围电路。一个典型的 RAM 的示意图如图 6-5 所示。

1. 存储体

在较大容量的存储器中，往往把各个字的同一位组织在一个片中。例如图 6-5 中的 1 024 × 1，则是 1 024 个字的同一位。若 4 096 × 1，则是 4 096 个字的同一位。由这样的 8 个芯片则可组成 1 024 × 8 或 4 096 × 8 的存储器。同一位的这些字通常排成矩阵的形式，如 32 × 32 = 1 024，或 64 × 64 = 4 096。由 X 选择线——行线和 Y 选择线——列线的重叠来选择所需要的单元。这样做可以节省译码和驱动电路。例如，对于 1 024 × 1 来说，若不用矩阵的办法，则译码输出线需要有 1 024 条；在采用 X、Y 译码驱动时，则只需要 32 + 32 = 64 条。

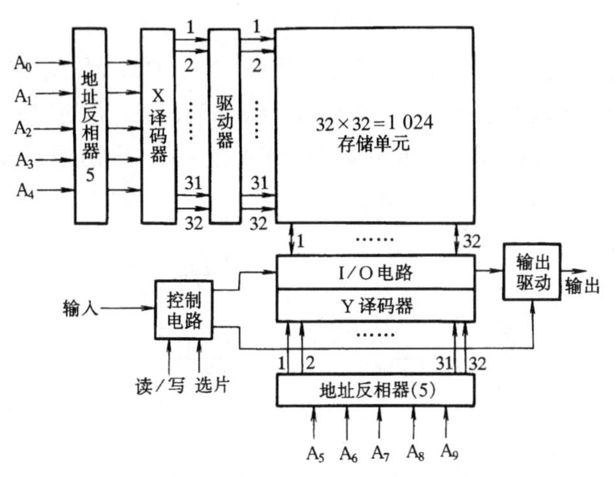

图 6-5 典型的 RAM 示意图

如果存储容量较小，也可把 RAM 芯片的单元阵列直接排成所需要位数的形式。这时每一条 X 选择线代表一个字，而每一条 Y 选择线代表字中的一位，所以习惯上就把 X 选择线称为字线，而 Y 选择线称为位线。

2. 外围电路

一个存储器除了由基本存储电路构成了存储体外，还有许多外围电路，通常有以下几种。

（1）地址译码器

存储单元是按地址来选择的，如内存为 64KB，则地址信息为 16 位（2^{16} = 64K），CPU 要选择某一单元就在地址总线上输出此单元的地址信号给存储器，存储器就必须对地址信号进行译码，用以选择需要访问的单元。

（2）I/O 电路

它处于数据总线和被选用的单元之间，用以控制被选中的单元读出或写入，并具有放大信息的作用。

（3）片选控制端

CS（Chip Select）目前每一片的存储容量终究还是有限的，所以，一个存储体还是要由一定数量的芯片组成。在地址选择时，首先要选片，用地址译码器输出和一些控制信号（如 $IO/\overline{M}$）形成片选信号，只有当 CS 有效选中某一片时，此片所连的地址线才有效，才能对这一片上的存储单元进行读或写的操作。

（4）集电极开路或三态输出缓冲器

为了扩展存储器的字数，常需将几片 RAM 的数据线并联使用；或与双向的数据总线相接。这就需要用到集电极开路或三态输出缓冲器。

此外，在有些 RAM 中为了节省功耗，采用浮动电源控制电路，对未选中的单元降低电源电压，使其还能维持信息，这样可降低平均功耗；在动态 MOS RAM 中，还有预充、刷新等方面的控制电路。

3. 地址译码的方式

地址译码有两种方式：一种是单译码方式或称字结构，适用于小容量存储器中；另一种是双译码，或称复合译码结构。

（1）单译码结构

在单译码结构中，字线选择某个字的所有位，图 6-6 是一种单译码结构的存储器，它是一个 16 字 4 位的存储器，共有 64 个基本电路。把它排成 16 行 × 4 列，每一行对应一个字，每一列对应其中的一位。所以，每一行（4 个基本电路）的选择线是公共的；每一列（16 个电路）的数据线也是公共的。存储电路可采用上述的 6 管静态存储电路。

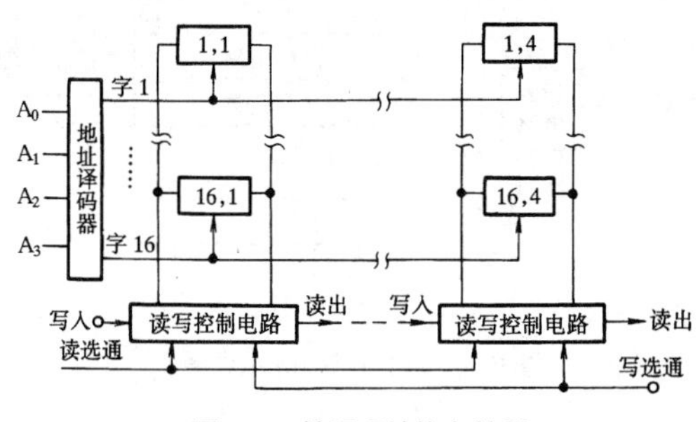

图 6-6 单译码结构存储器

数据线通过读、写控制电路与数据输入（即写入）端或数据输出（即读出）端相连，根据读、写控制信号，对被选中的单元进行读出或写入。

因为它是 16 个字 4 位的存储器，故地址译码器输入线有四根 A_0、A_1、A_2、A_3，可以给出 2^4=16 个状态，分别控制 16 条字选择线。若地址信号为 0000，则选中第 1 条字线，若为 1111，则选中第 16 条字线。

（2）双译码结构

采用双译码结构，可以减少选择线的数目。在双译码结构中，地址译码器分成两个。若每一个有 $n/2$ 个输入端，它可以有 $2^{n/2}$ 个输出状态，两个地址译码器就共有 $2^{n/2} \times 2^{n/2} = 2^n$ 个输出状态。而译码输出线却只有 $2^{n/2} + 2^{n/2} = 2 \times 2^{n/2}$ 根。若 $n = 10$，双译码的输出状态为 $2^{10} = 1\,024$ 个，而译码线却只要 $2 \times 2^5 = 64$ 根。但在单译码结构中却需要 1 024 根选择线。

采用双译码结构的 1 024 × 1 的电路如图 6-7 所示。其中的存储电路可采用 6 管静态存储电路。1 024 个字排成 32 × 32 的矩阵需要 10 根地址线 $A_0 \sim A_9$，一分为二，$A_0 \sim A_4$ 输入至 X 译码器，它输出 32 条选择线，分别选择 1 ~ 32 行；$A_5 \sim A_9$ 输至 Y 译码器，它也输出 32 条选择线，分别选择 1 ~ 32 列控制各列的位线控制门。若输入地址为 0000000000，X 方向由 $A_0 \sim A_4$ 译码选中了第一行，则 X1 为高电平，因而其控制的（1，1）、（1，2）、……（1，32）这 32 个存储电路分别与各自的位线相连，但能否与输入输出线相连，还要受各列的位线控制门控制。在 $A_5 \sim A_9$ 全为 0 时，Y1 输出为“1”选中第一列，第一列的位线控制门打开。故双向译码的结果选中了（1，1）这一个电路。

这里还要指出一点：在双译码结构中，一条 X 方向选择线要控制挂在其上的所有存储电路（如在 1 024 × 1 电路中要控制 32 个存储电路），故其要带的电容负载很大，译码输出需经过驱动器。

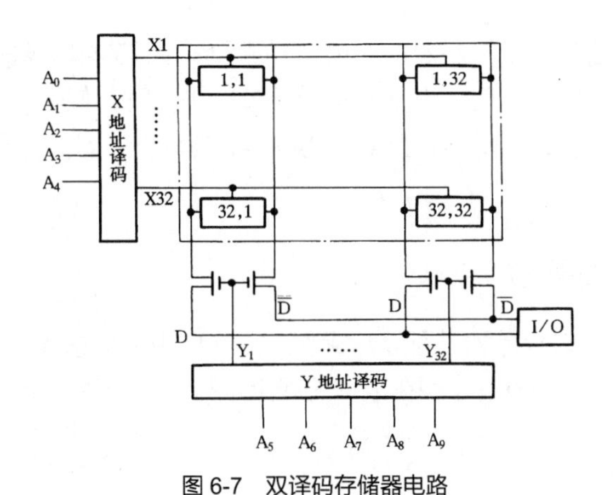

图 6-7　双译码存储器电路

4. 一个实际的静态 RAM 的例子

Intel 2114 是一个 1K × 4 位的静态 RAM。它的芯片的引脚和逻辑符号结构方框图，分别如图 6-8（a）、（b）所示。

因为是 1K × 4 位的存储器，片上共有 4096 个 6 管存储电路，排成 64 × 64 的矩阵。因为 1K 字，故地址线 10 位，即 $A_0 \sim A_9$。其中 6 根即 $A_3 \sim A_8$ 用于行译码，产生 64 根行选择线。4 根 A_0、A_1、A_2、A_9 用于列译码，以产生 64/4 条选择线（即 16 条列选择线，每条线同时接至 4 位）。

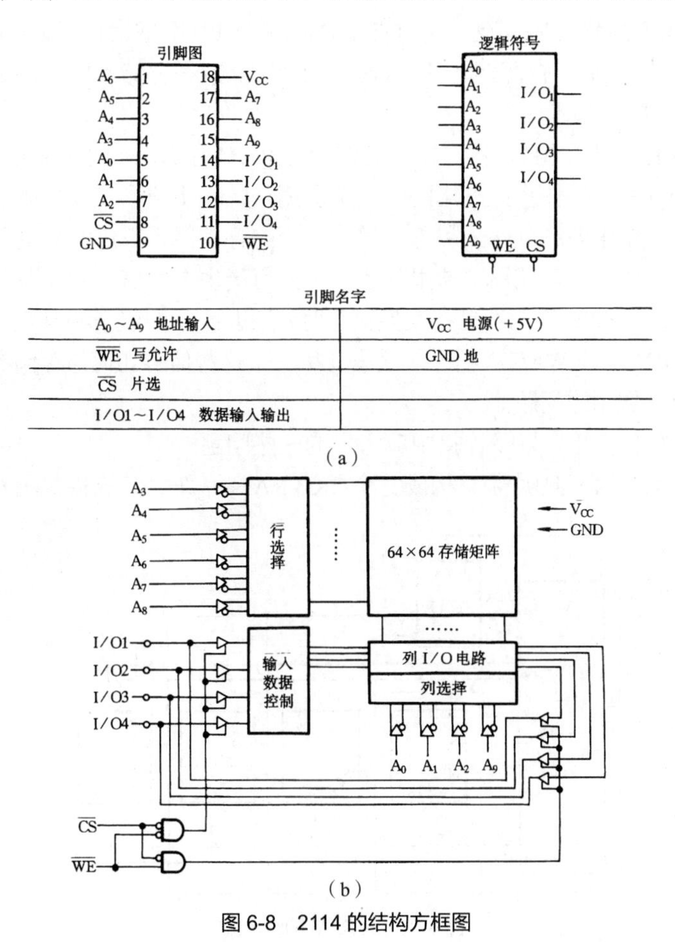

引脚名字

$A_0 \sim A_9$ 地址输入	V_{CC} 电源(+5V)
$\overline{WE}$ 写允许	GND 地
$\overline{CS}$ 片选	
I/O1～I/O4 数据输入输出	

（a）

（b）

图 6-8　2114 的结构方框图

存储器的内部数据通过 I/O 电路以及输入和输出的三态门与数据总线相连。由选片信号 $\overline{CS}$ 和写允许信号 $\overline{WE}$，一起控制这些三态门。当 $\overline{WE}$ 有效（低电平）时，使输入三态门导通，信号由数据总线（即 CPU 的数据总线）写入存储器；当 $\overline{WE}$ 为高时，则输出三态门打开，从存储器读出的信号，送至数据总线。

6.2.3 RAM 与 CPU 的连接

在微型计算机中，CPU 对存储器进行读写操作，首先要由地址总线给出地址信号，然后要发出相应的是读还是写的控制信号，最后才能在数据总线上进行信息交流。所以，RAM 与 CPU 的连接，主要有以下三个部分：

- 地址线的连接；
- 数据线的连接；
- 控制线的连接。

在连接中要考虑的问题有以下几个方面。

（1）CPU 总线的负载能力。CPU 在设计时，一般输出线的直流负载能力为带一个 TTL 负载。现存储器都为 MOS 电路，直流负载很小，主要的负载是电容负载，故在小型系统中，CPU 是可以直接与存储器相连的，而较大的系统中，就要考虑 CPU 能否带得动，需要时就要加上缓冲器，由缓冲器的输出再带负载。

（2）CPU 的时序和存储器的存取速度之间的配合问题。CPU 在取指和存储器读或写操作时，是有固定时序的，就要由此来确定对存储器的存取速度的要求。或在存储器已经确定的情况下，考虑是否需要 T_w 周期，以及如何实现。

（3）存储器的地址分配和选片问题。内存通常分为 RAM 和 ROM 两大部分，而 RAM 又分为系统区（即机器的监控程序或操作系统占用的区域）和用户区，用户区又要分成数据区和程序区。所以内存的地址分配是一个重要的问题。另外，目前生产的存储器，单片的容量仍然是有限的，所以总是要由许多片才能组成一个存储器，这里就有一个如何产生选片信号的问题。

（4）控制信号的连接。CPU 在与存储器交换信息时，有以下几个控制信号（对 8086 来说）：IO/$\overline{M}$、$\overline{RD}$、$\overline{WR}$ 以及 READY（或 WAIT）信号。这里就有一个这些信号如何与存储器要求的控制信号相连，以实现所需的控制作用的问题。

下面将举例说明如何连接，以及连接中应考虑的一些问题。

若用 Intel 2114 1KB × 4 位的片子，构成一个 2KB RAM 系统，其连接如图 6-9 所示。

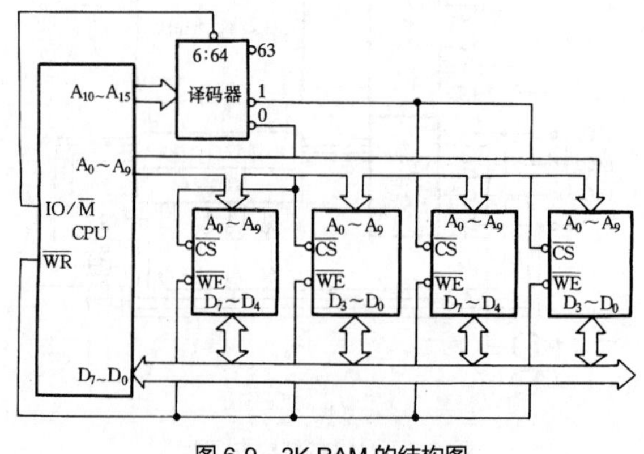

图 6-9　2K RAM 的结构图

每一片为 1 024 × 4 位，故 2KB RAM 共需四片。每片有 10 条地址线，直接接至 CPU 的地址线总线的 $A_0 \sim A_9$，可寻址 1K。系统总共为 2KB RAM，则可看成是两组。如何能区分这不同的两组呢？这就要利用选片信号，用 $A_{10} \sim A_{15}$ 经过译码后来控制选片端。$A_{10} \sim A_{15}$ 经译码后可产生 64 条选择线以控制 64 个不同的组（每组是 1KB）。现在 RAM 为 2KB，故只需用两条选择线。如用地址最低的两条，即用 000000 和 000001。则此两组存储器的地址分配为：

第一组：	$A_{15} \sim A_{10}$	$A_9 \sim A_0$
地址最低	000000	0000000000
地址最高	000000	1111111111

即为：0000 ~ 03FFH

第二组：	$A_{15} \sim A_{10}$	$A_9 \sim A_0$
地址最低	000001	0000000000
地址最高	000001	1111111111

即为：0400 ~ 07FFH

这种选片控制的译码方式称为全译码，译码电路较复杂，但是每一组的地址是确定的、唯一的。

在系统的 RAM 为 2KB 的情况下，为了区分不同的两组，可以不用全译码方式，而用 $A_{10} \sim A_{15}$ 中的任一位来控制选片端，例如用 A_{10} 来控制，如图 6-10 所示。

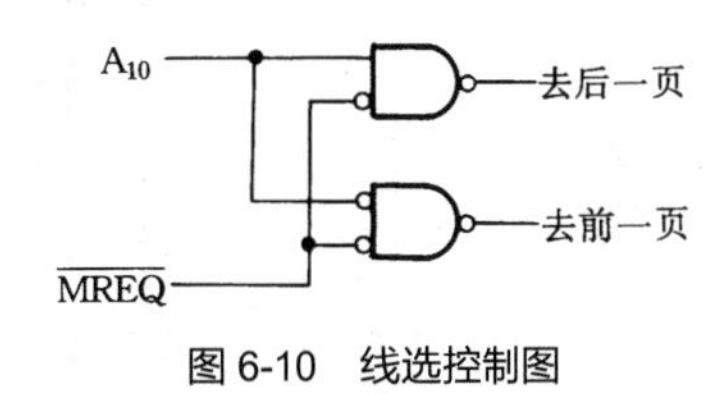

图 6-10 线选控制图

粗看起来，这两组的地址分配与全译码时相同，但是当用 A_{10} 这一个信号作为选片控制时，只要 $A_{10}=0$，$A_{11} \sim A_{15}$ 可为任意值，都选中第一组；而只要 $A_{10}=1$，$A_{11} \sim A_{15}$ 可为任意值，都选中第二组。所以，它们的地址有很大的重叠区（每一组占有 32KB 地址），但在实际使用时，只要我们了解这一点是不妨碍使用的。这种选片控制方式称为线选。

采用线选控制方式时，不光有地址重叠问题，而且用不同的地址线作为选片控制，则它们的地址分配也是不同的。

在用 A_{11} 作为选片控制信号时，则这两组的基本地址为：

第一组：0000 ~ 03FFH

第二组：0800 ~ 0BFFH

但是，实际上只要 $A_{11}=0$，$A_{15} \sim A_{12}$、A_{10} 可为任意值，都选中第一组；而只要 $A_{11}=1$，A_{10}、$A_{12} \sim A_{15}$ 可为任意值都选中第二组，它们同样有 32KB 的地址重叠区。

也可以用 A_{15} 作为选片控制，则就把 64KB 内存地址分为上、下两区，每区 32KB，前 32KB 地址都选中第一组，而后 32KB 地址都选中第二组，如图 6-11 所示。

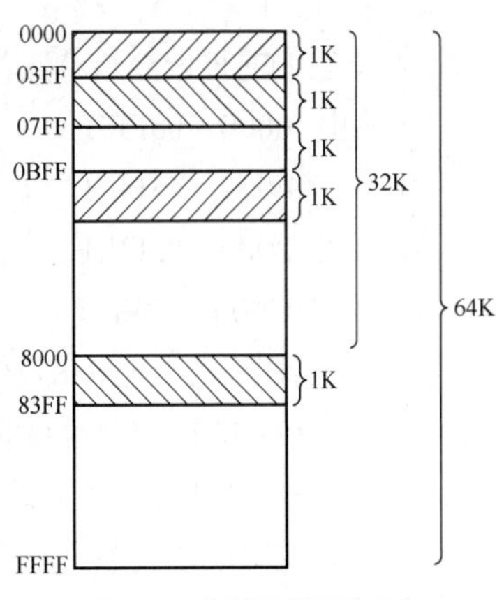

图 6-11 存储器的地址分布

总之，线选节省译码电路，但是必须要注意它们的地址分布，以及各自的地址重叠区。所以，在连地址线的时候，必须考虑到存储器的地址分布。

数据线每一组中的一片接数据总线的 $D_0 \sim D_3$，另一片接 $D_4 \sim D_7$，而片间则并联。

因 CPU 的地址和数据总线既与存储器也与各种外设相连，只有在 CPU 发出的 $IO/\overline{M}$ 信号为低电平时，才是与存储器交换信息。故要由 $IO/\overline{M}$ 与地址信号一起组成选片信号，控制存储器的工作。

通常存储器只有一个读/写控制端 $\overline{WE}$ ，当它的输入信号为低电平时，则存储器实现写操作，当它为高电平时，则实现读操作。故可用 CPU 的 $\overline{WE}$ 信号作为存储器的 $\overline{WE}$ 控制信号。

当系统 RAM 的容量大于 2KB，如 4KB（或更多）时，若还用 Intel 2114 组成，则必须分成四组（或更多）。此时，显然就不能只用 $A_{10} \sim A_{15}$ 中的一条地址线作为组控制线，而必须经过译码，可采用全译码方式，也可采用部分译码方式，如图 6-12 所示。

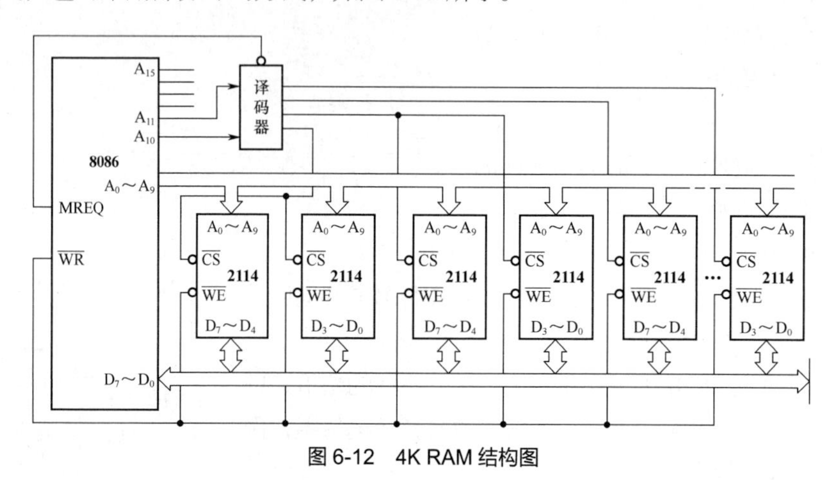

图 6-12　4K RAM 结构图

其中，$A_0 \sim A_9$ 作为片内寻址，用 A_{10}、A_{11} 经过译码作为组选择，则其地址分布为：

第一组：0000 ~ 03FFH

第二组：0400 ~ 07FFH

第三组：0800 ~ 0BFFH

第四组：0C00 ~ 0FFFH

但是，实际上 $A_{15} \sim A_{12}$ 为任意值时仍可选中这几组，故每一组仍有 16KB 地址重叠区（每一组占有 16KB 地址，地址的最高位由 0 变到 F 都是重叠的范围）。

这种用高位地址中的几位经过译码作为选片控制，称为部分译码方式。

显然，也可以用 $A_{10} \sim A_{15}$ 中的任两条线组成译码器，作为组控制。例如用 A_{14}、A_{15} 来代替 A_{10} 和 A_{11}，则它们的地址分布就变为：

第一组：0000 ~ 03FFH

第二组：4000 ~ 43FFH

第三组：8000 ~ 83FFH

第四组：C000 ~ 03FFH

实际上这时相当于把 64KB 内存地址分成四块，前 16KB 都选中第一组……最后 16KB 选中第四组。总之，CPU 的 16 条地址线可寻址 64KB。目前仍然要由许多片组成，则可由所选用的芯片的字数分组。有一部分地址线（通常是用低位）连到所有片，实现片内寻址；另外一些地址线或单独选用（线选），或组成译码器（部分译码或全译码），其输出控制芯片的选片端（当然实际的选片信号还要考虑 CPU 的控制信号，如 8086 的 $IO/\overline{M}$ 等），以实现组的寻址。在连接时要注意它们的地址分布的重叠区。

通常的微型机系统的内存储器中，总有相当容量的 ROM，它们的地址必须与 RAM 一起考虑，分别给它们一定的地址分配。图 6-13 是一个用 8080 和由 8708（1 024 × 8 位）组成的 4KB ROM 和由 Intel 2114 组成的 1KB RAM 的方框图。它用 $A_0 \sim A_9$ 作为组内寻址，由 A_{10}、A_{11}、A_{12} 组成译码器（部分译码）实现组寻址。ROM 的地址为 0000 ~ 0FFFH 共 4KB；RAM 的地址为 1000 ~ 13FFH 共 1KB。实际上它们都有相当大的地址重叠区，我们不再赘述了。

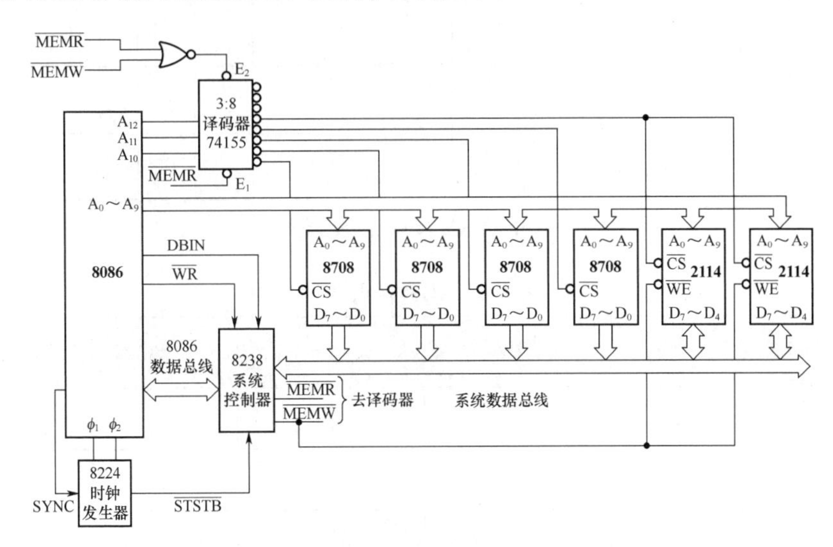

图 6-13　具有 RAM 和 ROM 的系列方框图

6.3　只读存储器（ROM）

6.3.1　掩模只读存储器

它由制造厂做成，用户不能加以修改。这类 ROM 可由二极管，双极型晶体管或 MOS 电路构成，但工作原理是类似的。

1. **字译码结构**

图 6-14 是一个简单的 4 × 4 位的 MOS ROM，采用字译码方式，两位地址输入，经译码后，输出四条选择线，每一条选中一个字，位线输出即为这个字的各位。存储矩阵中，有的列是连有管子的，有的列没有连管子，这是在制造时由二次光刻版的图形（掩模）所决定的，所以把它叫作掩模式 ROM。

在图 6-14 中，若地址信号为 00，选中第一条字线，则它的输出为高电平。若有管子与其相连，如位线 1 和位线 4，则相应的 MOS 管导电，于是位线输出为“0”；而位线 2 与位线 3，没有管子与字线相连，则输出为“1”（实际输出到数据总线上去是“1”还是“0”，取决于在输出线上有无反相）。由此可见，当某一字线被选中时，连有管子的位线输出为“0”（或“1”）；而没有管子相连的位线，输出为“1”（或“0”）。故存储矩阵的内容取决于制造工艺，而一旦制造好以后，用户是无法变更的。图 6-14 中的存储矩阵的内容，如表 6-1 所列。

ROM 有一个很重要的特点是：它所存储的信息不是易失的，即当电源掉电后又上电时，存储信息是不变的。

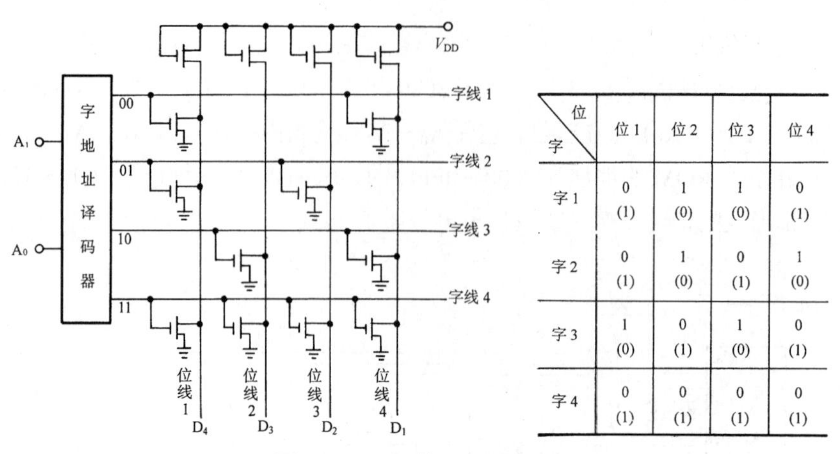

图 6-14　4 × 4 位 MOS ROM 图

表 6–1　ROM 的内容

字 \ 位	位 1	位 2	位 3	位 4
字 1	0 （1）	1 （0）	1 （0）	0 （1）
字 2	0 （1）	1 （0）	0 （1）	1 （0）
字 3	1 （0）	0 （1）	1 （0）	0 （1）
字 4	0 （1）	0 （1）	0 （1）	0 （1）

2. 复合译码结构

图 6-15 所示是一个 1 024 × 1 位的 MOS ROM 电路。10 条地址信号线分成两组，分别经过 X 和 Y 译码，各产生 32 条选择线。X 译码输出选中某一行，但这一行中，哪一个能输出与 I/O 电路相连，还取决于列译码输出，故每次只选中一个单元。8 个这样的电路，它们的地址线并联，则可得到 8 位信号输出。

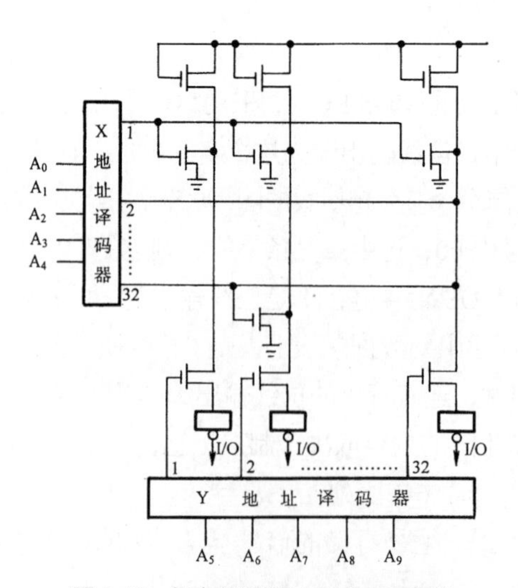

图 6-15　复合译码的 MOS ROM 电路

6.3.2 可擦除的可编程序的只读存储器 EPROM

1. 基本存储电路

为了便于用户根据需要来确定 ROM 的存储内容，以便在研究工作中，试验各种 ROM 方案（即可由用户改变 ROM 所存的内容），在 20 世纪 70 年代初就发展产生了一种 EPROM（Erasable Programmable ROM）电路。它的一个基本电路如图 6-16 所示。

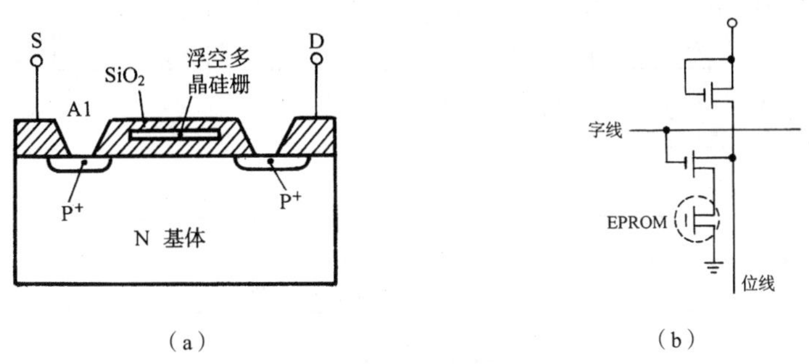

图 6-16 P 沟道 EPROM 结构示意图

它与普通的 P 沟道增强型 MOS 电路相似，在 N 型的基片上生产了两个高浓度的 P 型区，它们通过欧姆接触，分别引出源极（S）和漏极（D），在 S 和 D 之间有一个由多晶硅做的栅极，但它是浮空的，被绝缘物 SiO_2 所包围。在制造好时，硅栅上没有电荷，则管子内没有导电沟道，D 和 S 之间是不导电的。当把 EPROM 管子用于存储矩阵时，一个基本存储电路如图 6-16（b）所示。则这样电路所组成的存储矩阵输出为全 1（或 0）。要写入时，则在 D 和基片（也即 S）之间加上 25V 的高压，另外加上编程序脉冲（其宽度约为 50ms），所选中的单元在这个电源作用下，D 和 S 之间被瞬时击穿，就会有电子通过绝缘层注入到硅栅，当高压电源去除后，因为硅栅被绝缘层包围，故注入的电子无处泄漏走，硅栅上带负电荷，于是就形成了导电沟道，从而使 EPROM 单元导通，输出为“0”（或“1”）。

由这样的 EPROM 存储电路做成的芯片的上方有一个石英玻璃的窗口，当用紫外线通过这个窗口照射时，所有电路中的浮空晶栅上的电荷会形成光电流泄漏走，使电路恢复起始状态，从而把写入的信号擦去。这样经过照射后的 EPROM 就可以实现重写。由于写的过程是很慢的，所以，这样的电路在使用时，仍是作为只读存储器使用的。

这样的 EPROM 芯片的工作速度仅为双极型芯片工作速度的 1/10～1/5（如 Intel 2716 读出速度为 350～450ns）。常用的芯片的集成度为 16K 位、32K 位或 64K 位（如 Intel 2716 为 2K×8 位，2732 为 4K×8，2764 为 8K×8 位）。集成度较高的为 128K 位和 256K 位（如 Intel 27128 或 27256）。

2. 一个 EPROM 的例子

Intel 2716 是一个 16K（2K×8）位的 EPROM，它只要求单一的 5V 电源。它的引脚及内部方框图，如图 6-17 所示。因容量是 2K×8，故用 11 条地址线，7 条用于 X 译码，以选择 128 行中的一行。8 位输出均有缓冲器。

为了减少功耗，EPROM 可以工作在备用方式。这时功耗可由 525mW 降为 132mW，下降 75%。当在 $\overline{CE}$ 端为高电平时，2716 就工作在备用方式，此时它的输出端工作在高阻状态。

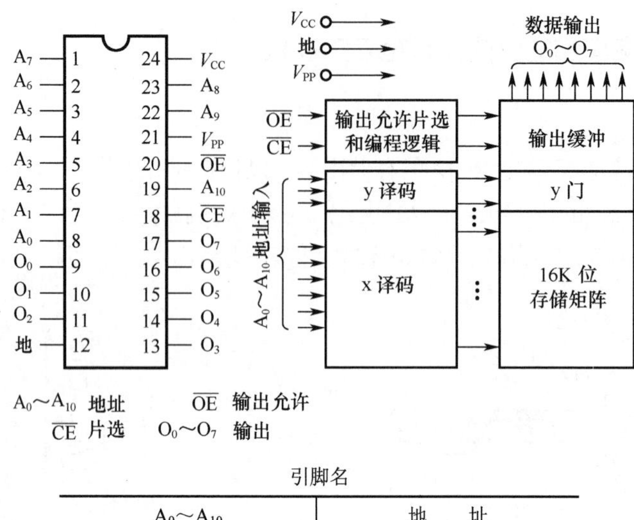

引脚名

$A_0 \sim A_{10}$	地　　址
$\overline{CE}$	片选
$\overline{OE}$	输出允许
$O_0 \sim O_7$	输出

图 6-17　2716 方框图

2716 在出厂时或在擦除后，所有单位的内容全为“1”，要使某一位为“0”必须经过编程。编程是一个单元一个单元进行的，此时 V_{PP} 接至+25V，$\overline{OE}$ 接高电平，要编程写入的数据接至 2716 的数据输出线，当地址和数据稳定以后在 $\overline{CE}$ 输入端加一个 50ms 的正脉冲。在这个正脉冲的作用下，可以使内部的管子瞬时击穿，从而使浮空栅截获足够数量的电子。当脉冲过后，管子恢复，但浮空栅被绝缘物 SiO_2 所包围，电子的泄漏很慢，于是相当于在浮空栅上加上了负电源，从而感应出导电沟道使管子导通，存储的内容变为“0”。

要注意的是，编程后的芯片在阳光的影响和正常水平的荧光灯的照射下，经过三年时间，在浮空栅上的电荷可泄漏完；在阳光的直接照射下，经过一个星期，电荷可泄漏完。所以，在正常使用的时候，应在芯片的照射窗口上贴上黑色的保护层。

若要擦除已编程的内容，建议使用 2 537A 的紫外线灯。用功率为 12 000μW/cm^2 的紫外线灯泡，在 2716 窗口 1.5 英寸的上方照射 15～20 分钟。

3. **高集成度的 EPROM**

随着超大规模集成电路技术的发展，现在 EPROM 的集成度越来越高。高集成度的 EPROM 的工作原理、使用方法与 2716 是类似的。下面以 Intel 27128 为例，介绍一下它的主要特点。

Intel 27128 的最大访问时间为 250ns，它可以与高速的 8MHz 的 iAPX186 兼容，不需要插入等待状态。它的结构方框图如图 6-18 所示。

Intel 27128 是一个 128K（16K × 8）位的 EPROM，它需要有 14 条地址输入线，经过译码在 16K 地址中选中一个单元，此单元的 8 位就同时输出，故有八条数据线。

输出和编程以及各种工作方式由三条控制线控制，这就是选片信号 $\overline{CE}$，输出允许信号 $\overline{OE}$ 和编程控制信号 $\overline{PGM}$。27128 的引线以及与别的芯片的引线对照，如图 6-19 所示。

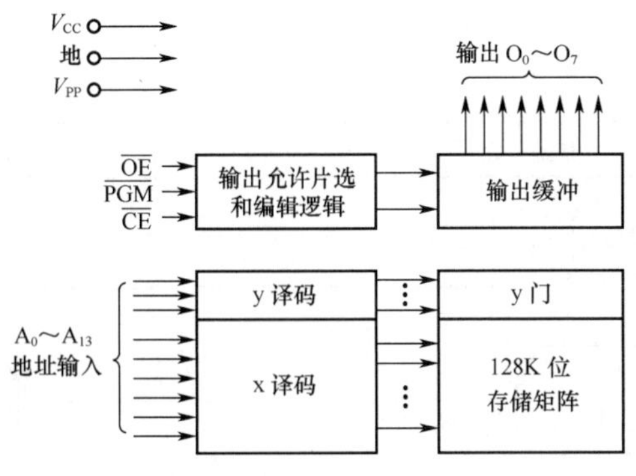

图 6-18　27128 结构方框图

27256	2764	2732A	2716	27128			27128	2716	2732A	2764	27256
V_{PP}	V_{PP}			V_{PP}	1	28	V_{CC}			V_{CC}	V_{CC}
A_{12}	A_{12}			A_{12}	2	27	$\overline{PGM}$			$\overline{PGM}$	A_{14}
A_7	A_7	A_7	A_7	A_7	3	26	A_{13}	V_{CC}	V_{CC}	N.C.	A_{13}
A_6	A_6	A_6	A_6	A_6	4	25	A_8	A_8	A_8	A_8	A_8
A_5	A_5	A_5	A_5	A_5	5	24	A_9	A_9	A_9	A_9	A_9
A_4	A_4	A_4	A_4	A_4	6	23	A_{11}	V_{PP}	A_{11}	A_{11}	A_{11}
A_3	A_3	A_3	A_3	A_3	7	22	$\overline{OE}$	$\overline{OE}$	$\overline{OE}/V_{PP}$	$\overline{OE}$	$\overline{OE}$
A_2	A_2	A_2	A_2	A_2	8	21	A_{10}	A_{10}	A_{10}	A_{10}	A_{10}
A_1	A_1	A_1	A_1	A_1	9	20	$\overline{CE}$	$\overline{CE}$	$\overline{CE}$	$\overline{CE}$	$\overline{CE}$
A_0	A_0	A_0	A_0	A_0	10	19	O_7	O_7	O_7	O_7	O_7
O_0	O_0	O_0	O_0	O_0	11	18	O_6	O_6	O_6	O_6	O_6
O_1	O_1	O_1	O_1	O_1	12	17	O_5	O_5	O_5	O_5	O_5
O_2	O_2	O_2	O_2	O_2	13	16	O_4	O_4	O_4	O_4	O_4
地	地	地	地	地	14	15	O_3	O_3	O_3	O_3	O_3

图 6-19　27128 的引线

Intel 27128 有 8 种工作方式，这些工作方式的选择，如表 6-2 所示。

表 6–2　27128 方式选择表

方式 \ 引脚	$\overline{CE}$（20）	$\overline{OE}$（22）	$\overline{PGM}$（27）	AG（24）	V_{PP}（1）	V_{CC}（28）	输出端（11~13，15~19）
读	低	低	高	×	V_{CC}	V_{CC}	数据输出
输出禁止	低	高	高	×	V_{CC}	V_{CC}	高阻
备用	高	×	×	×	V_{CC}	V_{CC}	高阻
编程	低	高	低	×	V_{PP}	V_{CC}	数据输入
校验	低	低	高	×	V_{PP}	V_{CC}	数据输出
编程禁止	高	×	×	×	V_{PP}	V_{CC}	高阻
Intel 标识符	低	低	高	高	V_{CC}	V_{CC}	编码
Intel 编程方法	低	高	低	×	V_{PP}	V_{CC}	数据输入

（1）读方式

这是 27128 正常的使用方式，此时两条电源引线 V_{CC} 和 V_{PP} 都接+5V，$\overline{PGM}$ 接至高电平。每当要从一个地址单元读数据时，CPU 先通过地址引线送来地址信号，接着要用控制信号（若 8086 CPU 则为 IO/$\overline{M}$ 和 $\overline{RD}$ 信号），使 $\overline{CE}$ 和 $\overline{OE}$ 都有效。于是经过一段时间，指定单元的内容就可以读出到数据输出脚上。其时序如图 6-20 所示。

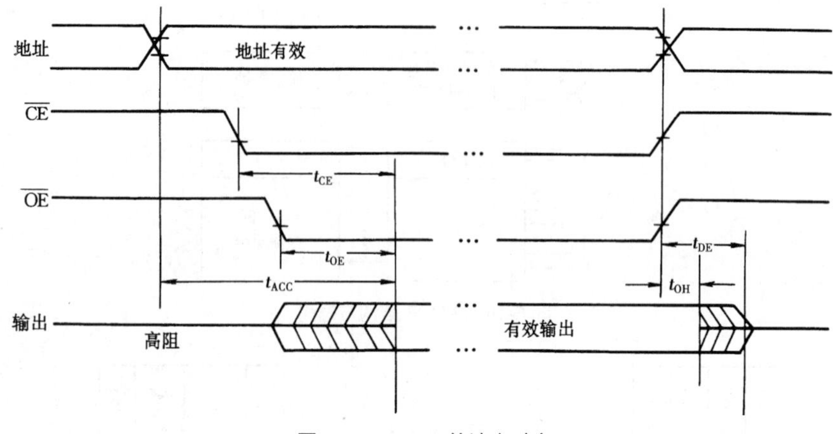

图 6-20　27128 的读出时序

（2）备用方式

当某一片 27128 未被选中时，为了降低片子的功耗，设了一种备用方式。只要 $\overline{CE}$ 为高电平，则 27128 就工作在备用方式，此时，最大的有效电流由 100mA 降为 40mA，输出端处在高阻状态。

（3）编程

当芯片出厂时，或利用紫外线擦除后，所有单元的所有位的信息全为“1”，只有经过编程才能使“1”变为“0”。编程是以存储单元为单位进行的，编程时，从输出端 $O_0 \sim O_7$ 输入这个单元要存放的数据；电源 V_{CC} 端仍接 5V，而 V_{PP} 端必须接 21V；$\overline{CE}$ 端保持为低，而 $\overline{OE}$ 保持为高，对于每一个地址单元，在 $\overline{PGM}$ 端必须供给一个低电平有效，宽度为 50ms 的脉冲，如图 6-21 所示。

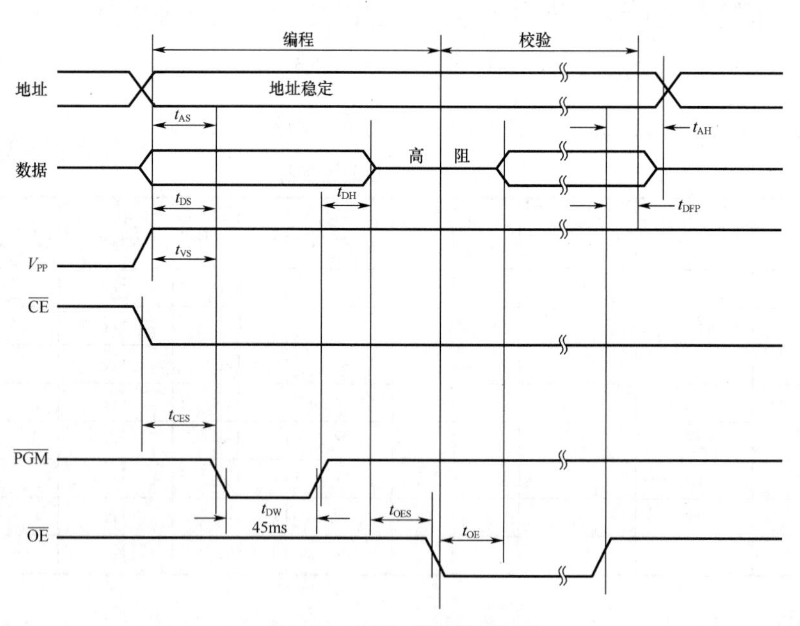

图 6-21　27128 编程时的波形

若多片 27128，同一地址单元的内容相同，则只要把它们并行连接，就可以用同一个数据对它们同时实现编程。

（4）编程禁止

若在编程时，有若干个 27128 并联，但是某一地址单元要写入的数据不同，因此，有的芯片的编程要禁止，则只要使这个芯片的 $\overline{CE}$ 端为高电平就可以了。

（5）校验

在编程过程中，为了检查编程时写入的数据是否正确，通常在编程过程中包含校验操作，在一个字节的编程完成以后，电源的接法不变，$\overline{PGM}$ 为高电平，$\overline{CE}$ 保持低电平，令 $\overline{OE}$ 也变为低电平，则同一单元的数据在 $O_0 \sim O_7$ 上输出，就可以与要输入的数据相比较，校验编程是否正确。

（6）Intel 的编程算法

上面提到的利用 50ms 的 $\overline{PGM}$ 脉冲进行编程，是对 EPROM 编程的典型方法。为了缩短编程时间，Intel 开发了一种新的编程方法，其流程图如图 6-22 所示。用这种方法进行编程，其可靠性与标准的用 50ms 脉冲进行编程时相同，而编程时间，对于 27128 来说约为两分钟，缩短为标准方法的 1/6。

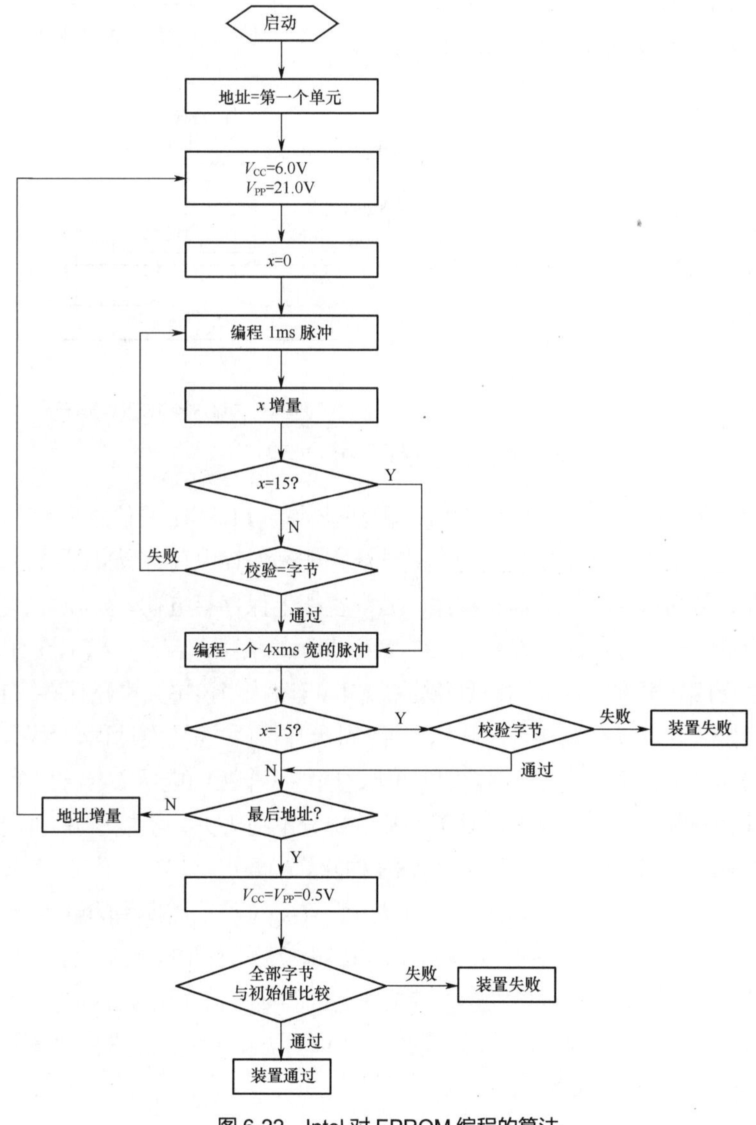

图 6-22　Intel 对 EPROM 编程的算法

4. 电可擦除的可编程序的 ROM（E^2PROM——Electrically Erasable Programmable ROM）

一个 E^2PROM 管子的结构示意图如图 6-23 所示。它的工作原理与 EPROM 类似，当浮空栅上没有电荷时，管子的漏极和源之间不导电，若设法使浮空栅带上电荷，则管子就导通。在 E^2PROM 中，使浮空栅带上电荷和消去电荷的方法与 EPROM 中是不同的。在 E^2PROM 中漏极上面增加了一个隧道二极管，它在第二栅与漏极之间的电压 V_G 的作用下（在电场的作用下），可以使电荷通过它流向浮空栅（即起编程作用）；若 V_G 的极性相反，也可以使电荷从浮空栅流向漏极（起擦除作用）。而编程与擦除所用的电流是极小的，可用极普通的电源供给 V_G。

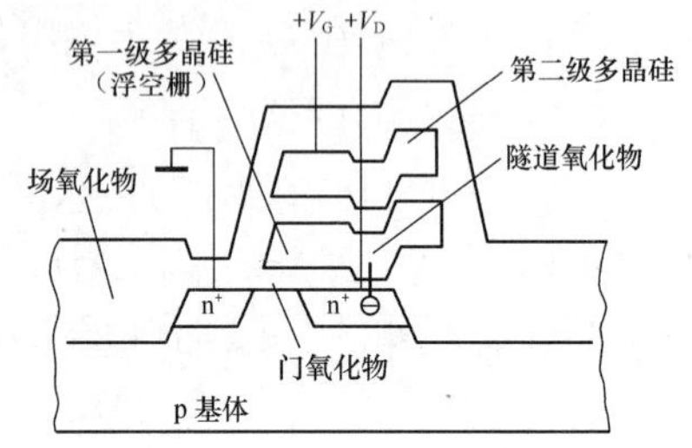

图 6-23　E^2PROM 结构示意图

E^2PROM 的另一个优点是擦除可以按字节分别进行（不像 EPROM 擦除时把整个芯片的内容全变为“1”）。字节的编程和擦除都只需要 10ms。

E^2PROM 仍在发展中，所以我们就不作进一步的介绍了。

5. 新一代可编程只读存储器 FLASH 存储器

FLASH 的典型结构与逻辑符号如图 6-24 所示。

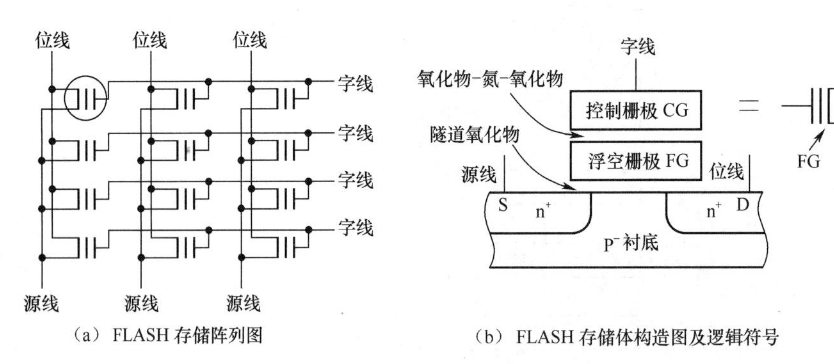

图 6-24　FLASH 结构示意图

FLASH 与 E^2PROM 有些类似，但工作机制却有所不同。FLASH 的信息存储电路由一个晶体管构成，通过沉积在衬底上被场氧化物包围的多晶硅浮空栅来保存电荷，以此维持衬底上源、漏极之间导电沟道的存在，从而保持其上的信息存储。若浮空栅上保存有电荷，则在源、漏极之间形成导电沟道，为一种稳定状态，可以认为该单元电路保存“0”的信息；若浮空栅上没有电荷存在，则在源、漏极之间无法形成导电沟道，为另一种稳定状态，可以认为该单元电路保存“1”的信息。

上述这两种稳定状态可以相互转换：状态“0”到状态“1”的转换过程，是将浮空栅上的电荷移走的过程，如图 6-25（a）所示。若在源极与栅极之间加一个正向电压 $Ugs = 12$（或一个其他值），则浮空栅上的电荷将向源极扩散，从而导致浮空栅的部分电荷丢失，不能在源、漏极之间形成导电沟道，完成状态的转换，该转换过程称为对 FLASH 擦除。当要进行状态“1”到状态“0”的转换时，如图 6-25（b）所示，在栅极与源极之间加一个正向电压 Usg（与上面提到的电压 Ugs 的极性相反），在漏极与源极之间加一个正向电压 Usd，并保证 $Usg>Usd$，来自源极的电荷向浮空栅扩散，使浮空栅上带上电荷，在源、漏极之间形成导电沟道，完成状态的转换，该转换过程称为对 FLASH 编程。进行正常的读取操作时只要撤消 Usg，加一个适当的 Usd 即可。据测定，正常使用情况下，在浮空栅上编程的电荷可以保存 100 年而不丢失。

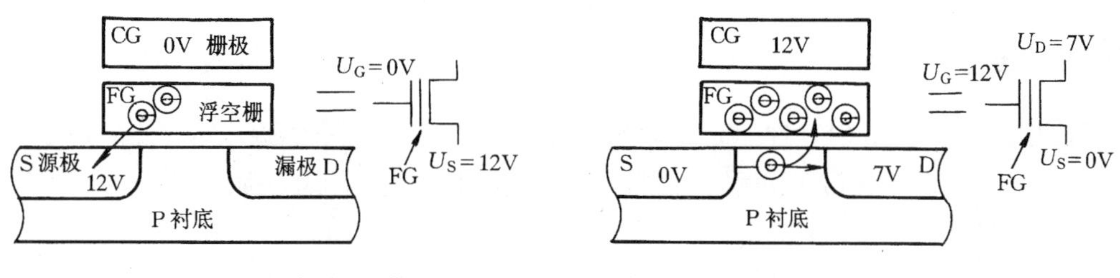

（a）擦除：从浮空栅移走电荷　　（b）编程：为浮空栅增加电荷

图 6-25　FLASH 擦除与编程说明示意图

由于 FLASH 只需单个器件（即一个晶体管）即可保存信息，因此，具有很高的集成度，这与 DRAM 类似，由于 DRAM 用一个电容来保存电荷，而电容存在漏电现象，故需要动态刷新电路对电容不断地进行电荷补偿。在访问速度上 FLASH 也已经接近 EDO 类型的 DRAM。供电撤消之后，保存在 FLASH 中的信息不丢失，FLASH 具有只读存储器的特点。对其擦除和编程时，只要在源、栅极或栅、源极之间加一个适当的正向电压即可，可以在线擦除与编程，FLASH 又具有 E^2PROM 的特点。对 FLASH 进行擦除时是按块进行的，这又具有 E^2PROM 的整块擦除的特点。总之，FLASH 是一种高集成度、低成本、高速、能够灵活使用的新一代只读存储器。FLASH 存储器与其他类型的存储器的对比，见表 6-3 和表 6-4。

表 6–3　存储器技术比较

特性 核心电路	FLASH 1 个晶体管	DRAM 1 个晶体管 加一个电容	E^2PROM 2 个晶体管	SRAM 4 个晶体管 加 2 个晶体管
核心电路面积/μmm^2 （0.4μm 的工艺）	2.0	3.2	4.2	2.2
芯片面积/mm^2 （16MB 密度）	61	98	107	59 （1MB 密度）
读取速度/ns	80（5V） 120（3V）	60	150	≤60

表 6–4　FLASH 与 E^2PROM 存储器比较

特　　性	FLASH	E^2PROM
写时间（典型值）	10μs/B（5V）；17μs/B（3V）	10ms/16、32 或 64 页面； 157～625μs/B
擦除时间（典型值）	800ms/8KB 块（5V）；1 000ms/8KB 块（3V）	—
内部编程/擦除电压	5V/12V（PSE）；5V/−10V（HOE）	5V/21V
周期	10～100KB 擦除周期/块； 10～300MB 写周期/字节	10～100MB 写周期/字节

6.4　提高存储器性能的技术

微型计算机的整体性能在很大程度上取决于存储系统的性能，速度和容量是存储器的两大主要因素。除了存储器制造技术外，在单机系统中，提高存储器性能的技术主要有：高速缓存、虚拟存储器、并行存储器等。

6.4.1 高速缓存

在计算机发展过程中，CPU 性能提高很快，而主存的发展远远不能满足要求，使得 CPU 执行一条指令的时间大部分花费在访问速度较慢的主存上。为了解决这一问题，提出了高速缓存技术，在存储系统中增加了容量小但速度快的 Cache 存储器，并将其集成到 CPU 芯片中。利用程序局部性原理，将主存中立即要用到的程序和数据复制到 Cache，使 CPU 绝大部分时间只访问高速缓冲存储器，从而提高了存储系统的速度。

Cache 采用存取速度快的 SRAM 器件构成。Cache 存储器可以进一步分级，通常分为两级：集成在 CPU 芯片中的 Cache 称为一级（L1Cache），其速度与 CPU 相匹配，但容量较小，一般为几 KB 到几十 KB；安装在主板上的 Cache 称为二级（L2Cache），容量较大，从几百千字节到几兆字节不等。

Cache 介于 CPU 和主存之间，并和主存有机地结合起来，借助于辅助硬件组成 Cache-主存层次结构。

Cache 中的信息是主存中信息的一部分。Cache 和主存都被分成若干个大小相等的块，每块由若干字节组成，由于 Cache 的容量远小于主存的容量，所以 Cache 中的块数要远少于主存中的块数，它保存的信息只是主存中最活跃的若干块的副本。当 CPU 读/写信息时，首先通过 Cache 控制部件的地址变换机构访问 Cache，如果 Cache 被命中，就直接对 Cache 进行访问，与主存无关；如果 Cache 未命中，则仍须访问主存，并把要访问的信息块一次从主存调入 Cache 内，若此时 Cache 已满，则须根据某种置换算法，用新块的信息置换旧块中的信息。

1. 地址映象

地址映象是指某一数据在内存中的地址与在缓冲中的地址，两者之间的对应关系。常用的地址映象有全相联映象、直接相联映象和组相联映象三种方式。

（1）全相联映象

在全相联映象方式中，主存与缓存分成相同大小的数据块，主存的任意一块可以映象到 Cache 中的任意一块。

全相联方式的对应关系如图 6-26 所示。如果 Cache 的块数为 Cb，主存的块数为 Mb，则映象关系共有 Cb×Mb 种。

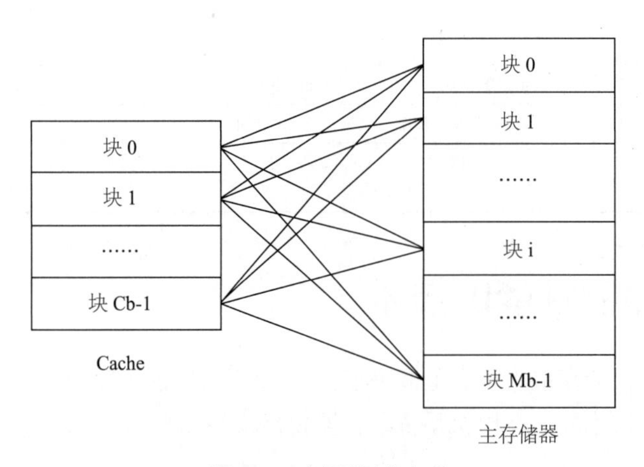

图 6-26　全相联映象方式

如图 6-27 所示为目录表的格式及地址变换规则。目录表存放在相关（联）存储器中，其中包括三部分：数据块在主存的块地址、存入缓存后的块地址及有效位（也称装入位）。由于是全相联方式，因此，目录表的容量应当与缓存的块数相同。例如微机主存容量为 1M，Cache 的容量为 32KB，每块的大小为 16 个字（或字节）。其容量与缓冲块数量相同即 $2^{11}=2048$（或 32K/16=2048）。

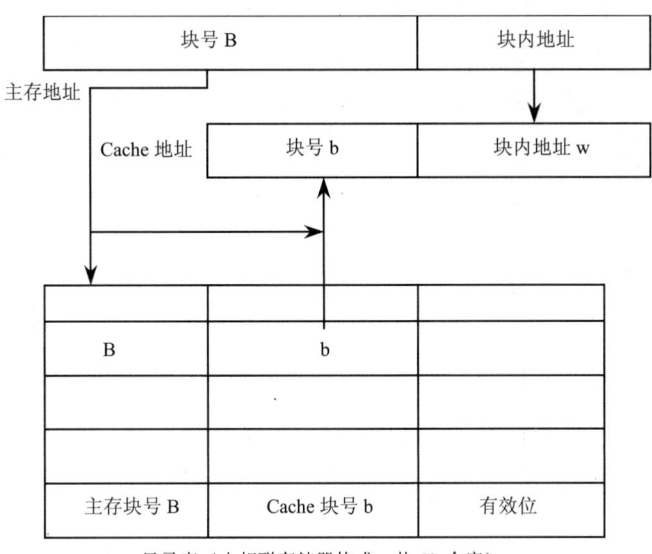

图 6-27 全相联地址转换

这种映象方式命中率比较高，Cache 存储空间利用率高，但访问相关存储器时，每次都要与全部内容比较，速度低，成本高，因而应用少。

（2）直接相联映象

在直接相联方式中，主存与缓存分成相同大小的数据块，主存容量应是缓存容量的整数倍，将主存空间按缓存的容量分成区，主存中每一区的块数与缓存的总块数相等。主存储器中某区的一块存入缓存时只能映象到 Cache 的一个特定的块中。

主存中各区内相同块号的数据块都可以分别调入缓存中块号相同的地址中，但同时只能有一个区的块存入缓存。由于主、缓存块号相同，因此，目录登记时，只需记录调入块的区号即可。主、缓存块号及块内地址两个字段完全相同。目录表存放在高速小容量存储器中，其中包括二部分：数据块在主存的区号和有效位。目录表的容量与缓存的块数相同。

这种地址映象方式简单，数据访问时，只需检查区号是否相等即可，因而可以得到比较快的访问速度，硬件设备简单。但替换操作频繁，命中率比较低。

（3）组相联映象

组相联的映象是前两种方式的结合。采用组相联方式时，主存和 Cache 按同样大小划分成块和组，如将 Cache 分成 G 组，每组包含 N 块（G 和 N 是 2 的整次幂），主存容量是缓存容量的整数倍，将主存空间按缓冲区的大小分成区，主存中每一区的组数与缓存的组数相同。当主存的数据调入缓存时，主存与缓存的组号应相等，也就是各区中的某一块只能存入缓存的同组号的空间内，但组内各块地址之间则可以任意存放，即从主存的组到 Cache 的组之间采用直接映象方式；在两个对应的组内部采用全相联映象方式。

如图 6-28 所示为直接相联映像方式示意图，Cache 分了 8 块，4 块一组，共两组；主存分 256 块，每两块一组，共 128 组。主存块号模 2 余数为 0 的可映像到 Cache 的第 0 组，主存块号模 2 余数为 1 的可映像到 Cache 的第 1 组。

直接相联映像中，主存地址与缓存地址的转换有两部分，组地址是按直接映象方式，按地址进行访问，而块地址是采用全相联方式，按内容访问。组相联的地址转换部件也是采用相关存储器实现。

这种方式中块的冲突概率比较低，块的利用率大幅度提高，块失效率明显降低。但是实现难度和造价要比直接映象方式高。

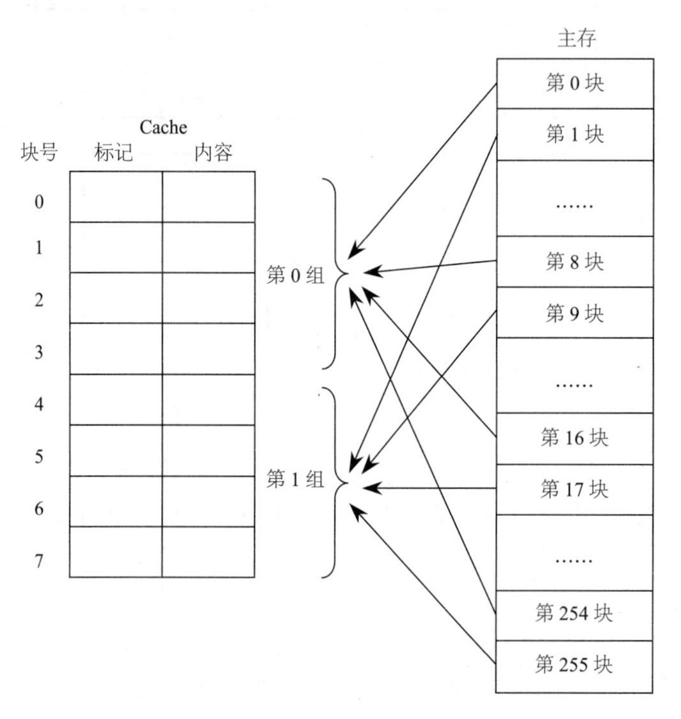

图 6-28　组相联示意图

2. Cache 的读/写过程

CPU 访问主存时首先访问 Cache，在 Cache 中查找所需数据。高速缓存命中次数与存储器访问总次数之比称为命中率，一般 Cache 的命中率都在 90%以上。

Cache 的读和写过程有一定的差别。

对读操作，查找和读出可以同时进行。如果找到，读出的信息正确；如果没有找到，读出的信息作废，再访问主存，将要访问的单元和该单元的主存块调入 Cache，再进行读操作。

对写操作，查找和读出不能同时进行，找到后才能进行写操作，Cache 的写操作策略有两种处理方法。一种是写回法，执行写操作时只写入 Cache，并作标志，替换时才一次写入主存。这种方式复杂，不能保持主存和 Cache 的一致性，但速度快；另一种就是直写法，即写入 Cache 的同时也写入主存。这种方式简单，可保持主存和 Cache 的一致性，但速度慢，还有一些写操作是对同一单元进行，是无效操作。当写操作失效时，也有两种处理方法，一种是将要写的块调入 Cache 后再写，另一种是直接写入主存。

一般写回法采用第一种策略，直写法采用第二种策略。

3. 替换策略

根据程序局部性规律可知：程序在运行中，总是频繁地使用那些最近被使用过的指令和数据。这就提供了替换策略的理论依据。综合命中率、实现的难易及速度的快慢各种因素，替换策略可有随机法、先进先出法、最近最少使用法等。

（1）随机法

随机法是随机地确定替换的存储块。设置一个随机数产生器，依据所产生的随机数，确定替换块。这种方法简单、易于实现，但命中率比较低。

（2）先进先出法

先进先出法是选择那个最先调入的块进行替换。当最先调入并被多次命中的块，很可能被优先替换，因而不符合局部性规律。这种方法的命中率比随机法好些，但还不满足要求。

（3）最近最少使用法（LRU 法）

LRU 法是依据各块使用的情况，总是选择那个最近最少使用的块被替换。这种方法比较好地反映了程序局部性规律，可提高命中率，但算法实现复杂，系统开销大，特别是可选择的块较多时。

6.4.2 虚拟存储器

虚拟存储器由主存和硬盘的一部分构成，在系统软件和辅助硬件的管理下可以当主存使用。虚拟存储器作为一种主存—辅存层次的存储系统，解决了主存容量不足的问题，使得用户可以在一个很大的存储空间编程，不必考虑主存的实际大小。现代微型计算机大多采用了这一技术。

1. 虚拟存储器的工作原理

物理地址是实际的主存单元地址，由 CPU 地址引脚送出，是用于访问主存的。虚拟地址是用户编程时使用的地址，由编译程序生成，是程序的逻辑地址，其地址空间的大小受到辅助存储器容量的限制。显然，虚拟地址要比实际地址大得多。程序的逻辑地址空间称为虚拟地址空间。

程序运行时，CPU 以虚拟地址来访问主存，由辅助硬件找出虚拟地址和实际地址之间的对应关系，并判断这个虚拟地址指示的存储单元内容是否已装入主存。如果已在主存中，则通过地址变换，CPU 可直接访问主存的实际单元；如果不在主存中，则把包含这个字的一个存储块调入主存后再由 CPU 访问。如果主存已满，则由替换算法从主存中将暂不运行的一块调回外存，再从外存调入新的一块到主存。

从原理角度看，虚拟存储器和 Cache－主存层次有不少相同之处。不过，Cache—主存层次的控制完全由硬件实现，所以对各类程序员是透明的；而虚拟存储器的控制是软硬件相结合的，对于设计存储管理软件的系统程序员来说是不透明的，对于应用程序员来说是透明的。

主存－外存层次和 Cache－主存层次所使用的地址变换及映射方法和替换策略，从原理上看是相同的，都基于程序局部性原理。它们遵循的原则如下。

（1）把程序中最近常用的部分驻留在高速的存储器中。

（2）一旦这部分变得不常用了，把它们送回到低速的存储器中。

（3）这种换入换出是由硬件或操作系统完成的，对用户是透明的。

（4）力图使存储系统的性能接近高速存储器，价格接近低速存储器。

两种存储系统的主要区别在于：在虚拟存储器中未命中的性能损失，要远大于 Cache 系统中未命中的损失。

2. 虚拟存储器的类型

虚拟存储器一般有页式、段式和页段式三种类型。现代微型计算机已将有关的存储管理硬件集成在 CPU 中，支持操作系统选用三种方式中的一种。

（1）页式虚拟存储器

以页为基本单位的虚拟存储器叫做页式虚拟存储器。主存空间和虚存空间都划分成若干个大小相等的页，主存（即实存）的页称为实页，虚存的页称为虚页。

虚存地址分为高低两个字段：高位字段为逻辑页号，低位字段为页内地址。实存地址也分为高低两个字段：高位字段为物理页号，低位字段为页内地址。虚存地址到实存地址的变换是通过存放在主存中的页表来实现的。在页表中，对应每一个虚存逻辑页号有一个表项，表项内容包含该逻辑页所在的主存页面地址（物理页号），用它作为实存地址的高字段，与虚存地址的页内地址字段相拼接，产生完整的实存地址，据此来访问主存。

页表中的表项除包含虚页号对应的实页号之外，还包括装入位、修改位、替换控制位等控制字段。若装入位为“1”，表示该页面已在主存中，将对应的实页号与虚地址中的页内地址相拼接就得到了完整的实地址；若装入位为“0”，表示该页面不在主存中，于是要启动 I/O 系统，把该页从外存中调入主存后再供 CPU 使用。修改位指出主存页面中的内容是否被修改过，替换时是否要写回外存。替换控制位指出需替换的页，与替换策略有关。

页式虚拟存储器的每页长度是固定的，页表的建立很方便，新页的调入也容易实现。但是由于程序不可能正好是页面的整数倍，最后一页的零碎空间将无法利用而造成浪费。同时，页不是逻辑上独立的实体，这使得程序的处理、保护和共享都比较麻烦。

（2）段式虚拟存储器

把主存按段分配的存储管理方式称为段式管理。段是利用程序的模块化性质，按照程序的逻辑结构划分成多个相对独立的部分，如过程、数据表、阵列等。段作为独立的逻辑单位可以被其他程序段调用，这样就形成了段间连接，产生规模较大的程序。因此，把段作为基本信息单位在主存－外存之间传送和定位是比较合理的。一般用段表来指明各段在主存中的位置，每段都有它的名称（用户名称或数据结构名称或段号）、段起点、段长等。段表也是主存的一个可再定位的段。段式管理的优点是段的分界与程序的自然分界相对应，段的逻辑独立性使它易于编译、管理、修改和保护，也便于多道程序共享。某些类型的段（例如堆栈、队列）具有动态可变长度，允许自由调度以便有效利用主存空间。但是，正因为段的长度各不相同，段的起始地址和结束地址不定，这给主存空间分配带来麻烦，而且容易在段间留下许多碎片不好利用，造成浪费，这种浪费比页式管理系统大。

（3）段页式虚拟存储器

段页式存储管理则是结合前两者的优点，将程序按其逻辑结构分段，每段内再分大小相同的页，主存也划分成大小相同的页，运行时按段共享和保护程序和数据，按页调进和调出主存。

虚存和实存之间以页为基本传送单位，每个程序对应一个段表，每段对应一个页表。虚地址包含段号、段内页号、页内地址三部分。CPU 访问时，首先将段表起始地址与段号合成，得到段表地址，然后从段表中取出该段的页表起始地址，与段内页号合成，得到页表地址，最后从页表中取出实页号，与页内地址拼接形成主存实地址。

段页式存储器综合了前两种结构的优点，但要经过两级查表才能完成地址转换，要多花费一些时间。

6.4.3 并行存储器

并行是指在同一时刻或同一时间段完成两种或两种以上性质相同或不同的工作。采用并行技术是提高微型计算机性能的重要方法。

1. 双端口存储器

普通的单端口存储器只有一套地址寄存器和译码电路，一套读写电路及数据缓冲器，在一个存储周期内只接收一个地址，访问一个存储单元。双端口存储器具有两个彼此独立的读写口，每个读写口都有一套自己的地址寄存器和译码电路，可以并行地独立工作。两个读写口可以按各自接收的地址同时读出或写入，或一个写入而另一个读出。与两个独立的存储器不同，两个读写口的访存空间相同，可以访问同一个存储单元。

由此可见，双端口存储器由于具有两组相互独立的读写控制线路，可以对存储器中任何位置上的数据进行并行、独立的存取操作，因而是一种高速工作的存储器。

如果两个端口同时访问存储器的同一个存储单元，便会发生读写冲突。为解决此问题，可以设置一个“忙”标志。在发生读写冲突时，片上判断逻辑决定对哪个端口优先进行读写操作，而对另一个被延迟的端口置“忙”标志，即暂时关闭此端口。等到优先端口完成读写操作，才将被延迟端口的“忙”标志复位，重新开放此端口，允许延迟端口进行存取。

2. 多体并行存储器

多体并行存储器是由多个独立的、容量相同的存储模块构成的多体模块存储器。每个存储模块都有相同的容量和存储速度，各模块都有各自独立的地址寄存器、数据寄存器、地址译码、驱动电路和读/写电路。每个模块各自以等同的方式与 CPU 传递信息，既能并行工作，又能交叉工作。

例如主存被分为四个相互独立、容量相同的模块，各自以同等的方式与 CPU 交换信息。地址码的低位字段经过译码选择不同的模块，而高位字段则指向相应模块内的存储字。连续地址分布在相邻的不同模块内，同一个模块内的地址都是不连续的。因此，借由交叉存储方式，可以实现对连续字成块传送的多模块流水式并行存取。CPU 同时访问四个模块，由存储器控制部件控制它们分时使用数据总线进行信息传递。对每一个存储器模块而言，从 CPU 给出访存命令直到读出信息仍然使用一个存取周期时间，但对 CPU 而言，它可以在一个存取周期内连续访问四个模块，各模块的读写过程重叠进行。所以多模块交叉存储器是一种并行存储器结构，可以大大提高存储器的带宽。

6.5 微机主存空间分配

主存是微处理器能直接存取指令和数据的部分，能否合理地利用主存，很大程度上将影响到整个计算机的性能。不同的计算机系统的主存地址空间的分配情况是不同的，图 6-29 展示了 32 位 PC 机主存空间分配的基本情况。

1. 最低 1MB 主存

8086 可寻址 1MB 的存储空间，其物理地址范围为 00000H~FFFFFH。复位后首先从 FFFF0H 开始指令的执行，故将高地址端设置为 ROM 空间，而低地址端设置为 RAM 空间。在 DOS 操作系统管理下，1MB 的主存空间分为以下几部分。

（1）系统 RAM 区

该 RAM 区地址最低端的 640KB 空间（00000H~9FFFFH），由 DOS 系统进行管理。最低的 1KB 用作中断向量表，00400H~004FFH 的 256 个字节为 ROM-BIOS 使用的数据区，00500H~005FFH 的 256 个字节为 DOS 参数区，接着安排 DOS 操作系统的核心程序、设备驱动程序等，随后都提供给用户的应用程序使用。

（2）显示 RAM 区

该 RAM 区保留作为系统的显示缓冲存储区。主存空间为 128KB（A0000H~BFFFFH），用来存放在屏幕上显示的信息。

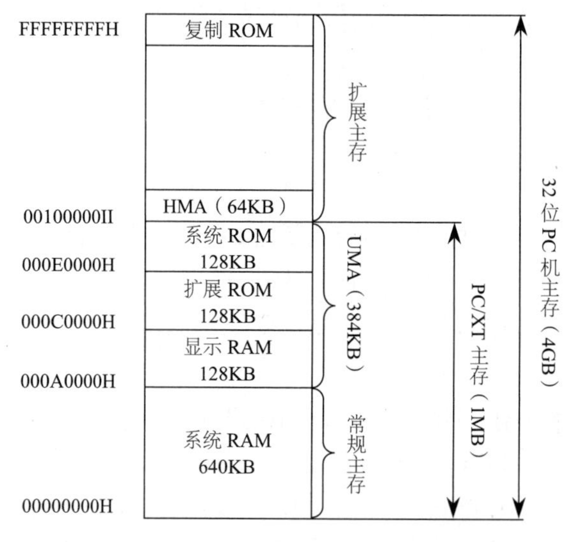

图 6-29　32 位 PC 机的主存空间分配

显示 RAM 区并没有完全使用，具体使用的容量与显示卡及显示方式有关。如 PC 机最早使用的单色显示卡 MDA 使用 4KB（B0000H~BFFFFH），仅支持黑白字符显示方式，可显示 25 行×80 列西文字符。彩色图形显示卡 CGA 使用 16KB（B8000H~BBFFFH），可支持多种字符和图形显示模式。现在的图形加速显示卡的显示存储空间，它们不规划在微机系统的主存空间中。

（3）扩展 ROM 区

扩展 ROM 区（C0000H~DFFFFH）用来安排各种 I/O 接口电路卡上的 ROM，为相应外设提供底层驱动程序。如硬盘驱动器使用 C8000H~CBFFFH 的 16KB 空间来存放它的驱动程序。用户也可以按格式要求为自己的设备编写相应的 ROM-BIOS 程序，并将它存放在这一区域，系统会对它进行确认和连接。

（4）系统 ROM 区

系统 ROM 区（C0000H~FFFFFH）主要安排系统提供的 ROM-BIOS 程序，负责系统上电检测、磁盘 DOS 的引导（BOOT）等初始化操作，也用来驱动系统配置的标准输入输出设备，还存放供输出设备使用的字符和图符点阵信息。ROM-BIOS 主要占用了地址范围 F0000H~FFFFFH 的 64KB 主存空间。

2. 扩展主存

上述 1MB 为实方式主存，其空间分配在所有使用 80X86 微处理器的 PC 机上都是一样的。其中最低 640KB 的系统 RAM 区被称为常规主存或基本主存，剩余 384KB 称为上位主存区（Upper Memory Area，UMA）。

8086 提供 1MB 主存，80286 提供 16MB 主存，32 位微处理器提供 4GB 主存，所谓扩展主存是指 RAM 中高于 1MB 的部分。扩展主存只能在保护方式使用。Lotus、Intel、AST 及 Microsoft 公司建立了 MS-DOS 下扩展内存的规范（Extended Memory Specifications，XMS）。我们常在 Config.sys 文件中看到的 Himem.sys 就是管理扩展内存的驱动程序。

3. 扩充主存

有限的内存容量远远不能满足大程序以及共存于内存的多个程序的存储要求，这就得借助于一些存储技术来实现内存的扩充。

扩充主存并不是微处理器可以直接访问的存储空间。主存扩充是通过虚拟存储技术实现的，该技术把外存当作主存的直接延伸，从而将有限的实际内存与大容量的外存统一组织成一个远大于实存的虚拟存储器（简称虚存），使用户感到主存空间无限大。当一个程序运行时，其全部信息装入虚存空间，但实际上可把程序当作执行所涉及的那一部分信息存于内存，而其他部分则存于外存。当所访问的信息不在内存时，则由操作系统负责调入所需部分；当内存空间紧张，又由操作系统负责将内存中暂时不用的信息调至外存，以腾出空间来供必需之用。

4. 高端主存区

CPU 在实方式下以段地址与偏移量相加获得物理地址的方式来寻址，其寻址的最大逻辑内存空间为 FFFFH：FFFFH，即 10FFEFH，此已超过 8086CPU 的 20 条地址线所能寻址的 lMB 的上限，它将自动回绕从起点 00000H 开始。但 80286CPU 及以后的微处理器上还有 A_{20} 地址引脚，实方式下不会自动回绕，而是从 100000H 开始，使得 A_{20}=1。而 A_{20} 及以后的地址引脚应该在保护方式下被激活。为了控制 A_{20} 的激活，通过信号线的“逻辑门”（A20Gate）打开，即可使用此 64KB 范围的内存，这段内存乃在实地址模式下。

lMB 以上至现在 CPU 所能寻址的广大空间 4GB 被称为高端内存区（High Memory Area，HMA），一般说 HMA 是 64KB。在实方式下，通过控制 A_{20} 开放，程序可以访问从 100000H ~ 1OFFEFH 的存储区域。

5. 上位主存块

A0000H~FFFFFH 地址范围的 384KB 的主存称为上位主存区 UMA，但是这部分主存区域并没有被使用完。由于未使用的区域并不连续，它们被开辟为上位主存块（Upper Memory Block，UMB）。版本 5 及以后的 DOS 包含有 EMM386.EXE 驱动程序，可以用来查找和管理没有使用的 UMB。

UMA 和 UMB 这两部分区域都可以安排给 DOS 及其应用程序，以尽量节省 640KB 的常规 RAM 空间。

6. ROM 复制和影子主存

系统加电或复位后，8086 从物理地址 FFFF0H 开始执行第一条指令；80286 在实方式下，从物理地址 FFFFF0H 开始执行第一条指令。因为复位后，CS=F000H，IP=FFF0H，地址引脚 A_{20}~A_{23} 为高电平，当执行完第一个指令代码后，地址引脚 A_{20}~A_{23} 为低电平，而且直到进入保护方式这些引脚才被激活。这样，原来安排在 F0000H~FFFFFH 地址范围的 64KB 容量的 ROM-BIOS 必须复制到

FF0000H~FFFFFFH 主存地址区域，以便在实方式和保护方式都能够读取。

同样，IA-32 微处理器启动后第一条指令是在 FFFFFFF0H 存储单元，其支持的 4GB 主存空间的最后 64KB 主存空间也必须复制 ROM-BIOS 内容。

为了提高计算机系统的效率，只要一开机加电，ROM-BIOS 信息就映射到 RAM 中，以后读取 ROM-BIOS 内容可以访问快速的 RAM 芯片。由于影子主存的物理编址与对应的 ROM 相同，所以当需要访问 BIOS 时，只需访问影子主存而不必再访问 ROM，这就能大大加快计算机系统的运算时间。通常访问 ROM 的时间在 200ns 左右，访问 DRAM 的时间小于 60ns，甚至更短。

习　题

6.1　若有一单板机，具有用 8 片 2114 构成的 4K RAM，连线如图 1 所示。

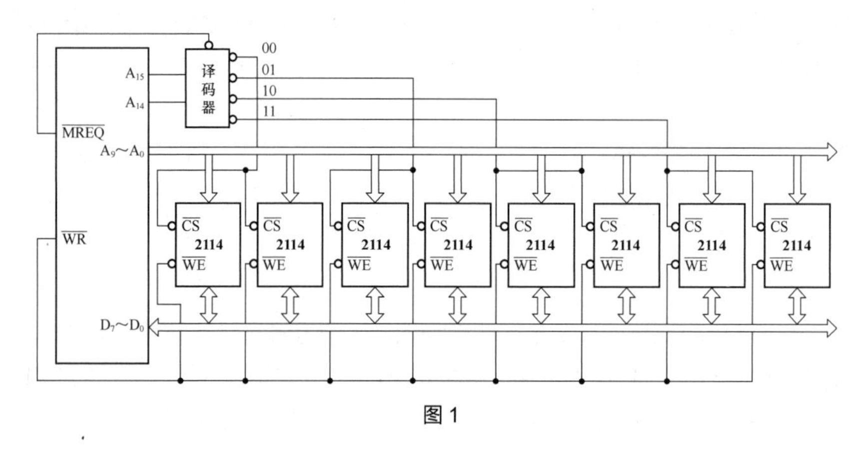

图 1

若以每 1K RAM 作为一组，则此 4 组 RAM 的基本地址是什么？地址有没有重叠区，每一组的地址范围为多少？

6.2　若要扩充 1K RAM（用 2114 片子），规定地址为 8000～83FFH，地址线应如何连接？

6.3　开机后，微机系统需要检测主存储器是否正常。例如，可以先向所有存储单元写入数据 00H，然后读取看是否还是 00H；继续向所有存储单元写入数据 FFH，然后读取看算法还是 FFH。利用 8 位二进制各位互反的数据的反复写入，读出和比较就能够识别出有故障的存储单元。利用获得的有故障的存储单元所在的物理地址，如果能够分析出该存储单元所在的存储器芯片，就可以实现芯片级的维修。试编一个简单的 RAM 检查程序，要求此程序能记录有多少个 RAM 单元工作有错，且能把出错的 RAM 单元的地址记录下来。

6.4　SRAM 芯片的片选信号的用途是什么？对应的读写控制信号是什么？

6.5　DRAM 为什么需要刷新电路？如何进行刷新？

6.6　4M×1B 的 DRAM 芯片有多少个地址线引脚？在刷新间隔内需安排多少刷新周期？

6.7　Cache 和主存之间的地址映像方式中，哪一种方式调入 Cache 的位置是固定的？哪一种方式需要使用替换算法？

6.8　如采用组相联映像，Cache 分 8 组，每组 4 块，每块 128B，主存 2MB。计算主存分多少块？主存的第 2000 号单元可映像到 Cache 的哪一块？块标记是多少？

07 第7章　输入和输出

微处理器并不直接控制外部设备（简称外设），而是通过输入/输出接口电路与外设进行联络，包括控制外设的工作、与外设交换信息等。因此，输入/输出接口电路是计算机的重要组成部分。程序、原始数据和各种现场采集到的资料和信息，都要通过输入设备输入至计算机。计算结果或各种控制信号要输出给各种输出设备，以便显示、打印和实现各种控制动作。常用的输入设备有键盘、鼠标、扫描仪、经过 A/D（模/数）转换的现场信息等。常用的输出设备有显示器、打印机、绘图仪以及经过 D/A（数/模）转换的各种控制信号。近来多媒体技术有了很大发展，声音和图像的输入和输出设备也成为了重要的 I/O 设备。本章在介绍输入/输出接口电路特性的基础上，能让读者了解微处理器和外设的数据传送方式和中断系统。

7.1 概述

外部设备的种类繁多，可以是机械式、电动式、电子式以及其他形式的。输入的信息也不相同，可以是数字量、模拟量（模拟式的电压、电流），也可以是开关量（两个状态的信息）。而且输入信息的速度也有很大区别，可以是手动的键盘输入（每个字符输入的速度为秒级），也可以是磁盘输入（每个字符输入的速度为微秒级）。所以 CPU 与外设之间的连接与信息交换是比较复杂的。

7.1.1 输入/输出的寻址方式

CPU 寻址外设可以有两种方式。

1. **存储器对应输入/输出方式**

在这种方式中，把一个外设端口作为存储器的一个单元来对待，故每一个外设端口占有存储器的一个地址。从外部设备输入一个数据，作为一次存储器读的操作；而向外部设备输出一个数据，则作为一次存储器写的操作。

这种方式有以下优点。

（1）CPU 对外设的操作可使用全部的存储器操作指令，故指令多，使用方便。如可以对外设中的数据（存于外设的寄存器中）进行算术和逻辑运算，进行循环或移位等。

（2）内存和外设的地址分布图是同一个。

（3）不需要专门的输入/输出指令以及区分是存储器还是 I/O 操作的控制信号。

缺点是外设占用了内存单元，使内存容量减小。

2. **端口寻址的输入/输出方式**

在这种工作方式中：CPU 有专门的 I/O 指令，用地址来区分不同的外设。但要注意实际上是以端口（Port）作为地址的单元，因为一个外设不仅有数据寄存器还有状态寄存器和控制命令寄存器，它们各需要一个端口才能加以区分，故一个外设往往需要数个端口地址。CPU 用地址来选择外设。通常专用的 I/O 指令，只用一个字节作为端口地址，故最多可寻址 256 个端口。

要寻址的外设的端口地址，显然比内存单元的地址要少得多。所以，在用直接寻址方式寻址外设时，它的地址字节，通常总要比寻址内存单元的地址少一个字节，因而节省了指令的存储空间，缩短了指令的执行时间。

在 IA-32 微处理器中，例如在 Intel 8088 和 8086 中，若用直接寻址方式寻址外设，则仍用一个字节的地址，可寻址 256 个端口；而在用 DX 间接寻址外设时，则端口地址是 16 位的，可寻址 $2^{16}=64K$ 个端口地址。

在用端口寻址方式寻址外设的 CPU 中，必须要有控制线来区分是寻址内存，还是外设。

7.1.2 CPU 与 I/O 设备之间的接口信息

CPU 与一个外设之间交换信息，如图 7-1 所示。

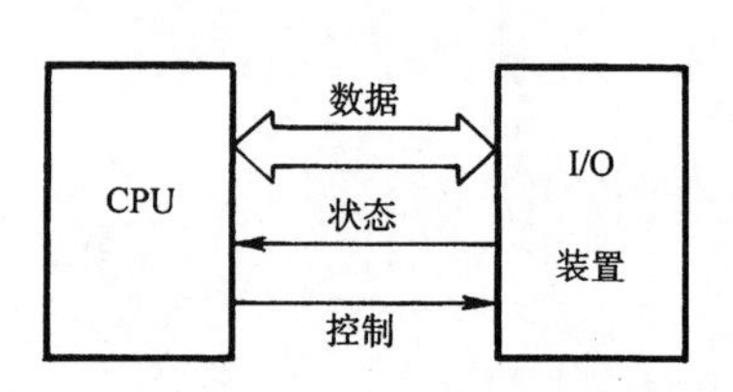

图 7-1　CPU 与 I/O 之间传送的信息

通常传送的是如下一些信号。

1. **数据（Data）**

在微型机中，数据通常为 8 位、16 位或 32 位。它大致可以分为三种基本类型。

（1）数字量

数字量是由键盘等输入的信息，是以二进制形式表示的数或以 ASCII 表示的数或字符。

（2）模拟量

当计算机用于控制时，大量的现场信息经过传感器把非电量（例如温度、压力、流量、位移等）转换为电量，并经放大，即得到模拟电压或电流。这些模拟量必须先经过 A/D 转换才能输入计算机（位数由 A/D 转换的精度确定）；计算机的控制输出也必须先经过 D/A 转换才能去控制执行机构。

（3）开关量

这是一些两个状态的量，如电机的运转与停止、开关的合与断、阀门的打开和关闭等。这些量只要用一位二进制数即可表示，故字长 8 位的机器一次输入或输出，可控制 8 个这样的开关量。

2. 状态信息（Status）

状态信息包括在输入时，输入设备是否准备好（Ready）的状态信息；在输出时，输出设备是否有空（Empty）的状态信息；若输出设备正在输出，则以忙（Busy）指示。

3. 控制信息（Control）

控制信息用于控制输入输出设备启动、停止等。

状态信息和控制信息与数据是不同性质的信息，必须要分别传送。但在大部分微型机中（8086 也如此），只有通用的 IN 和 OUT 指令，因此，外设的状态也必须作为一种数据输入；而 CPU 的控制命令也必须作为一种数据输出。为了使它们相互区分开，它们必须有自己的不同端口地址，如图 7-2 所示。数据需要一个端口；外设的状态需要一个端口，CPU 才能把它读入，以便了解外设的运行情况；CPU 的控制信号往往也需要一端口输出，以控制外设的正常工作。所以，一个外设往往要几个端口地址，CPU 寻址的是端口，而不是笼统的外设。

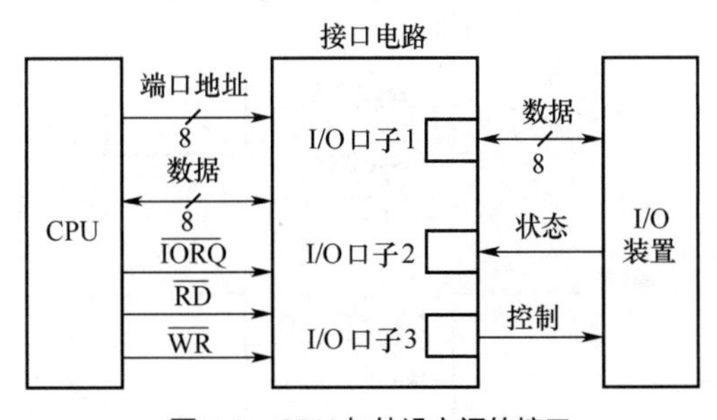

图 7-2　CPU 与外设之间的接口

7.1.3　CPU 的输入/输出时序

在第 5 章中介绍了在最大组态下 8086 的基本输入/输出总线周期的时序，它与存储器读写的时序是类似的。但是，通常 I/O 接口电路的工作速度较慢，往往要插入等待状态。所以，基本 I/O 操作由 T_1、T_2、T_3、T_w、T_4 组成，占用 5 个时钟周期，如图 7-3 所示。

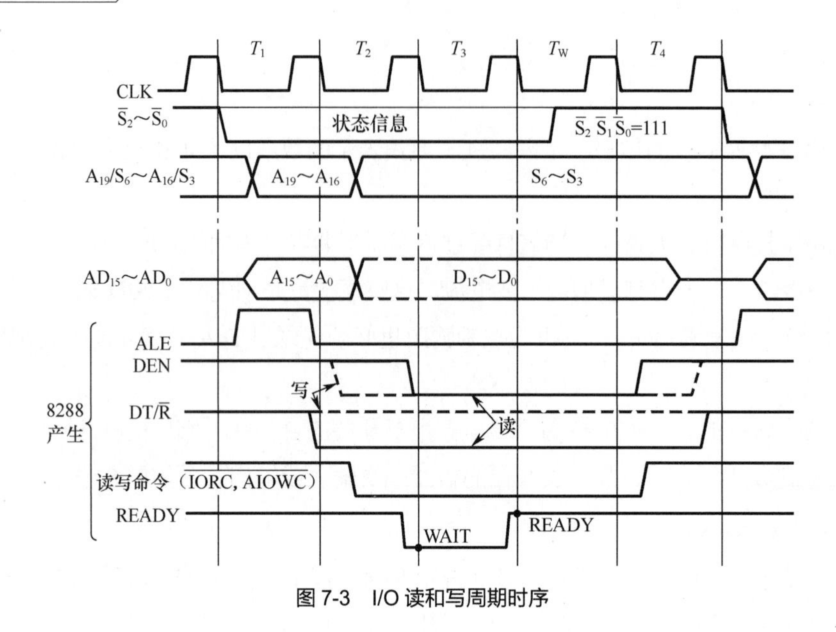

图 7-3 I/O 读和写周期时序

7.1.4 CPU 与接口电路间数据传送的形式

CPU 与外设的信息交换称为通信（Communication）。基本的通信方式有两种：

- 并行通信——数据的各位同时传送；
- 串行通信——数据一位一位顺序传送，如图 7-4 所示。

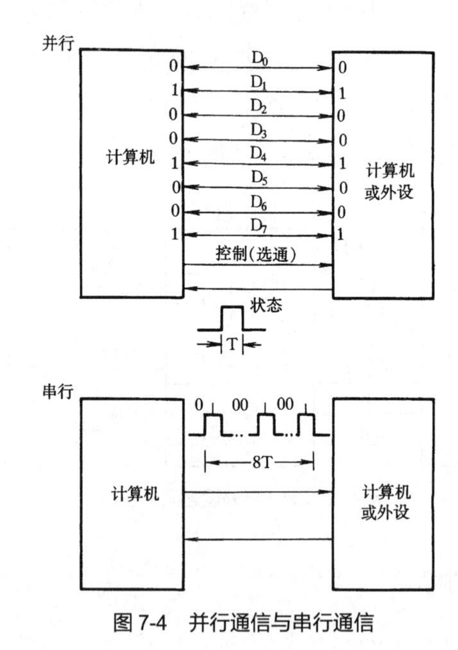

图 7-4 并行通信与串行通信

7.1.5 可编程接口的概念

目前所用的接口芯片大部分是多通道、多功能的。所谓多通道，就是指一个接口芯片一面与 CPU 连接，另一面可接几个外设；多功能是指一个接口芯片能实现多种接口功能，实现不同的电路工作状态。

从硬件角度看，各通道在芯片内部通过开关 S_0、S_1、…、S_n 与总线相接；如图 7-5 所示，各电路单元（用以实现不同的接口功能）通过各种开关电路相互连接。在接口芯片中，各硬件单元不是固定接死的，可由用户在使用中选择，即通过计算机的命令来选择不同的通道和不同的电路功能，称为“编程控制”。接口电路的组态（即电路工作状态）可由计算机指令来控制的接口芯片称为“可编程接口芯片”。

接口芯片中有一个寄存器，用来存放控制电路组态的控制字，称为控制寄存器，控制字的两位代码可控制四种状态，8 位代码可控制 256 种状态。

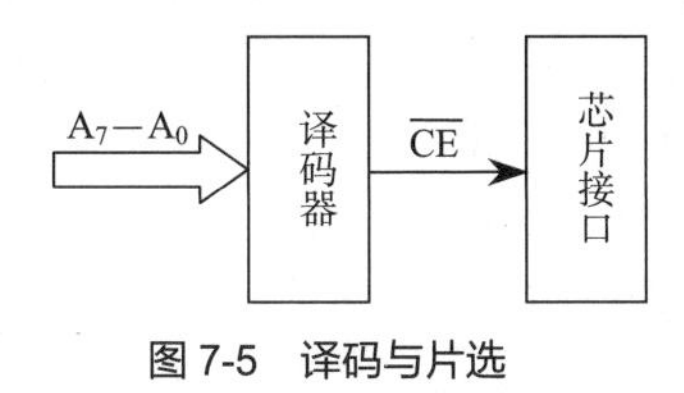

图 7-5 译码与片选

7.2 CPU 与外设数据传送的方式

当 CPU 与外设进行信息（数据、状态信号和控制命令）传送时，为了保证传送的可靠性和提高工作效率，有几种不同的传送方式。

7.2.1 查询传送方式

CPU 与 I/O 设备的工作往往是异步的，很难保证当 CPU 执行输入操作时，外设已把要输入的信息准备好了；而当 CPU 执行输出时，外设的寄存器（用于存放 CPU 输出数据的寄存器）也未必是空的。所以，通常程序控制的传送方式是，在传送之前必须要查询一下外设的状态，当外设准备就绪了才传送；若未准备好，则 CPU 等待。

1. 查询式输入

在输入时，CPU 必须了解外设的状态，看外设是否准备好。所以，接口部分除了有数据传送的端口以外，还必须有传送状态信号的端口，其方框图如图 7-6 所示。

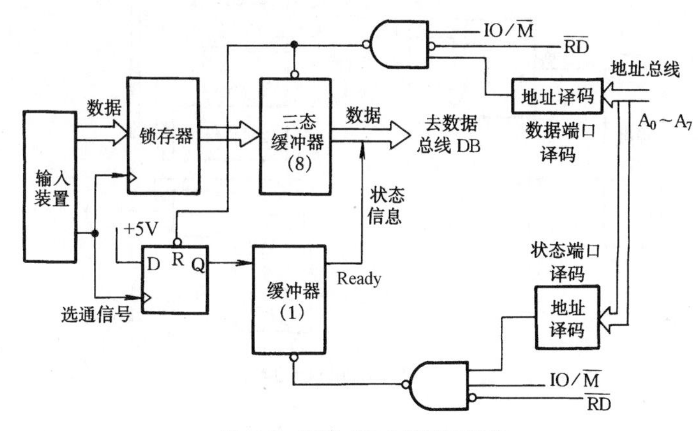

图 7-6 查询式输入的接口电路

当输入设备的数据已准备好后，发出一个选通信号，一边把数据送入锁存器，一边使 D 触发器为“1”，给出“准备好”（Ready）的状态信号。而数据与状态必须由不同的端口输入至 CPU 数据总线。当 CPU 要由外设输入信息时，先输入状态信息，检查数据是否已准备好；当数据已经准备好后，才输入数据。读入数据的指令，使状态信息清“0”。

读入的数据是 8 位或 16 位的。而读入的状态信息往往是 1 位的，如图 7-7 所示。所以，不同的外设的状态信息，可以使用同一个端口，而只要使用不同的位就行。

这种查询输入方式的程序流程图，如图 7-8 所示。

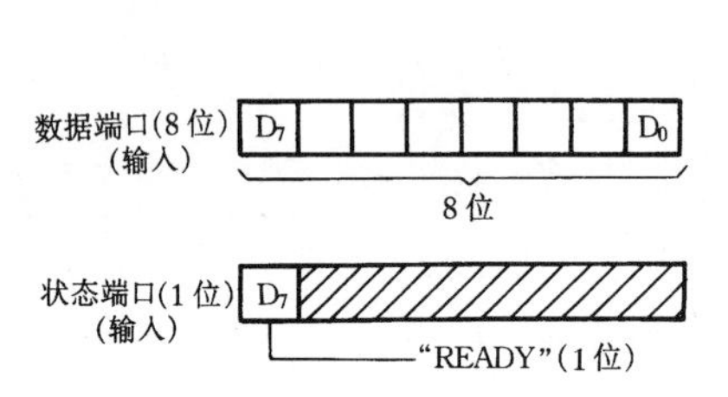

图 7-7　查询式输入时的数据和状态信息

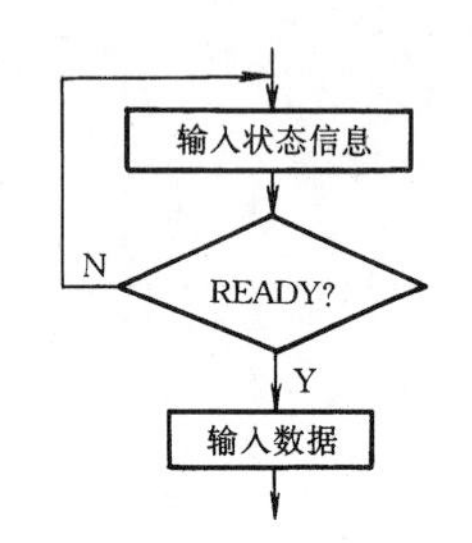

图 7-8　查询式输入程序流程图

查询部分的程序如下：

```
POLL:   IN      AL, STATUS_PORT     ; 从状态端口输入状态信息
        TEST    AL, 80H             ; 检查 READY 是否为 1
        JE      POLL                ; 未 READY，循环
        IN      AL, DATA_PORT       ; READY，从数据端口输入数据
```

这种 CPU 与外设的状态信息的交换方式，称为应答式，状态信息称为“联络”或称为“握手”（Handshake）信息。

2. 查询式输出

同样地，在输出时，CPU 也必须了解外设的状态，看外设是否有空（即外设不是正处在输出状态，或外设的数据寄存器是空的，可以接收 CPU 输出的信息）;若有空，则 CPU 执行输出指令，否则就等待。因此，接口电路中也必须要有状态信息的端口，如图 7-9 所示。

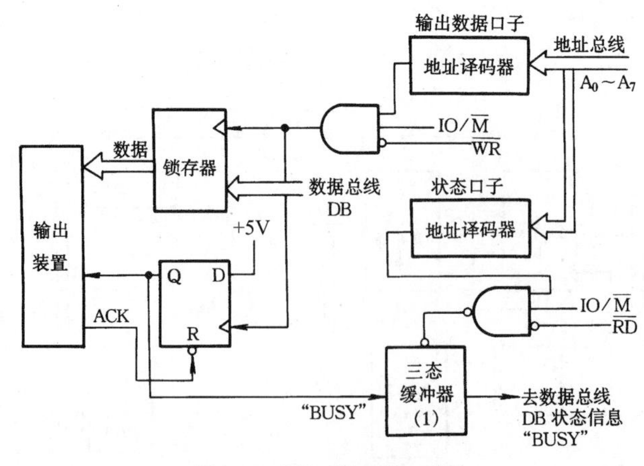

图 7-9　查询式输出接口电路

当输出设备把 CPU 要输出的数据输出以后，发出一个 ACK（Acknowledge）信号，使 D 触发器

置“0”，也即使“Busy”线为 0（Empty= $\overline{\text{Busy}}$ ）。当 CPU 输入这个状态信息后，知道外设为“空”，于是就执行输出指令。输出指令执行后，由地址信号和 IO/$\overline{\text{M}}$ 及 $\overline{\text{WR}}$ 相“与”后，发出选通信号，把在数据线上输出的数据送至锁存器，同时，令 D 触发器置“1”。它一方面通知外设输出数据已经准备好，可以执行输出操作，另一方面在数据由输出设备输出以前，一直为“1”，告知 CPU（CPU 通过读状态端口而知道）外设“Busy”，阻止 CPU 输出新的数据。

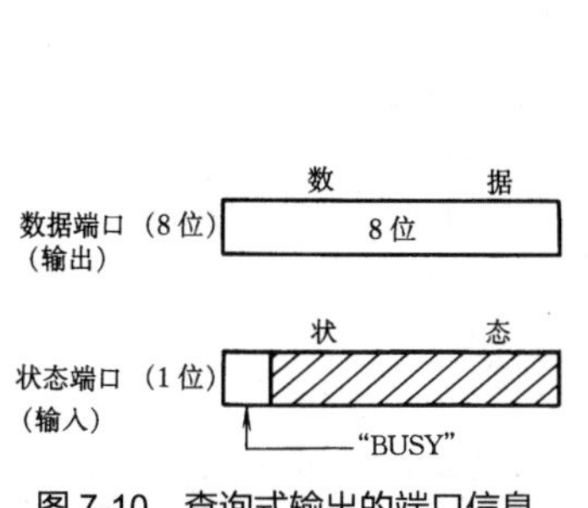

图 7-10　查询式输出的端口信息

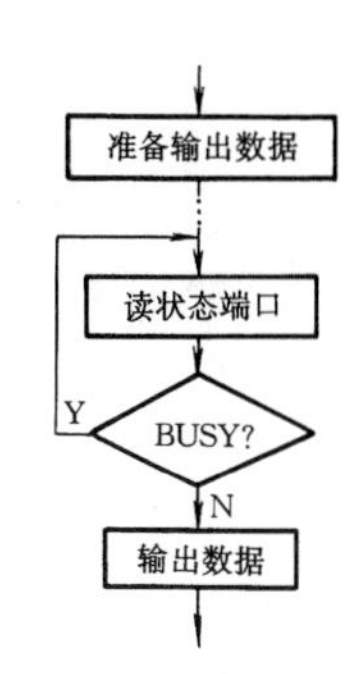

图 7-11　查询式输出程序流程图

接口电路的端口信息为：数据端口——8 位或 16 位；状态信息 1 位，如图 7-10 所示，查询式输出的程序流程图如图 7-11 所示。

查询部分的程序为：

```
POLL:   IN      AL, STATUS_PORT        ；从状态端口输入状态信息
        TEST    AL, 80H                ；检查 BUSY 位
        JNE     POLL                   ；BUSY 则循环等待
        MOV     AL, STORE              ；否则，从缓冲区取数据
        OUT     DATA_PORT, AL          ；从数据端口输出
```

其中，STATUS_PORT 是状态端口的符号地址；DATA_PORT 是数据端口的符号地址；STORE 是存放数据的单元的地址偏移量。

3. 一个采用查询方式的数据采集系统

一个有 8 个模拟量输入的数据采集系统，用查询的方式与 CPU 传送信息，电路如图 7-12 所示。

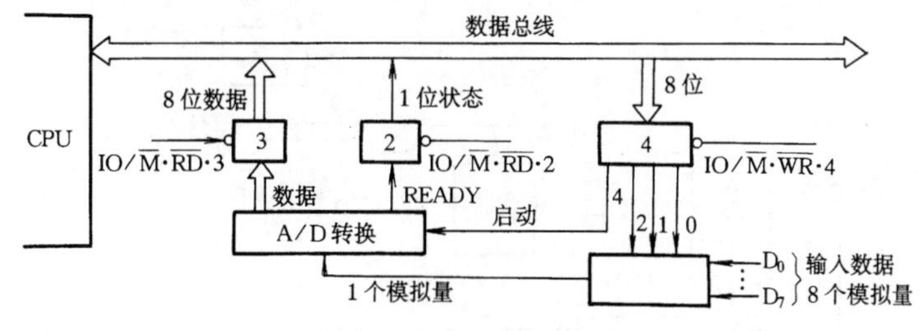

图 7-12　查询式数据采集电路

8 个输入模拟量，经过多路开关——它由端口 4 输出的三位二进制码（D_0、D_1、D_2）控制（000——相应于 A_0 输入），每次送出一个模拟量至 A/D 转换器；同时 A/D 转换器由端口 4 输出的 D_4 位控制启动与停止。A/D 转换器的 READY 信号由端口 2 的 D_0 输入至 CPU 数据总线，经 A/D 转换后的数据由端口 3 输入至数据总线。所以，一个这样的数据采集系统，需要用到三个端口，它们有各自的地址。

实现这样的数据采集过程的程序为：

```
START:  MOV     DL, 0F8H        ; 设置启动 A/D 转换的信号
        LEA     DI, DSTOR       ; 存放输入数据缓冲区的地址偏移量→DI
AGAIN:  MOV     AL, DL
        AND     AL, 0EFH        ; 使 D4=0
        OUT     [4], A          ; 停止 A/D 转换
        CALL    DELAY           ; 等待停止 A/D 操作的完成
        MOV     AL, DL
        OUT     [4], A          ; 启动 A/D，且选择模拟量 A0
POLL:   IN      AL, [2]         ; 输入状态信息
        SHR     AL, 1
        JNC     POLL            ; 若未 Ready，程序循环等待
        IN      AL, [3]         ; 否则，输入数据
        STOSB                   ; 存至内存
        INC     DL              ; 修改多路开关控制信号，指向下一个模拟量
        JNE     AGAIN           ; 8 个模拟量未输入完，循环
        …                       ; 输入完，执行别的程序段
```

7.2.2 中断传送方式

在上述的查询传送方式中，CPU 要不断地询问外设，当外设没有准备好时，CPU 就会等待，不能进行别的操作，这样就浪费了 CPU 的性能。而且许多外设的速度是较低的，如键盘、打印机等，它们输入或输出一个数据的速度是很慢的。在这个过程中，CPU 可以执行大量的指令。为了提高 CPU 的效率，可采用中断的传送方式：在输入时，若外设的输入数据已存入寄存器，或者在输出时，若外设已把上一个数据输出，输出寄存器已空，由外设向 CPU 发出中断请求（有关中断的详细工作情况，我们在下一章中讨论），CPU 就暂停原执行的程序（即实现中断），转去执行输入或输出操作（中断服务），待输入输出操作完成后即返回，CPU 再继续执行原来的程序。这样就可以大大提高 CPU 的效率，而且允许 CPU 与外设（甚至多个外设）同时工作。

在中断传送时的接口电路如图 7-13 所示。

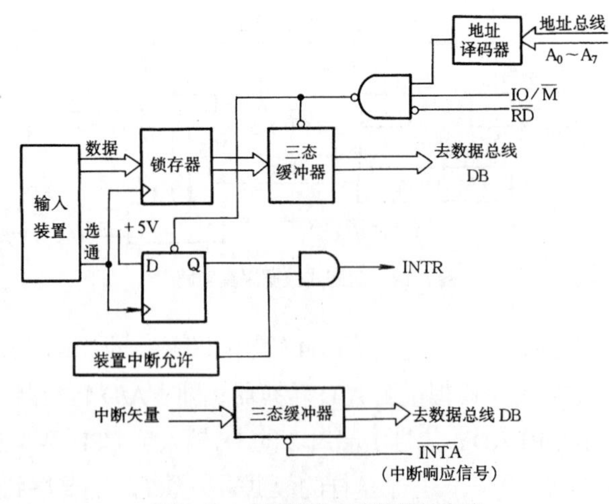

图 7-13 中断传送方式的接口电路

当输入设备输入一数据，发出选通信号，把数据存入锁存器，又使 D 触发器置“1”，发出中断请求，若中断是开放的，CPU 接受了中断请求信号后，在现行指令执行完后，暂停正在执行的程序，发出中断响应信号 $\overline{\text{INTA}}$，于是外设把一个中断矢量送到数据总线上，CPU 就转入中断服务程序——即输入（或输出）数据，同时清除中断请求标志。当中断处理完成后，CPU 返回被中断的程序继续执行。

7.2.3　直接数据通道传送（DMA）

利用中断进行数据传送，可以大大提高 CPU 的利用率。例如某一外设一秒钟能传送 100 个字节，若用查询方式输入，则在这一秒内 CPU 全部用于查询和传送；若用中断方式，假定 CPU 每传送一个字节的服务程序需 100μs，则传送 100 字节，CPU 只需用 10ms，即只占 1 秒的 1%，其余 99%的时间 CPU 可用于执行主程序。

但是中断传送仍是由 CPU 通过程序来传送，每次要保护断点，保护现场需用多条指令，每条指令要有取指和执行时间。这对于一个高速 I/O 设备，以及成组交换数据的情况，例如磁盘与内存间的信息交换，就显得速度太慢了。

所以希望用硬件在外设与内存间直接进行数据交换（Direct Memory Access，DMA），而不通过 CPU，这样数据传送的速度的上限就取决于存储器的工作速度。但是，通常系统的地址和数据总线以及一些控制信号线（例如 IO/$\overline{\text{M}}$、$\overline{\text{RD}}$、$\overline{\text{WR}}$ 等）是由 CPU 管理的。在 DMA 方式时，就希望 CPU 把这些总线让出来（即 CPU 连到这些总线上的线处于第三态——高阻状态），而由 DMA 控制器接管，控制传送的字节数，判断 DMA 是否结束，发出 DMA 结束等信号。这些都是由硬件实现的。故 DMA 控制器必须有以下功能。

（1）能向 CPU 发出 HOLD 信号。

（2）当 CPU 发出 HLDA 信号后，开始对总线的控制，进入 DMA 方式。

（3）发出地址信息，能对存储器寻址及能修改地址指针。

（4）能发出读或写等控制信号。

（5）能决定传送的字节数，及判断 DMA 传送是否结束。

（6）发出 DMA 结束信号，使 CPU 恢复正常工作状态。

通常 DMA 的工作流程如图 7-14 所示。

能实现上述操作的 DMA 控制器的硬件方框图，如图 7-15 所示。

当外设把数据准备好以后，发出一个选通脉冲，使 DMA 请求触发器置 1，它一方面向控制/状态端口发出准备就绪信号，另一方面向 DMA 控制器发出 DMA 请求。于是 DMA 控制器向 CPU 发出 HOLD 信号。当 CPU 在现行的机器周期结束后，响应 HOLD 信号发出 HLDA 信号，于是 DMA 控制器就接管总线，向地址总线发出地址信号，在数据总线上给出数据，并给出存储器写的命令，就可把由外设输入的数据写入存储器。然后修改地址指针，修改计数器，检查传送是否结束，若未结束则循环直至整个数据传送完，工作过程如图 7-16 中波形图所示。

在整个数据传送完后，DMA 控制器撤除总线请求信号（HOLD 变低），在下一个 T 周期的上升沿，就使 HLDA 变低。

当 CPU 需要运行别的周期时，又取得对总线的控制。

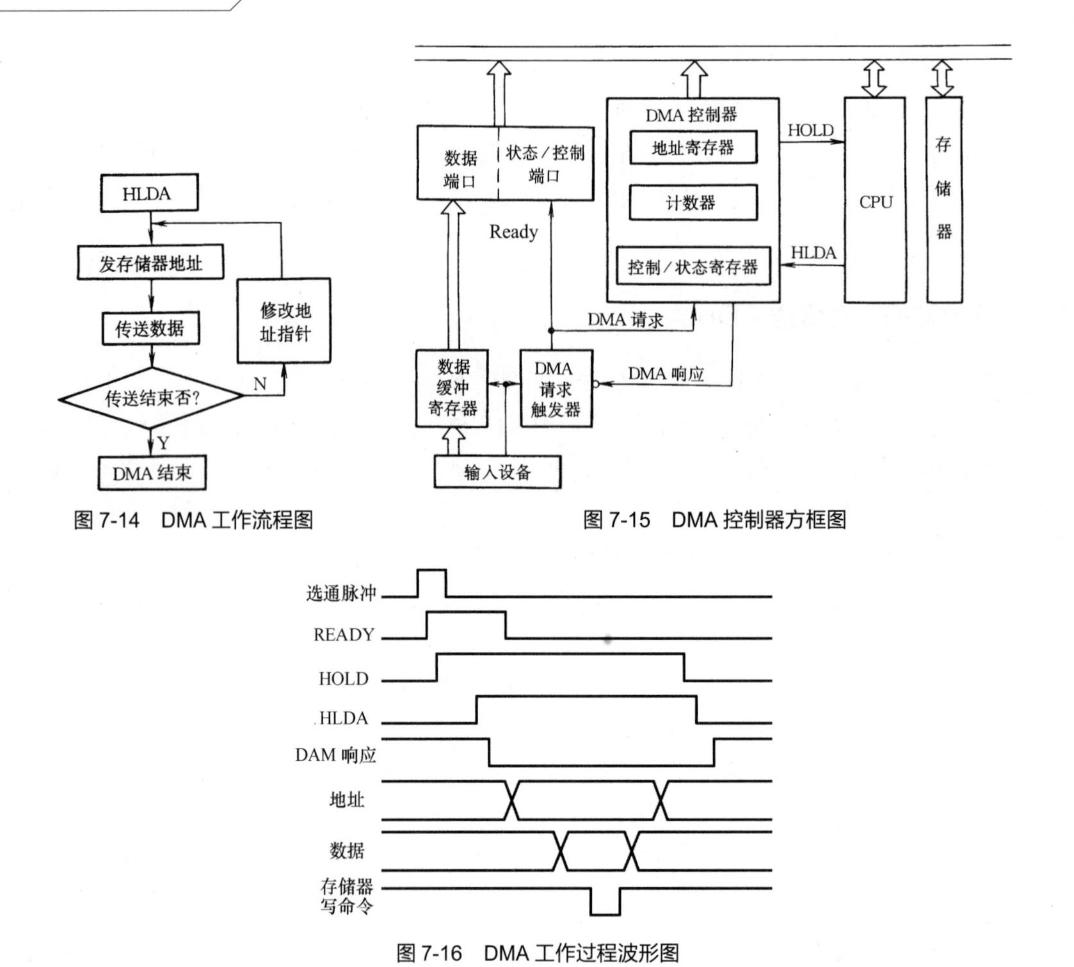

图7-14　DMA工作流程图

图7-15　DMA控制器方框图

图7-16　DMA工作过程波形图

随着大规模集成电路技术的发展，DMA传送已不局限于存储器与外设间的信息交换，而可以扩展为在存储器的两个区域之间，或两种高速的外设之间进行DMA传送，如图7-17所示。

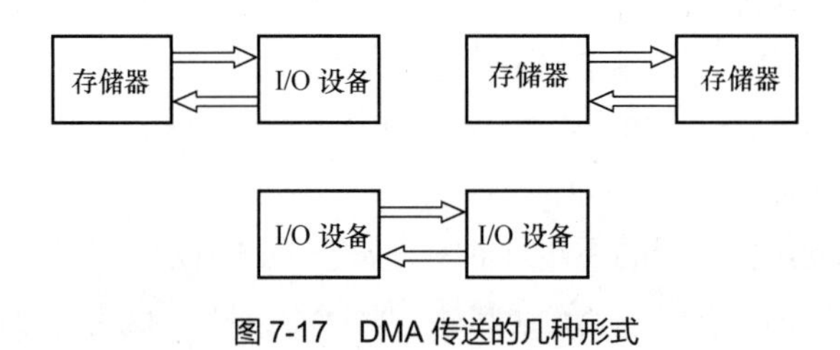

图7-17　DMA传送的几种形式

1. DMA控制器的基本功能

DMA控制器是控制存储器和外部设备之间直接高速地传送数据的硬件电路，它用硬件完成如图7-17所示的各项功能。具体地说应具有如下功能。

（1）能接收外设的请求，向CPU发出DMA请求信号。

（2）当CPU发出DMA响应信号之后，接管对总线的控制，进入DMA方式。

（3）能寻址存储器，即能输出地址信息和修改地址。

（4）能向存储器和外设发出相应的读/写控制信号。

（5）能控制传送的字节数，判断DMA传送是否结束。

（6）在 DMA 传送结束以后，能结束 DMA 请求信号，释放总线，使 CPU 恢复正常工作。

以上是 DMA 控制器应该完成的基本功能，不同系列的 DMA 控制器往往附加一些新的功能，如一个芯片有几个 DMA 通道，能在 DMA 传送结束时产生中断请求信号等。

2. DMA 传送方式

各种 DMA 控制器一般都有两种基本的 DMA 传送方式。

（1）单字节方式：每次 DMA 请求只传送一个字节数据，每传送完一个字节，都撤除 DMA 请求信号，释放总线。

（2）字节（字符）组方式：每次 DMA 请求连续传送一个数据块，待规定长度的数据块传送完了以后，才撤除 DMA 请求，释放总线。

在 DMA 传送中，为了使源和目的间的数据传送取得同步，不同的 DMA 控制器在操作时都受到外设的请求信号或准备就绪信号（Ready）的限制。

Intel 系列、Zilog 系列和 Motorola 系列都有自己的 DMA 控制器，它们在基本功能方面是相似的，深入地掌握了一种 DMA 控制器的工作原理和使用方法，再学习其他的 DMA 控制器就容易多了。在 IBM PC/XT 中，采用的是 Intel 8237 DMA 控制器。

7.3 中断系统

当 CPU 与外设交换信息时，若用查询的方式，则 CPU 就要浪费很多时间去等待外设。为解决这个问题，一方面要提高外设的工作速度；另一方面引入了中断的概念。

7.3.1 中断和中断源

处理器在执行程序时，被内部或外部的事件打断，转去执行一段预先安排好的中断服务程序；服务结束后，返回原来的断点，继续执行原来的程序，这个过程称为中断。有了中断功能，就可以使 CPU 和外设同时工作。CPU 在启动外设工作后，继续执行主程序，同时外设也在工作。当外设把数据准备好后，发出中断申请，请求 CPU 暂时终止主程序，执行输入或输出（中断处理），处理完以后，CPU 恢复执行主程序，外设也继续工作。而且有了中断功能，CPU 可允许多个外设同时工作。这样就大大提高了 CPU 的利用率，也提高了输入、输出的速度。

在计算机系统中，引起中断的原因，或者说能发出中断请求的来源，称为中断源。中断产生的原因可来自处理器内部，也可以来自处理器外部（即由处理器的中断请求引脚引入）。外部中断又分为可屏蔽中断和不可屏蔽中断。可屏蔽中断可以被处理器控制，往往用来和外设交换数据。

7.3.2 中断系统的功能

为了满足上述各种情况下的中断要求，中断系统应具有如下功能。

（1）实现中断及返回

当某一中断源发出中断请求时，CPU 能决定是否响应这个中断请求（当 CPU 在执行更紧急、更重要的工作时，可以暂不响应中断），若允许响应这个中断请求，CPU 必须在现行的指令执行完后，把断点处的 IP 和 CS 值（即下一条应执行的指令的地址）、各个寄存器的内容和标志位的状态，推入堆栈保留下来——称为保护断点和现场。然后转到需要处理的中断源的服务程序（Interrupt Service Routine）的入口，同时清除中断请求触发器。当中断处理完后，先恢复被保留下来的各个寄存器和标志位的状态（称为恢复现场），再恢复 IP 和 CS 值（称为恢复断点），使 CPU 返回断点，继续执行主程序。

（2）能实现优先权排队

通常，在系统中有多个中断源，可能会出现两个或更多个中断源同时提出中断请求的情况，这样就需要设计者事先根据轻重缓急，给每个中断源确定一个中断级别——优先权。当多个中断源同时发出中断请求时，CPU 能找到优先权级别最高的中断源，响应它的中断请求；在优先权级别最高的中断源处理完了以后，再响应级别较低的中断源的中断请求。

（3）高级中断源能中断低级的中断处理

当 CPU 响应某一中断源的请求，在进行中断处理时，若有优先权级别更高的中断源发出中断请求，则 CPU 要能暂时中止正在进行的中断服务程序；保留这个程序的断点和现场（类似于子程序嵌套），响应高级中断，在高级中断处理完以后，再继续执行被中断的中断服务程序。而当发出新的中断请求的中断源的优先权级别与正在处理的中断源同级或更低时，则 CPU 就先不响应这个中断请求，直至正在处理的中断服务程序执行完以后才去处理新的中断请求。

7.3.3 最简单的中断情况

由于 CPU 引脚的限制，中断请求线的数量是有限的，例如 8086 只有一条中断请求线。最简单的情况当然是只有一个中断源，我们就从这个最简单的情况分析起。

1. CPU 响应中断的条件

（1）设置中断请求触发器

每一个中断源，要能发出中断请求信号，且这个信号能保持着，直至 CPU 响应这个中断后，才可清除中断请求。故要求每一个中断源有一个中断请求触发器 A，如图 7-18 所示。

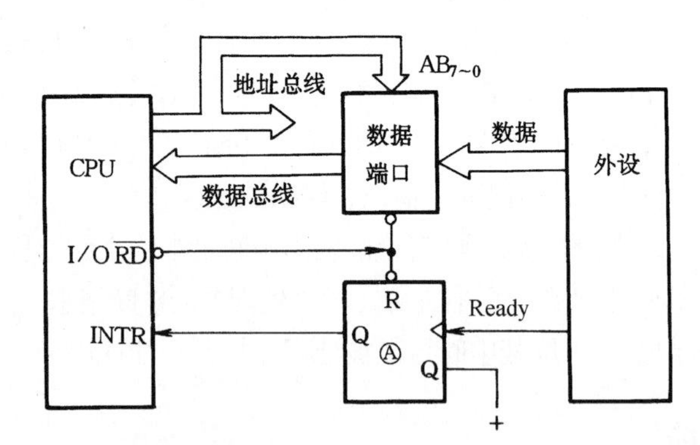

图 7-18 设置中断请求的情况

（2）设置中断屏蔽触发器

在实际系统中，往往有多个中断源。为了增加控制的灵活性，在每一个外设的接口电路中，增加了一个中断屏蔽触发器，只有当此触发器为“1”时，外设的中断请求才能被送至 CPU，如图 7-19 所示。可把 8 个外设的中断屏蔽触发器组成一个端口，用输出指令来控制它们的状态。

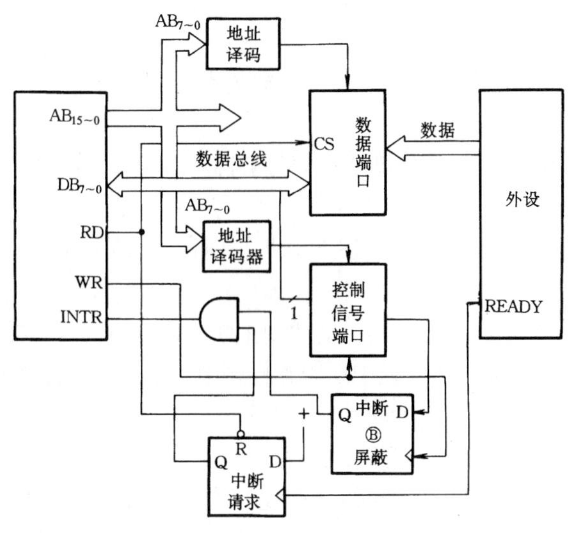

图 7-19　具有中断屏蔽的接口电路

（3）中断是开放的

在 CPU 内部有一个中断允许触发器。只有当其为“1”时（即中断开放时），CPU 才能响应中断；若其为“0”（即中断是关闭的），即使 INTR 线上有中断请求，CPU 也不响应。而这个触发器的状态可由 STI 和 CLI 指令来改变。当 CPU 复位时，中断允许触发器为“0”，即关中断，所以必须要用 STI 指令来开中断。当中断响应后，CPU 就自动关中断，所以在中断服务程序中必须要用 STI 指令来开中断。

（4）中断明确条件

CPU 在现行指令结束后响应中断，即运行到指令的最后一个机器周期的最后一个 T 状态时，CPU 才采样 INTR 线。若发现有中断请求，则把内部的中断锁存器置“1”，然后下一个机器周期（总线周期）不进入取指周期，而进入中断周期。其响应的流程如图 7-20 所示。

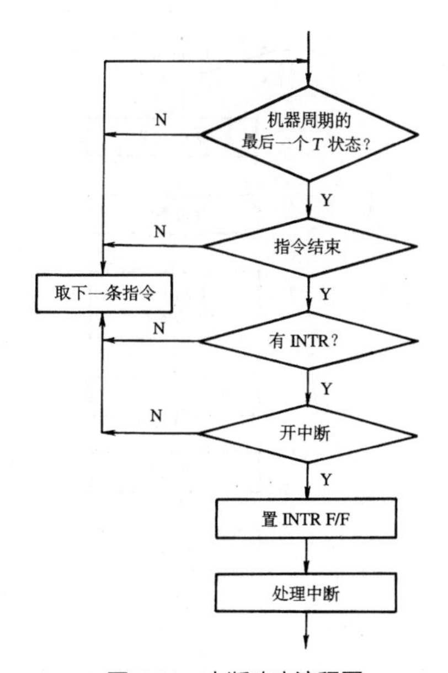

图 7-20　中断响应流程图

2. CPU 对中断的响应

当满足上述条件后，CPU 就响应中断，转入中断周期，CPU 主要有以下几种响应。

（1）关中断

8086 在 CPU 响应中断后，在发出中断响应信号 $\overline{\text{INTA}}$ 的同时，内部自动地实现关中断。

（2）保留断点

CPU 响应中断，封锁 IP+1，且把 IP 和 CS 推入堆栈保留，以备中断处理完毕后，能返回主程序。

（3）保护现场

为了使中断处理程序不影响主程序的运行，故要把断点处的有关寄存器的内容和标志位的状态，推入堆栈保护起来。8086 是由软件（即在中断服务程序中）把这些寄存器的内容推入（利用 PUSH 指令）堆栈的。

（4）给出中断入口，转入相应的中断服务程序

8086 由中断源提供的中断向量形成中断入口地址（即中断服务程序的起始地址）。

（5）恢复现场

把所保存的各个内部寄存器的内容和标志位的状态，从堆栈弹出（利用 POP 指令），送回 CPU 中的原来位置。这个操作在 8086 中也是由服务程序来完成的。

（6）开中断与返回

在中断服务程序的最后，要开中断（以便 CPU 能响应新的中断请求）和安排一条中断返回指令，将堆栈内保存的 IP 和 CS 值弹出，运行被恢复到主程序。

上述过程可用图 7-21 的流程图表示。

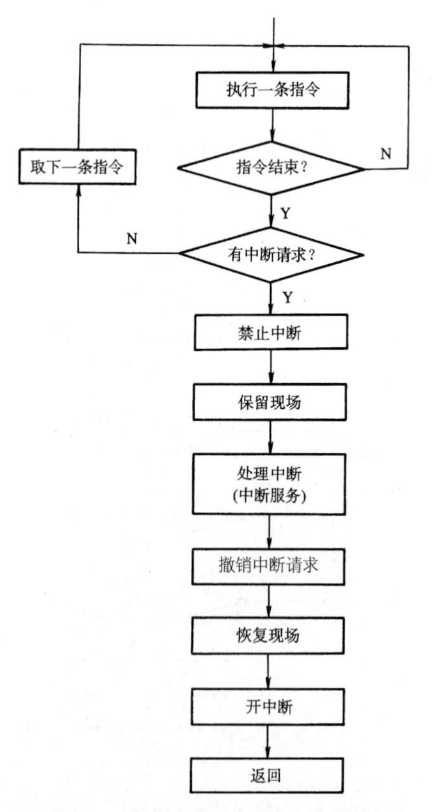

图 7-21 中断响应、服务及返回流程图

3. 中断优先权

在实际的系统中，是有多个中断源的，但是，由于CPU引脚的限制，往往就只有一条中断请求线。于是，当有多个中断源同时请求时，CPU 就要识别出是哪些中断源有中断请求，辨别和比较它们的优先权（Priority），先响应优先权级别最高的中断申请。另外，当 CPU 正在处理中断时，也要能响应更高级的中断申请，而暂时屏蔽同级或较低级的中断请求。

要判别和确定各个中断源的中断优先权，可以用软件和硬件两种方法。

软件采用查询技术。当 CPU 响应中断后，就用软件查询以确定是哪些外设申请中断，并判断它们的优先权。硬件采用硬件编码器和比较器的优先权排队电路构成，编码电路为每个中断进行编号，比较电路则比较编号的大小，用编号的大小对应优先权的高低。常用的硬件排队电路为链式优先权排队电路。

7.3.4　8086 的中断方式

8086 有两类中断：软件中断——由指令的执行所引起的中断；硬件中断——由外部（主要是外设）的请求所引起的中断。

1. 外部中断

8086 有两条外部中断请求线： INTR（可屏蔽中断）和 NMI（Non Maskable Interrupt，非屏蔽中断）。

（1）可屏蔽中断

出现在 INTR 线上的请求信号是电平触发的，它的出现是异步的，在 CPU 内部是由 CLK 的上升沿来同步的。在 INTR 线上的中断请求信号（即有效的高电平）必须保持到当前指令的结束。

CPU 是否响应在这条线上出现的中断请求，要取决于标志位 IF 的状态，若 IF = 1，则 CPU 就响应，可以认为此时 CPU 是处在开中断状态；若 IF = 0，则 CPU 就不响应，可以认为此时 CPU 是处在关中断状态。而 IF 位的状态，可以用指令 STI 为其置位——即开中断；也可以用 CLI 指令来使其复位——即关中断。

要注意：在系统复位以后，标志位 IF = 0；另外任一种中断（内部中断、NMI、INTR）被响应后，IF = 0。所以必须在一定的时候用 STI 指令来开放中断。

CPU 在当前指令周期的最后一个 T 状态采样中断请求线，若发现有可屏蔽中断请求，且中断是开放的（IF 标志为“1”），则 CPU 转入中断响应周期。8086 转入两个连续的中断响应周期，每个响应周期都是由 4 个 T 状态组成，而且都发出有效的中断响应信号。请求中断的外设，必须在第二个中断响应周期的 T_3 状态前，把反映中断的向量（类型）号输至 CPU 的数据总线（通常通过 8259A 传送）。CPU 在 T_4 状态的前沿采样数据总线，获取中断向量号，接着就进入了中断处理序列。

（2）非屏蔽中断

出现在 NMI 线上的中断请求，不受标志位 IF 的影响，在当前指令执行完以后，CPU 就响应。

在 NMI 线上的请求信号是边沿触发的，它的出现是异步的，由内部把它锁存。8086 要求 NMI 上的请求脉冲的有效宽度（高电平的持续时间）要大于两个时钟周期。

通常非屏蔽中断用于电源故障。非屏蔽中断的优先权高于屏蔽中断。

CPU 采样到有非屏蔽中断请求时，自动给出中断向量号 2，而不需要经过上述可屏蔽中断那样的中断响应周期。

2. 内部中断

8086 可以有几种产生内部中断的情况。

（1）DIV 或 IDIV 指令

在执行除法指令时，若发现除数为 0 或商超过了寄存器所能表达的范围，则立即产生一个类型为 0 的内部中断。

（2）INT 指令

如前所述，在 8086 的指令系统中有一条中断指令——即 INTn 指令。这种指令的执行引起中断，而且中断的类型可由指令中的 n 加以指定。

（3）INTO 指令

若上一条指令执行的结果，使溢出标志位 OF = 1，则 INTO 指令引起类型为 4 的内部中断。否则，此指令不起作用，程序执行下一条指令。

（4）单步执行

若标志位 TF = 1，则 CPU 在每一条指令执行完以后，引起一个类型为 1 的中断，这可以做到单步执行，是一种强有力的调试手段。

8086 规定这些中断的优先权次序为：内部中断、NMI、INTR，优先权最低的是单步执行。

3. 中断向量表

8086 有一个简便的而又多功能的中断系统。上述的任何一种中断，CPU 响应以后，都是要保护现场（主要是标志位）和保护断点（现行的代码段寄存器 CS 和指令指针 IP），然后转入各自的中断服务程序。在 8086 中各种中断如何转入各自的中断服务程序呢？

8086 在内存的前 1KB（地址 00000H ~ 003FFH）建立了一个中断向量表，可以容纳 256 个中断向量（或 256 个中断类型），每个中断向量占用 4B。在这 4B 中，包含着这个中断向量（或这种中断类型）的服务程序的入口地址——前 2B 为服务程序的 IP，后 2B 为服务程序的 CS。如图 7-22 所示。

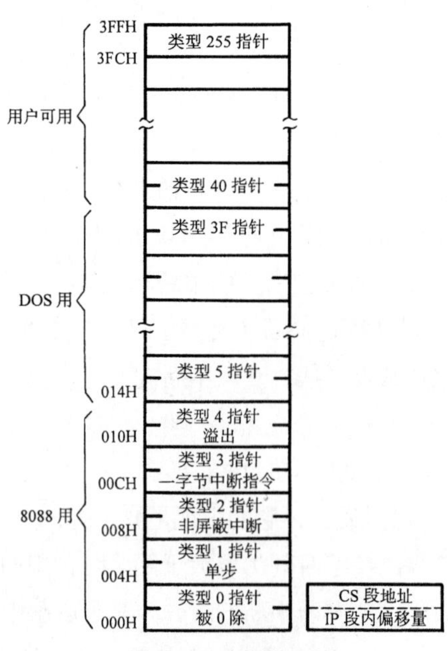

图 7-22 中断向量表

其中前五个中断向量（或中断类型）由 Intel 专用，系统又保留了若干个中断向量，余下的就可以由用户用，可作为外部中断源的向量。

外部中断源，只要在第二个中断响应周期，向数据总线送出一个字节的中断类型码，即可以转至相应的中断向量。

4. **8086 中的中断响应和处理过程**

8086 中的各种中断的响应和处理过程是不相同的，但主要区别在于如何获取相应的中断类型码（向量号）。

对于硬件（外部）中断，CPU 是在当前指令周期的最后一个 T 状态采样中断请求输入信号。如果有可屏蔽中断请求，且 CPU 处在开中断状态（IF 标志为 1），则 CPU 转入两个连续的中断响应周期，在第二个中断响应周期的 T_4 状态前沿，采样数据线获取由外设输入的中断类型码；若是采样到非屏蔽中断请求，则 CPU 不经过上述的两个中断响应周期，而在内部自动产生中断类型码 2。

对于软件中断，中断类型码也是自动形成的，几种中断的类型码为：

中断功能	中断类型码
被零除	0
单步中断	1
断点中断	3
溢出中断	4

对于 INTn 指令，中断类型码即为指令中给定的 n。

8086 在取得了中断类型码后的处理过程是一样的，其顺序如下。

（1）将类型码乘 4，作为中断向量表的指针。

（2）把 CPU 的标志寄存器入栈，保护各个标志位，此操作类似于 PUSHF 指令。

（3）复制追踪标志 TF 的状态，接着清除 IF 和 TF 标志，屏蔽新的 INTR 中断和单步中断。

（4）保存主程序中的断点，即把主程序断点处的 IP 和 CS 值推入堆栈保护，先推入 CS 值，再推入 IP 值。

（5）从中断向量表中取中断服务程序的入口地址，分别送至 CS 和 IP 中，先取 CS 值。

（6）按新地址执行中断服务程序。

在中断服务程序中，通常要保护 CPU 内部寄存器的值（保护现场），开中断（若允许中断嵌套的话）。在中断服务程序执行完后，要恢复现状，最后执行中断返回指令 IRET，IRET 指令按次序恢复断点处的 IP 和 CS 值，恢复标志寄存器（相当于 POPF）。于是程序就恢复到断点处继续执行。8086 的中断响应和处理过程可用图 7-23 的流程图来表示。

7.3.5　中断控制器 8259A

Intel 8259A 是与 8086 系列兼容的可编程的中断控制器。它的主要功能如下。

（1）具有 8 级优先权控制，通过级连可扩展至 64 级优先权控制。

（2）每一级中断都可以屏蔽或允许。

（3）在中断响应周期，8259A 可提供相应的中断向量，从而能迅速地转至中断服务程序。

（4）8259A 有几种工作方式，可以通过编程来进行选择。

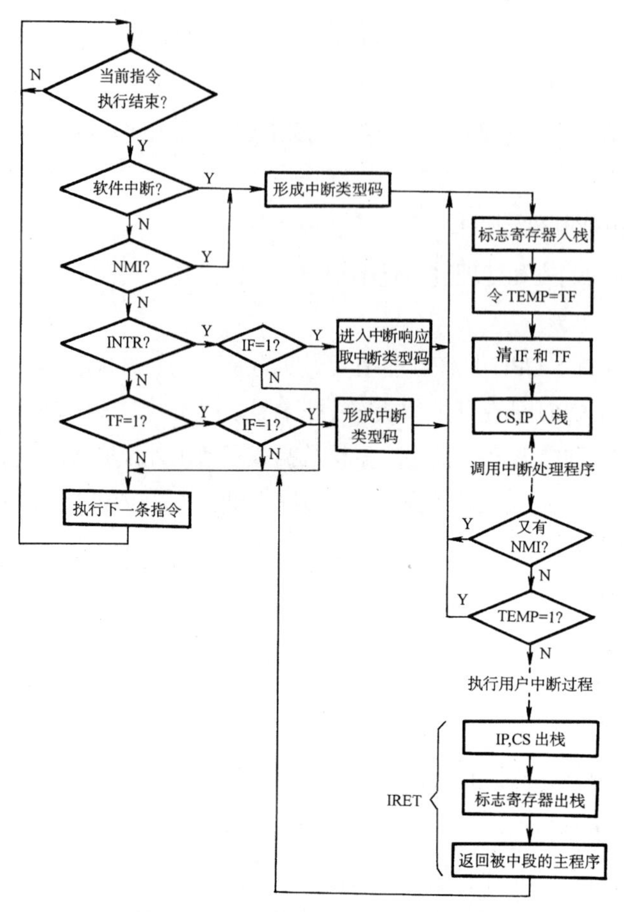

图 7-23　8086 的中断响应和处理流程图

1. 结构

8259A 的方框图如图 7-24 所示。

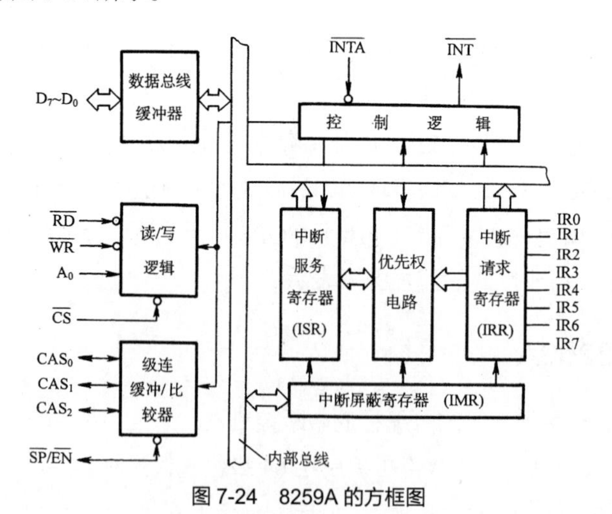

图 7-24　8259A 的方框图

一片 8259A 有 8 条外界中断请求线 IR0 ~ IR7，每一条请求线有一个相应的触发器来保存请求信号，从而形成了中断请求寄存器 IRR（Interrupt Request Register）。正在服务的中断，由中断服务寄存器 ISR（In Service Register）保存。

优先权电路对保存在 IRR 中的各个中断请求，经过判断确定最高的优先权，并在中断响应周期把它选通至中断服务寄存器。

中断屏蔽寄存器（Interrupt Mask Register，IMR）的每一位，可以对 IRR 中的相应的中断源进行屏蔽。但对于较高优先权的输入线实现屏蔽并不影响较低优先权的输入。

数据总线缓冲器是 8259A 与系统数据总线的接口，它是 8 位的双向三态缓冲器。凡是 CPU 对 8259A 编程时的控制字，都是通过它写入 8259A 的；8259A 的状态信息，也是通过它读入 CPU 的；在中断响应周期，8259A 送至数据总线的 CALL 指令或中断向量也是通过它传送的。

CPU 能通过读/写控制逻辑实现对 8259A 的读出（状态信号）和写入（初始化编程）。级连缓冲器实现 8259A 芯片之间的级连，使得中断源可由 8 级扩展至 64 级。控制逻辑部分对芯片内部的工作进行控制，使它按程序的规定工作。

2. 8259A 的引线

8259A 是 28 个引脚的双列直插式芯片，其引线如图 7-25 所示。

$D_7 \sim D_0$：双向三态数据线，它可直接与系统的数据总线相连。

IR0 ~ IR7：8 条外界中断请求输入线。

$\overline{RD}$：读命令信号线，当其有效时，控制信息由 8259A 送至 CPU。

$\overline{WR}$：写命令信号线，当其有效时，控制信息由 CPU 写入至 8259A。

$\overline{CS}$：选片信号线，由地址高位控制。高位地址可以经过译码与 $\overline{CS}$ 相连（全译码方式）也可以某一位直接与 $\overline{CS}$ 相连（线选方式）。

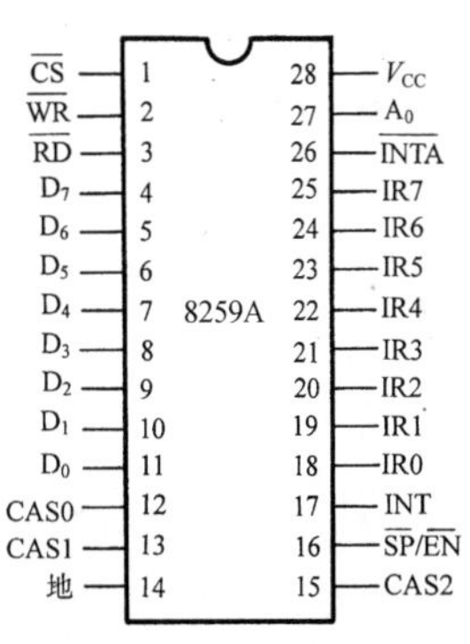

图 7-25　8259A 的引线

A_0：用以选择 8259A 内部的不同寄存器，通常直接连至地址总线的 A_0。

CAS2 ~ CAS0：级连信号线，当 8259A 作为主片时，这三条为输出线；作为从片时，则此三条线为输入线。这三条线与 $\overline{SP}/\overline{EN}$ 线相配合，实现 8259A 的级连（详见后面有关级连部分的叙述）。

8259A 与 Intel 系列的标准系统总线的连接，如图 7-26 所示。

8259A 的 A_0 通常与地址总线的 A_0 相连。

$\overline{RD}$ 与系统的控制信号线 $\overline{I/OR}$ 相连，$\overline{WR}$ 线与 $\overline{I/OW}$ 相连。

其他与系统的同名信号端相连就可以了。

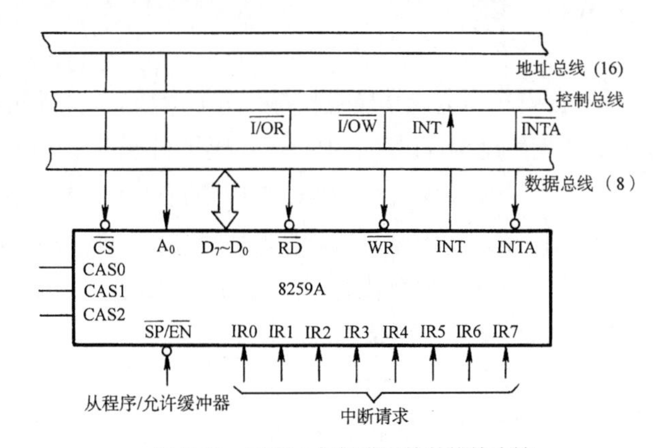

图 7-26　8259A 与标准系统总线的连接

3. 8259A 的工作方式

（1）查询方式

当系统的中断源很多，超过 64 个时，则 8259A 片子可工作在查询方式。此时，在 8259A 的编程中，使 OCW3 的 D_2 位 P 置为 1。程序中令 CPU 关中断，用查询对外设进行服务。

在令 OCW3 的 D_2 位 P 置为 1 后的下一个读命令，8259A 看作为中断响应信号，使最高优先权的 ISR 的相应位置位。读命令从数据总线上读取一个字节，其内容为：

D_7	D_6	D_5	D_4	D_3	D_2	D_1	D_0
I	—	—	—	—	W2	W1	W0

其中 I = 1，表示此片 8259A 有中断请求；I = 0 表示无中断请求，可查询别的片子。在 I = 1 时，W2 ~ W0 即为最高优先权中断源的编码。

（2）中断屏蔽

8259A 的 8 个中断请求线的每一条都可根据需要单独屏蔽，OCW1 写入主屏蔽字寄存器，它的每一位可对相应的请求线实现屏蔽。

在某些应用场合，可能要求能在软件的控制下动态地改变系统的优先权结构。也就是若 CPU 正处在中断服务过程中，希望能屏蔽一些较低优先权的中断，而允许一些优先权更低的中断源申请中断。但是在通常的工作方式下，当较高优先权的中断源正处在中断服务的过程中，所有优先权较低的中断都被屏蔽了，达不到上述的要求。为此，8259A 中有一种特殊屏蔽模式。若在 OCW3 中的 D_6 位 ESMM = 1，且 D_5 位 SMM = 1，则使 8259A 工作在特殊的屏蔽模式。此时，由 OCW1 写入的屏蔽字中为“1”的那些位的中断被屏蔽，而为“0”的那些位的中断不管其优先权如何，在任何情况下都可申请中断。

若 OCW3 中的 ESMM = 1 而 SMM = 0，则恢复为正常的屏蔽方式。

（3）缓冲模式

若 8259A 在一个大的系统中使用，且 8259A 要求级连，则要求数据总线有总线驱动缓冲器，也就要求有一个缓冲器的允许信号。若编程规定使 8259A 工作在缓冲模式，则 8259A 送出一个允许信号 $\overline{SP}/\overline{EN}$，每当 8259A 的数据总线输出是允许的，$\overline{SP}/\overline{EN}$ 输出变为有效。

在缓冲器模式，必须在初始化编程时规定此片 8259A 是主还是从。

以上的工作方式是由 ICW4 决定的。

（4）中断嵌套模式

在 8259A 中有两种中断嵌套模式：全嵌套模式和特殊全嵌套模式，常用的是全嵌套模式。

当工作在全嵌套模式时，在初始化编程以后，中断优先权是固定的，且 IR0 优先权最高，IR7 优先权最低（除非用优先权旋转的办法来改变）。当 CPU 响应中断时，优先权最高的中断源在 ISR 中的相应位置位，而且把它的中断向量送至数据总线。在此中断源的中断服务程序完成之前，与它同级或优先权更低的中断源的请求被屏蔽，只有优先权比它高的中断源的中断请求才是被允许的（当然 CPU 是否响应取决于 CPU 是否处在开中断状态）。

（5）中断优先权旋转

在实际应用中，中断源的优先权的情况是比较复杂的，不一定有明显的等级，而且优先权还有可能改变。所以，不能总是规定 IR0 优先权最高，而 IR7 优先权最低，而要能根据情况来改变。在

8259A 中有两种改变优先权的办法。

① 自动旋转

在某些应用情况下，若干个中断源有相等的优先权。因此，当某一个中断源服务完以后，它的优先权应该变成最低的。这样，某个中断源的请求必须等待，在最坏情况下，必须等待其他 7 个源都服务一次以后才能再服务。

② 特殊旋转方式

上述的自动旋转方式，适用于设备的优先权相等的情况下。在特殊旋转方式，可用程序来改变优先权。例如设置 IR5 为最低优先权，则 IR6 的优先权就变为最高的了。

在这种工作模式下，可以用设置优先权命令，即 R = 1，SL = 1，EOI = 0，此时规定 $L_2 \sim L_0$ 为最低优先权中断源的编码。优先权还可以在执行 EOI 命令时予以改变，这就要使 OCW2 中的 R = 1，S = 1，EOI = 1，同样 $L_2 \sim L_0$ 为要改变为最低优先权中断源的编码。

（6）中断结束命令

当某一个中断源的服务完成时，必须给 8259A 一个中断结束命令，使这个中断源在 ISR 中的相应位复位。在不同的工作情况下，8259A 可以有几种不同的给出中断结束命令的方法。

① 自动中断结束模式（AEOI）

可以在 ICW4 中规定工作在这种模式。在这种模式下，最后一个中断响应周期（对于 MCS-80/85 为第三个，而对于 MCS-86 为第二个）的 $\overline{\text{INTA}}$ 信号的后沿自动地使 ISR 中的相应位复位。这种方式显然只能用于不要求中断嵌套的情况下。

② 非自动中断结束方式（EOI）

在这种工作方式下，当中断服务程序执行完毕，从中断服务程序返回之前，必须输送中断结束（EOI）命令。若工作在 8259A 级连的情况下，必须送两个 EOI 命令，一个送给从 8259A，另一个送给主 8259A（若在特殊嵌套模式下，在送第一个 EOI 命令后，必须经过检查，确定这片从 8259A 的所有请求中断的中断源都已经被服务了，才向主 8259A 送出另一个 EOI 命令）。

EOI 命令又有两种形式：特殊的和非特殊的，常用的是非特殊的。当 8259A 工作在全嵌套模式下，且当刚服务过的中断源就是最高优先权的中断源时，可以用非特殊 EOI 命令使它在 ISR 中的相应位复位。

（7）读 8259A 的状态

8259A 内部几个寄存器的状态，可以读至 CPU 中，以供 CPU 了解 8259A 的工作状况。

在读命令之前，输出一个 OCW3，令其中 RR = 1，RIS = 0，则用读命令可以读入中断请求寄存器 IRR 的状态，其中间包含着尚未被响应的中断源的情况。

在读命令之前，输出一个 OCW3，令其中 RR = 1，RIS = 1，则用读命令可以读入中断服务寄存器 ISR 的状态，其中既可以看到在服务过程中中断源的情况，也可以看到是否处于中断嵌套的情况。

当用读命令，而地址总线的 A_0 为 0，则可读入中断屏蔽寄存器 IMR 的状态，这中间包含着所设置的中断屏蔽的情况。

4. 8259A 的级连

在一个系统中，8259A 可以级连，有一个主 8259A，若干个从 8259A，最多可以有 8 个从 8259A，把中断源扩展到 64 个。

8259A 级连的典型情况如图 7-27 所示。

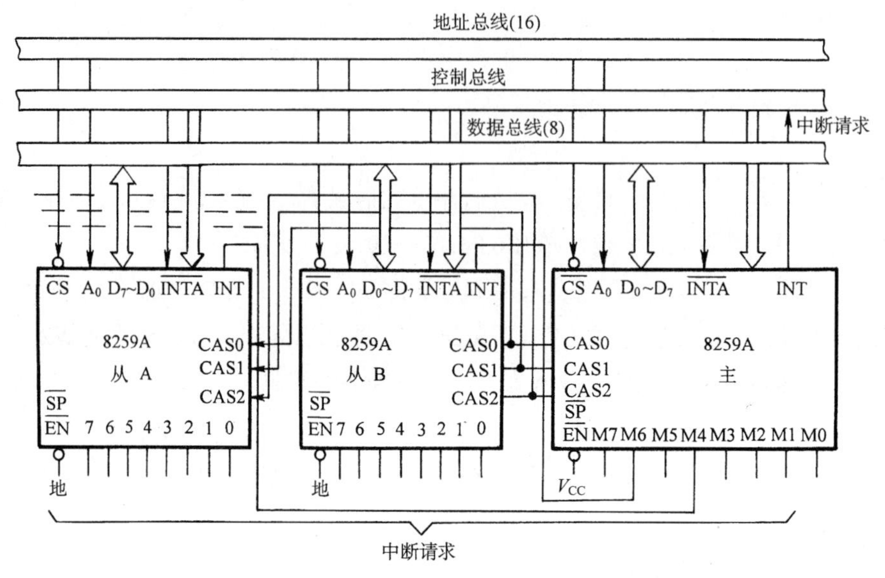

图 7-27　8259A 的级连

主 8259A 的三条级连线 CAS0、CAS1、CAS2 作为输出线，连至每一个从 8259A 的 CAS_0、CAS_1、CAS_2。每个从 8259A 的中断请求信号 INT，连至主 8259A 的一个中断请求输入端。主 8259A 的 INT 线连至 CPU 的中断请求输入端。主 8259A 和每一片从 8259A 必须分别初始化和设置必要的工作状态。当任一个从 8259A 有中断请求时，经过主 8259A 向 CPU 发出请求，当 CPU 响应中断时，在每一个中断响应周期，主 8259A 通过三条级连线输出被响应中断的从 8259A 的编码。由此编码确定的从 8259A 在第二个中断响应周期输出它的中断向量（对于 MCS-86 系统），或输出 CALL 指令地址的低 8 位，在第三个中断响应周期输出地址的高 8 位（对于 MCS-80/85 系统）。

7.3.6　8259A 应用举例

（1）8259A 在 IBM-PC/XT 中的应用

在 IBM-PC/XT 微型计算机中只有一片 8259A，可连接 8 个外部中断源，其连接方法、中断源名称、中断类型码及中断服务程序入口地址如图 7-28 和表 7-1 所示。

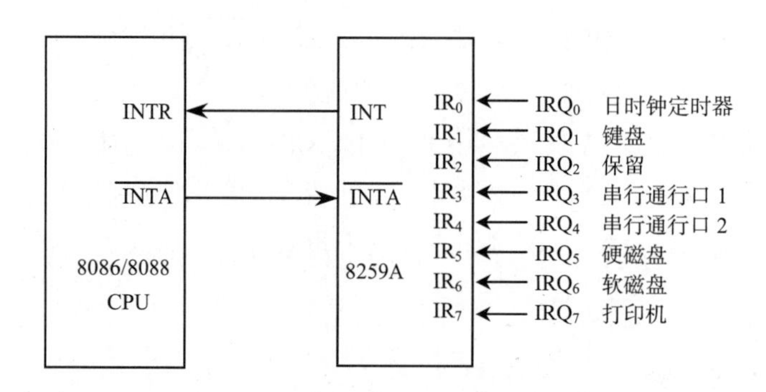

图 7-28　8259A 在 IBM-PC/XT 机中的连接

表 7-1　IBM-PC/XT 机 8 级外部中断源一览表

中断输入端	中断类型码	中断源名称	BIOS 中的中断服务程序过程名（段地址：偏移地址）
IR_0	08H	日时钟	TIMER-INT（F000：FFA5H）
IR_1	09H	键盘	KB-INT （F000：E987H）
IR_2	0AH	保留	D_{11} （F000：FF23H）
IR_3	0BH	串行口 1	D_{11} （F000：FF23H）
IR_4	0CH	串行口 2	D_{11} （F000：FF23H）
IR_5	0DH	硬磁盘	HD-INT （C800：0760H）
IR_6	0EH	软磁盘	DISK-INT （F000：EF57H）
IR_7	0FH	打印机	D_{11} （F000：FF23H）

（2）8259A 在 IBM-PC/AT 机中的应用

在 IBM-PC/AT 微机系统中采用 80286CPU。此系统中的外部可屏蔽中断源除 PC/XT 中的 7 个中断源外，还有实时时钟、INT 0AH、80287 协处理器和第二个硬磁盘等，因此外部中断源数大于 8 个，故系统中采用两片 8259A 组成中断系统，其中主片 8259A 的功能与上例中的 8259A 功能相同，而从片 8259A 则管理其他的中断源，其中断请求信号 INT 和主片 8259A 的 IR_2 输入端相连接，2 片 8259A 的 $CAS_0 \sim CAS_2$ 依次连接，不过此时主片 8259A 的 $CAS_0 \sim CAS_2$ 作为输出信号，而从片 8259A 则作为输入。

在 IBM-PC/AT 机中 2 片 8259A 的连接如图 7-29 所示。若采用完全嵌套方式管理外部中断源时，优先级别队列为 $IRQ_0 > IRQ_1 > IRQ_8 > IRQ_9 > IRQ_{10} > \cdots > IRQ_{15} > IRQ_3 > IRQ_4 > IRQ_5 > IRQ_6 > IRQ_7$。

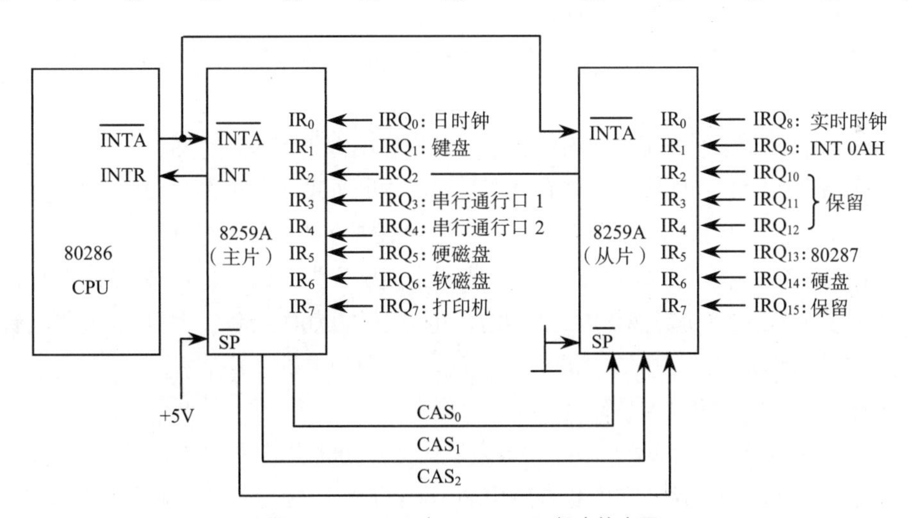

图 7-29　8259A 在 IBM-PC/AT 机中的应用

习　题

7.1　外部设备为什么要通过接口电路和主机系统相连？

7.2　接口电路的作用是什么？按功能可分为几类？

7.3　数据信息有哪几类？举例说明它们各自的含义。

7.4　CPU 和输入/输出设备之间传送的信息有哪几类？

7.5　什么叫端口？通常有哪几类端口？计算机对 I/O 端口编址时通常采用哪两种方法？在 8086/8088 系统中，用哪种方法对 I/O 端口进行编址？

7.6　CPU 和外设之间的数据传送方式有哪几种？实际选择某种传输方式时，主要依据是什么？

7.7　条件传送方式的工作原理是怎样的？主要用在什么场合？画出条件传送（查询）方式输出过程的流程图。

7.8　设一个接口的输入端口地址为 0100H，而它的状态端口地址为 0104H，状态端口中第 5 位为 1 表示输入缓冲区中有一个字节准备好，可输入。设计具体程序实现查询式输入。

7.9　查询式传送方式有什么优缺点？中断方式为什么能弥补查询方式的缺点？

7.10　和 DMA 方式比较，中断传输方式有什么不足之处？

7.11　叙述用 DMA 方式传输单个数据的全过程。

7.12　在查询方式、中断方式和 DMA 方式中，分别用什么方法启动数据传输过程？

7.13　在中断响应过程中，8086 往 8259A 发的两个 INTA#信号分别起什么作用？

7.14　8086 最多可有多少级中断？按照产生中断的方法分为哪两大类？

7.15　非屏蔽中断有什么特点？可屏蔽中断有什么特点？分别用在什么场合？

7.16　什么叫中断向量？它放在哪里？对应于 1CH 的中断向量存放在哪里？如果 1CH 的中断处理子程序从 5110H:2030H 开始，则中断向量应怎样存放？

7.17　从 8086/8088 的中断向量表中可以看到，如果一个用户想定义某个中断，应该选择在什么范围？

7.18　非屏蔽中断处理程序的入口地址怎样寻找？

7.19　叙述可屏蔽中断的响应过程，一个可屏蔽中断或者非屏蔽中断响应后，堆栈顶部四个单元中是什么内容？

7.20　在编写中断处理子程序时，为什么要在子程序中保护许多寄存器？

7.21　中断指令执行时，堆栈的内容有什么变化？中断处理子程序的入口地址是怎样得到的？

7.22　中断返回指令 IRET 和普通子程序返回指令 RET 在执行时，具体操作内容有什么不同？

7.23　若在一个系统中有五个中断源，它们的优先权排列为：1、2、3、4、5，它们的中断服务程序的入口地址分别为：3000H、3020H、3050H、3080H、30A0H。编一个程序，使得当有中断请求 CPU 响应时，能用查询方式转至申请中断的优先权最高的源的中断服务程序。

7.24　设置中断优先级的目的是什么？

7.25　什么是 8086 的中断向量？中断向量表是什么？8086 的中断向量表放在何处？

7.26　什么是中断响应周期？在中断响应中 8086CPU 和 8259A 一般完成哪些工作？

7.27　若在内存中自 7000H 单元开始有一个 1000 个字节的信息组要存入磁盘。存入磁盘的操作是在中断服务程序中完成的，但磁盘的写入每次只写入一个记录即 128B；且是从指定的磁盘缓冲区（例如起始地址为 0080H）把信息写入磁盘的。所以在每次写入磁盘以前，要把一个记录的信息从它所在的存储区传送至磁盘缓冲区。编写中断服务程序中能起这样传送作用的程序段。

7.28　8259A 的初始化命令字和操作命令字有什么差别？它们分别对应于编程结构中哪些内部寄存器？

7.29　8259A 的中断屏蔽寄存器 IMR 和 8086/8088 的中断允许标志 IF 有什么差别？在中断响应过程中，它们怎样配合起来工作？

7.30 8259A 有几种结束中断处理的方式？各自应用在什么场合？除了中断自动结束方式以外，其他情况下如果没有在中断处理程序中发中断结束命令，会出现什么问题？

7.31 8259A 引入中断请求的方式有哪几种？如果对 8259A 用查询方式引入中断请求，会有什么特点？中断查询方式用在什么场合？

7.32 8259A 的 ICW2 设置了中断类型码的哪几位？说明对 8259A 分别设置 ICW2 为 30H、38H、36H 有什么差别？

7.33 8259A 通过 ICW4 可以给出哪些重要信息？什么情况下不需要用 ICW4？什么情况下要设 ICW4？

7.34 试按照如下要求对 8259A 设置初始化命令字：系统中有一片 8259A，中断请求信号用电平触发方式，下面要用 ICW4，中断类型码为 60H、61H、62H…67H，用特殊全嵌套方式，不用缓冲方式，采用中断自动结束方式。8259A 的端口地址为 93H、94H。

7.35 8086 系统中，8259A 采用了级连方式，试说明在主从式中断系统中 8259A 的主片和从片的连接关系。

08 第8章　常用接口电路芯片

当 CPU 要从外设输入信息或输出信息给外设，可以采用程序查询方式、中断的方式和 DMA 方式。但不论哪一种方式，CPU 总是通过接口电路（Interface）才能与外设连接。所以，接口电路一边与 CPU 连接，另一边与外设连接。

虽然外设及其接口有多种，但却存在基本的接口结构。本章介绍微机系统中的常用接口电路芯片，包括定时/计数器 8253、并行接口 8255A、串行接口 8251、数模（D/A）转换接口与模数（A/D）转换接口。

8.1　可编程定时器/计数器 8253

在控制系统中，常常要求有实时时钟以实现定时或延时控制，如定时中断、定时检测、定时扫描等，也往往要求有计数器能对外部事件计数。定时或计数的工作实质均体现为对脉冲信号的计数。如果计数的对象是标准的内部时钟信号，由于其周期恒定，故计数值就恒定地对应于一定的时间，这一过程就是定时；如果计数的对象是与外部过程相对应的脉冲信号，则此时就是计数。

可编程定时器电路的定时值及其定时范围，可以很容易地由软件来确定和改变。Intel 系列的 8253 功能较强，使用灵活，能够满足各种定时/计数需求，得到了广泛应用。

8.1.1　主要功能

8253 主要有以下功能。

（1）有三个独立的 16 位计数器。

（2）每个计数器都可以按照二进制或 BCD 码进行计数。

（3）每个计数器的计数速率可高达 2MHz（8254-2 计数频率可达到 10MHz）。

（4）每个计数器有六种工作方式，可由程序设置和改变。

（5）所有的输入输出引脚电平都与 TTL 电平兼容。

8.1.2　8253 的内部结构

8253 的内部结构如图 8-1 所示。

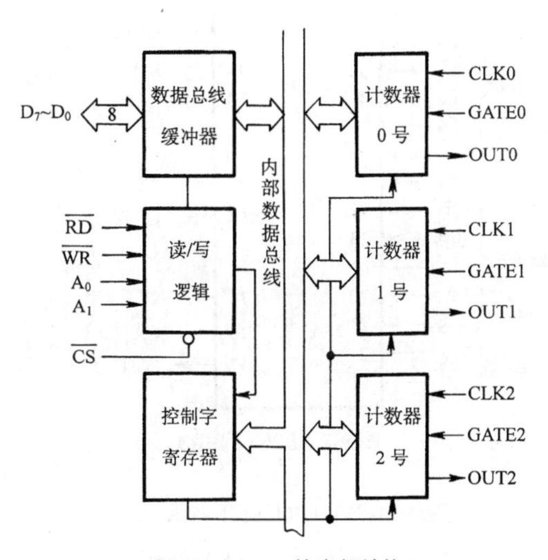

图 8-1　8253 的内部结构

（1）数据总线缓冲器。这是 8253 与 CPU 数据总线连接的 8 位双向三态缓冲器。CPU 用输入输出指令对 8253 进行读写的所有信息，都是通过这八条总线传送的。它包括了以下数据：

① CPU 在初始化编程时，写入 8253 的控制字；

② CPU 向某一计数器写入的计数值；

③ CPU 从某一个计数器读取的计数值。

（2）读/写逻辑。这是 8253 内部操作的控制部分。首先有选片信号$\overline{CS}$的控制部分，当$\overline{CS}$为高（无效）时，数据总线缓冲器处在三态，与系统的数据总线脱开，故不能进行编程，也不能进行读写操作。其次，由这部分选择读写操作的端口（三个计数器及控制字寄存器），也由这部分控制数据传送的方向，读——数据由 8253→CPU，写——数据由 CPU→8253。

（3）控制字寄存器。在 8253 初始化编程时，由 CPU 写入控制字以决定计数器的工作方式。此寄存器只能写入而不能读出。

（4）计数器#0、计数器#1、计数器#2。这是三个计数器/定时器，每一个都由一个 16 位的可预置值的减法计数器构成。这三个计数器的操作是完全独立的。

每个计数器都是对输入脉冲 CLK 按二进制或 BCD 码进行计数，从预置值开始减 1 计数。当预置值减到零时，从 OUT 输出端输出一信号。

计数器/定时器电路的本质是一个计数器。若计数器对频率精确的时钟脉冲计数，则计数器就可作为定时器。计数频率取决于输入脉冲的频率。在计数过程中，计数器受到门控信号（GATE）的控制。计数器的输入与输出以及门控信号之间的关系，取决于工作方式。

计数器的初值必须在开始计数之前，由 CPU 用输出指令预置。在计数过程中，CPU 随时可用输入指令读取任一计数器的当前计数值，这一操作对计数没有影响。

8.1.3 8253 的引线

8253 的引线如图 8-2 所示。

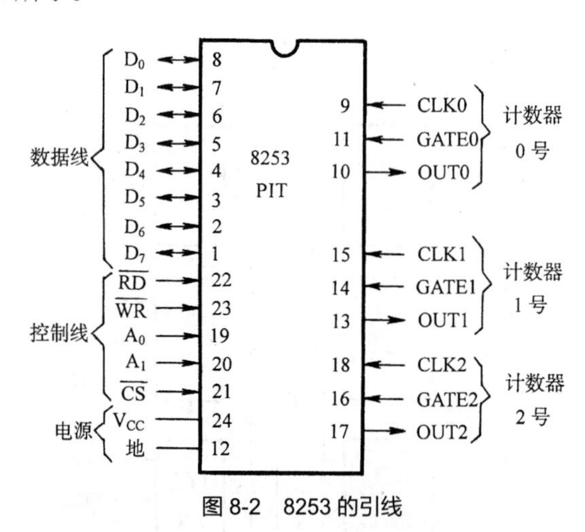

图 8-2 8253 的引线

8253 与 CPU 接口的引线，没有复位信号（RESET 引脚）。每一个计数器有三条引线。

CLK 输入脉冲线：计数器就是对这个脉冲计数。8253 规定，加在 CLK 引脚的输入时钟周期不能小于 380ns。

GATE：门控信号输入引脚。这是控制计数器工作的一个外部信号。当 GATE 引脚为低（无效）时，通常都是禁止计数器工作的；只有当 GATE 为高时，才允许计数器工作。

OUT：输出引脚。当计数到“0”时，OUT 引线上必然有输出，输出信号的波形取决于工作方式。

8253 内部端口的选择是由引线 A_1 和 A_0 决定的，它们通常接至地址总线的 A_1 和 A_0。各个通道的读/写操作的选择如表 8-1 所示。

表 8-1　8253 的端口选择

$\overline{CS}$	$\overline{RD}$	$\overline{WR}$	A_1	A_0	寄存器选择和操作
0	1	0	0	0	写入计数器#0
0	1	0	0	1	写入计数器#1
0	1	0	1	0	写入计数器#2
0	1	0	1	1	写入控制寄存器
0	0	1	0	0	读计数器#0
0	0	1	0	1	读计数器#1
0	0	1	1	0	读计数器#2
0	0	1	1	1	无操作（三态）
1	×	×	×	×	禁止（三态）
0	1	1	×	×	无操作（三态）

8.1.4　8253 的控制字

在 8253 的初始化编程中，由 CPU 向 8253 的控制字寄存器写入一个控制字，它规定了 8253 的工作方式，其格式如图 8-3 所示。

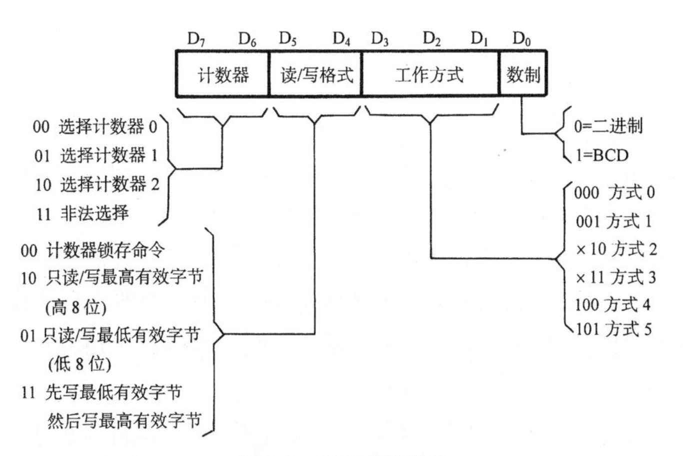

图 8-3　8253 的控制字

（1）计数器选择（D_7D_6）。控制字的最高两位决定是哪一个计数器的控制字。由于三个计数器的工作是完全独立的，所以需要有三个控制字寄存器分别规定相应计数器的工作方式。但它们的地址是同一个，即 $A_1A_0 = 11$——控制字寄存器的地址。因此，对三个计数器的编程需要向同一个地址（控制字寄存器地址）写入三个控制字，D_7D_6 位分别指定不同的计数器。在控制字中的计数器选择与计数器的地址是两回事，不能混淆。计数器的地址是用作 CPU 向计数器写初值，或从计数器读取计数的地址值。

（2）数据读/写格式（D_5D_4）。CPU 向计数器写入初值和读取它们的当前状态时，有几种不同的格式。例如，写数据时，是写入 8 位数据还是 16 位数据。若 $D_5D_4 = 01$，只写低 8 位，高 8 位自动置 0；若 $D_5D_4 = 10$，只写入高 8 位，低 8 位自动为 0；若 $D_5D_4 = 11$，则先写入低 8 位，后写入高 8 位。在读取计数值时，可令 $D_5D_4 = 00$，先将写控制字时的计数值锁存，然后再读取。

（3）工作方式（$D_3D_2D_1$）。8253 的每个计数器可以有六种不同的工作方式，由这三位决定。每一种方式的特点将在随后介绍。

（4）数制选择（D_0）。8253 的每个计数器的计数制（二进制计数或 BCD 码计数）由这位决定。在二进制计数时，写入的初值的范围为 0000H～FFFFH，其中 0000H 是最大值，代表 65536。在 BCD 码计数时，写入的初值的范围为 0000～9999，其中，0000 是最大值，代表 10000。

8.1.5 8253 的工作方式

8253 有 6 种不同的工作方式，在不同的工作方式下，计数器的启动、GATE 输入信号的作用和 OUT 信号的输出波形都有所不同。首先写入控制字，接着写初值，初始值写入计数器后，经过一个时钟周期，减法计数器开始工作。

1. 方式 0——计数结束中断方式

在这种方式下，当控制字 CW（Control Word）写入控制字寄存器，则使 OUT 输出端变低，此时计数器没有赋予初值，也没开始计数。

要开始计数，GATE 信号必须为高电平，并在写入计数初值后，通道开始计数，在计数过程中 OUT 线一直维持为低，直到计数到“0”时，OUT 输出变高，其过程如图 8-4 所示。

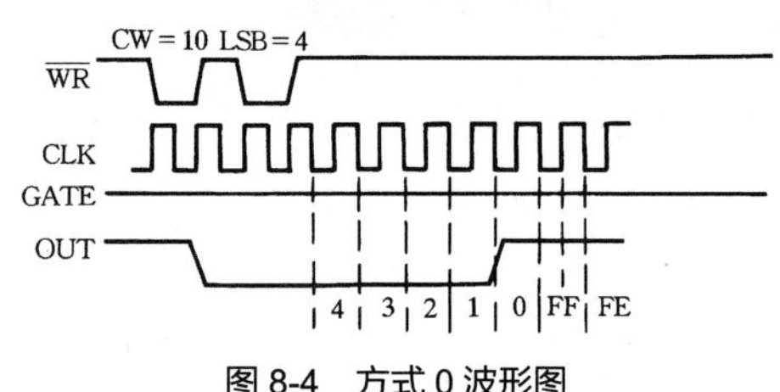

图 8-4　方式 0 波形图

其中，LSB = 4 表示只写低 8 位计数值为 4。最底下一行是计数器中的数值。

方式 0 工作有以下特点。

（1）计数器只计一遍。当计数到 0 时，并不恢复计数值，不开始重新计数，且输出保持为高。只有在写入另一个计数值时，OUT 变低，开始新的计数。

（2）8253 内部是在 CPU 写计数值的 $\overline{WR}$ 信号上升沿，将此值写入计数器的计数初值寄存器，在 $\overline{WR}$ 信号上升沿后的下一个 CLK 脉冲，才将计数值由计数初值寄存器送至计数器，开始计数。如果设置计数初值为 N，则输出信号 OUT 是在写入计数值后经过 N+1 个 CLK 脉冲才变高的。这个特点在方式 1、方式 2、方式 4 和方式 5 时也是同样的。

（3）在计数过程中，可由门控制信号（GATE）控制暂停。当 GATE = 0 时，计数暂停，当 GATE 变高后就接着计数。

（4）在计数过程中可改变计数值。若是 8 位计数，在写入新的计数值后，计数器将按新的计数值重新开始计数，如图 8-5 所示。如果是 16 位计数，在写入第一个字节后，计数器停止计数，在写入第二个字节后，计数器按照新的数值开始计数。即改变计数值是立即有效的。

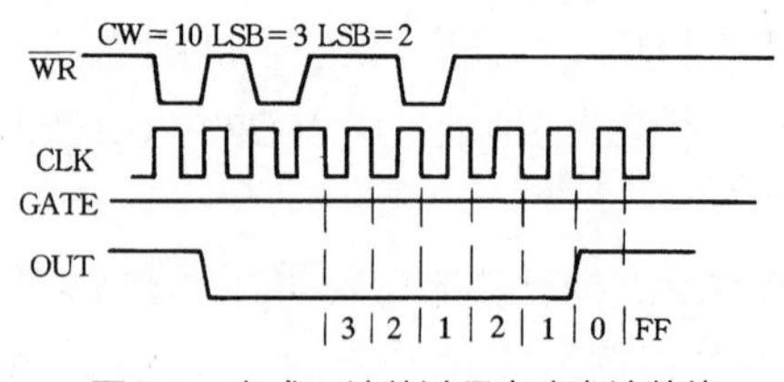

图 8-5　方式 0 计数过程中改变计数值

（5）8253 内部没有中断控制电路，也没有专用的中断请求引线，所以若要用于中断，则可用 OUT 信号作为中断请求信号，但需要有外接的中断优先权排队电路与向量产生电路。

若 8253 的地址为 04H～07H，要使计数器 1 工作在方式 0，仅用 8 位二进制计数，计数值为 128，初始化程序为：

```
MOV     AL, 50H      ; 设控制字
OUT     07H, AL      ; 输至控制字寄存器
MOV     AL, 80H      ; 计数值
OUT     05H, AL      ; 输至计数器 1
```

2. 方式 1——可编程单稳态触发方式

这种方式由外部门控信号 GATE 上升沿触发，使输出端 OUT 变为低电平，产生一个单拍负脉冲信号，脉冲宽度由计数值决定，其过程如图 8-6 所示。

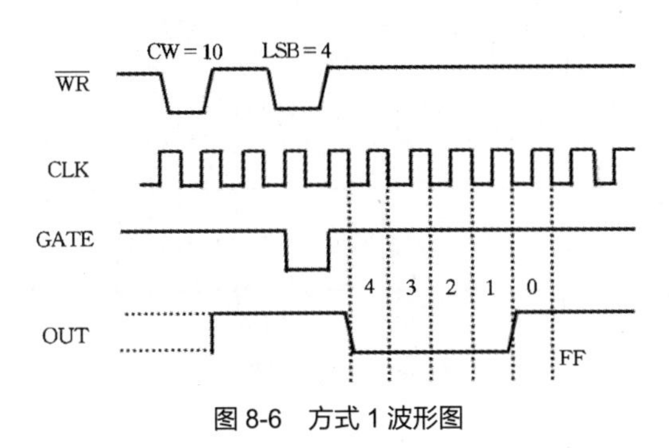

图 8-6　方式 1 波形图

方式 1 工作的特点如下。

（1）写入控制字后，OUT 输出为高电平。写入计数初值 N 后，计数器并不开始计数，而要等到 GATE 上升沿后的下一个 CLK 输入脉冲的下降沿，计数初值装入减 1 计数寄存器，同时 OUT 端变为低电平，计数才开始。计数结束时，OUT 输出变高，从而产生一个宽度为 N 个 CLK 周期的负脉冲。

（2）方式 1 中 GATE 信号有两个方面的作用。

① 在计数结束后，若再来一个 GATE 信号上升沿，则下一个时钟周期的下降沿又从初值开始计数，而不需要重新写入初值，即门控信号可重新触发计数；

② 在计数过程中，若来一个门控信号的上升沿，也在下一个时钟下降沿从初值起重新计数，即终止原来的计数过程，开始新的一轮计数。

（3）如果在计数过程中写入新的初值，不会立即影响计数过程，如图 8-7 所示。只有下一个门控信号到来后的第一个时钟下降沿，才终止原来的计数过程，按新值开始计数。若计数结束前没有 GATE 触发信号，则原来计数过程正常结束。即新的初值下次有效。

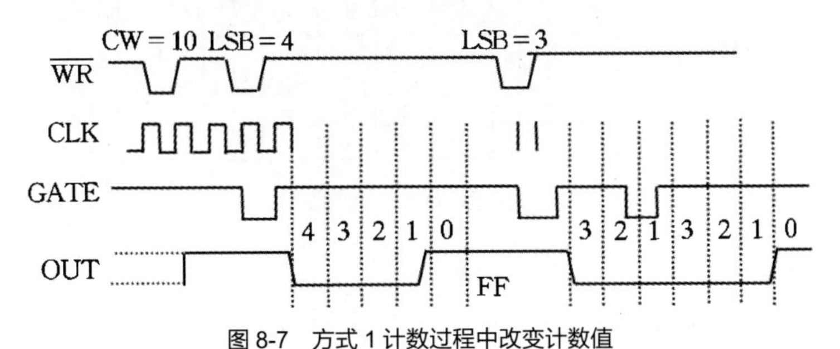

图 8-7　方式 1 计数过程中改变计数值

3. 方式 2——频率发生器方式

这种方式的功能如同一个 N 分频计数器，输出是输入时钟按照计数值 N 分频后的一个连续脉冲。

其过程如图 8-8 所示。

方式 2 工作的特点如下。

（1）计数器计数期间 OUT 为高电平。若 GATE 为高电平，写入计数初值后的第一个时钟下降沿开始减 1 计数。减到 1 时，输出端 OUT 变为低电平，维持 1 个时钟周期，计数器减到 0 时，输出 OUT 又变成高电平，从初值开始新的计数过程，即方式 2 能自动重装初值，输出固定频率的脉冲。因此若装入计数初值为 N，则 OUT 引脚上每隔 N 个时钟脉冲就输出一个负脉冲，其频率为输入时钟脉冲频率的 1/N，故方式 2 也称为分频器。

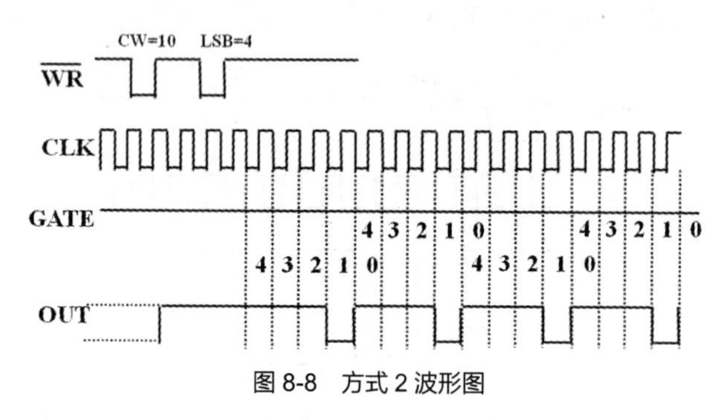

图 8-8　方式 2 波形图

（2）GATE 信号高电平时允许计数。在方式 2 中，GATE 信号为低电平终止计数，而由低电平恢复为高电平后的第一个时钟下降沿重新从初值开始计数。由此可见，GATE 一直维持高电平时，计数器方能作为一个 N 分频器。

（3）如果在计数过程中向此计数器写入新的初值，且 GATE 信号一直维持高电平，则新的初值不会立即影响当前的计数过程，但在计数结束后的下一个计数周期将按新的初值计数，即新的初值下次有效。

4．方式 3——方波发生器方式

该方式与方式 2 相类似，只是 OUT 输出的是对称方波（计数初值 N 为偶数）或近似对称方波（计数初值 N 为奇数）。其过程如图 8-9 所示。

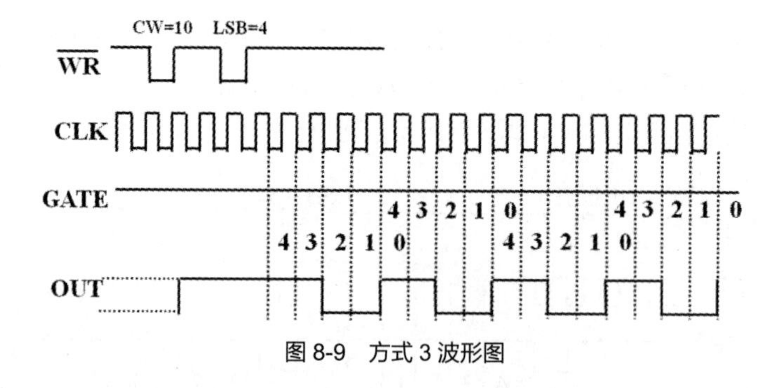

图 8-9　方式 3 波形图

方式 3 工作的特点如下。

（1）方式 3 的计数过程按计数初值的不同分为两种情况。

① 计数初值为偶数。写入控制字后的时钟上升沿，输出端 OUT 变成高电平。若 GATE=1，写入计数初值后的第一个时钟下降沿开始减 1 计数。减到 N/2 时，输出端 OUT 变为低电平；减到 0 时，输出端 OUT 又变成高电平，并重新从初值开始新的计数过程。可见，输出端 OUT 的波形是连续的

完全对称的方波，故称方波发生器。

② 计数初值为奇数。写入控制字后的时钟上升沿，输出端 OUT 变成高电平。若 GATE=1，写入计数初值后的第一个时钟下降沿开始减 1 计数，减到（N+1）/2 以后，输出端 OUT 变为低电平；减到 0 时，输出端 OUT 又变成高电平，并重新从初值开始新的计数过程。这时输出波形的高电平宽度比低电平宽度多一个时钟周期，为近似对称方波。

（2）GATE 高电平时，允许计数；GATE 低电平时，禁止计数。如果在输出端 OUT 为低电平期间，GATE 变低，则 OUT 将立即变高，并停止计数。当 GATE 变高以后，计数器重新装入初值并重新开始计数。

（3）如果在计数过程中写入新的初值，而 GATE 信号一直维持高电平，则新的初值不会影响当前的计数过程，只有在计数结束后的下一个计数周期，才按新的初值计数。若写入新的初值后，遇到门控信号的上升沿，则终止现行计数过程，从下一个时钟下降沿重新开始计数。

5. 方式 4——软件触发选通方式

写入一次初值开始一次新的计数。其过程如图 8-10 所示。

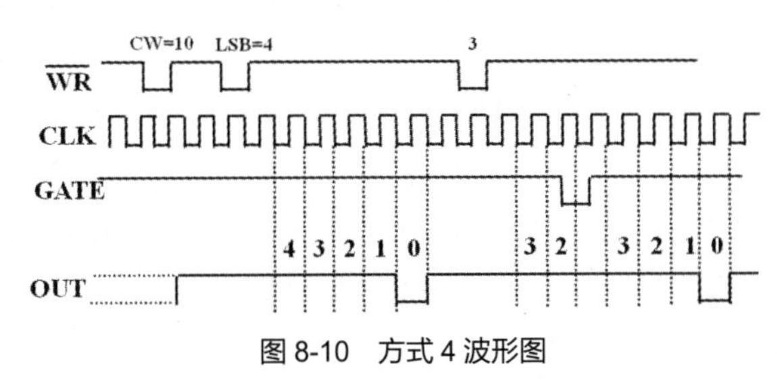

图 8-10 方式 4 波形图

方式 4 工作的特点如下。

（1）写入方式控制字后，OUT 输出高电平。若 GATE=1，写入初值的下一个 CLK 脉冲开始减 1 计数，计数到达 0 值（注意：不是减到 1），OUT 输出为低电平，持续一个 CLK 脉冲周期后再恢复到高电平。方式 4 之所以称为软件触发选通方式，是因为计数过程是由软件把计数初值装入计数寄存器来触发的，计数初值 n 仅一次有效。若要继续计数，则需重新装入初值。

（2）GATE 为高电平时，允许计数；GATE 信号变低，禁止计数，输出维持当时的电平，直到 GATE 变成高电平后继续计数，从 OUT 端输出一个负脉冲。

（3）在计数过程中改变计数值，则在写入新值后的下一个时钟下降沿计数器将新的初值计数，即新值是立即有效的。

6. 方式 5——硬件触发选通方式

该方式为硬件触发计数方式，即门控信号 GATE 上升沿触发计数。其过程如图 8-11 所示。

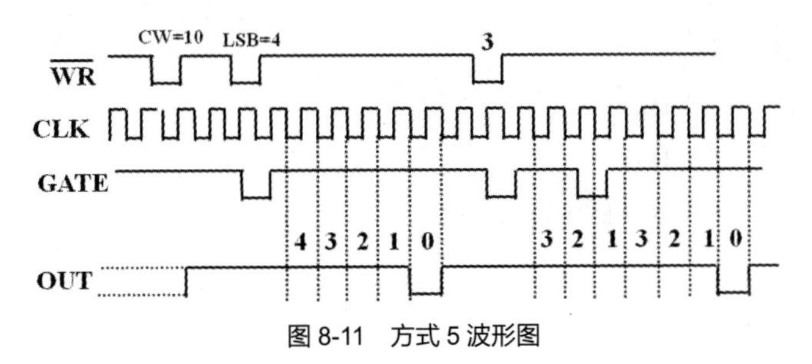

图 8-11 方式 5 波形图

方式 5 工作的特点如下。

（1）写入控制字后，输出 OUT 即为高电平。写入计数初值后，计数器并不立即开始计数，而是由门控脉冲的上升沿触发。计数结束（计数器减到 0）时输出一个持续时间为一个 TCLK 的负脉冲，然后输出恢复为高电平。直到 GATE 信号再次触发。

（2）若在计数过程中，又有一个门控信号的上升沿，则立即终止当前的计数过程，且在下一个时钟下降沿，又从初值开始计数，如果计数过程结束后，来一个门控上升沿，计数器也会在下一个时钟下降沿，又从初值开始减 1 计数，即门控信号上升沿任何时候到来都会立即触发一个计数过程。

（3）如果在计数过程中写入新的初值，则新的初值不会立即影响当前的计数过程，只有到下一个门控信号上升沿到来后，才从新的初值开始减 1 计数。即新的计数初值在下一个门控信号上升沿触发后有效。

8.1.6　8253 的编程

使用 8253 之前必须先进行初始化编程，初始化编程的内容为：必须先写入每一个计数器的控制字（图 8-12），然后写入计数器的计数值。如前所述，在某些方式下，写入计数值后此计数器就开始工作了，而有的方式需要外界门控信号的触发启动。

在初始化编程时，某一计数器的控制字和计数值，是通过两个不同的端口地址写入的。任一计数器的控制字都写入至控制字寄存器（地址总线低两位 $A_1A_0 = 11$），由控制字中的 D_7D_6 来确定是哪一个计数器的控制字；而计数值是由各个计数器的端口地址写入的。

初始化编程的步骤如下。

（1）写入计数器控制字，规定计数器的工作方式。

（2）写入计数值。

① 若规定只写低 8 位，则写入的为计数值的低 8 位，高 8 位自动置 0。

② 若规定只写高 8 位，则写入的为计数值的高 8 位，低 8 位自动置 0。

③ 若是 16 位计数值，则分两次写入，先写入低 8 位，再写入高 8 位。

若要用计数器 0，工作在方式 1，按 BCD 码计数，计数值为 5080H。则初始化编程有以下步骤。

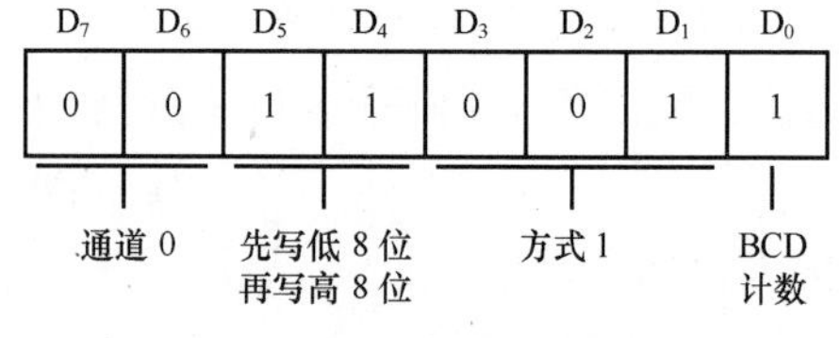

图 8-12　通道控制字

（1）确定通道控制字。

（2）计数值的低 8 位为 80H。

（3）计数值的高 8 位为 50H。

若端口地址位为 F8H ~ FBH，初始化程序为：

```
MOV  AL, 33H
OUT  0FBH, AL
MOV  AL, 80H
OUT  0F8H, AL
```

```
MOV  AL, 50H
OUT  0F8H, AL
```

CPU 可以用输入指令读取 8253 任一计数器的计数值，此时 CPU 读到的是执行输入指令瞬间计数器的现行值。由于 8253 的计数器是 16 位的，所以要分两次读至 CPU，因此，若不设法锁存的话，则在输入过程中，计数值可能已变化了。计数值的锁存有以下两种办法。

① 利用 GATE 信号使计数过程暂停。

② 向 8253 输送一个控制字，令 8253 计数器中的锁存器锁存。8253 的每一个计数器都有一个输出锁存器（16 位），平时，它的值随计数器的值变化，当向计数器写入锁存的控制字时，它把计数器的现行值锁存（计数器中继续计数）。于是 CPU 读取的就是锁存器中的值。当对计数器重新编程，或 CPU 读取了计数值后，自动解除锁存状态，它的值又随计数器变化。

若要读取计数器 1 的 16 位计数值，其程序为：

```
MOV  AL, 40H          ; 计数器 1 的锁存命令
OUT  0FBH, AL         ; 写入至控制字寄存器
IN   AL, 0F9H         ; 读低 8 位计数值
MOV  CL, AL           ; 存于 CL 中
IN   AL, 0F9H         ; 读高 8 位计数值
MOV  CH, AL           ; 存于 CH 中
```

8.2　可编程并行接口 8255A

计算机与外部设备、计算机与计算机之间的通信，按照数据传送的方式可分为并行接口和串行接口两大类。所谓并行通信是指 8 位或 16 位或 32 位数据同时传输，具有速度快、传输率高、成本高的特点。实现并行通信的接口就是并行接口。通常并行接口芯片应具有以下部件。

8.2.1　8255A 的内部结构

Intel 8255A 是一个为 8080、8085 和 8088 微型机系统设计的通用 I/O 接口芯片。它可用程序来改变功能，通用性强，使用灵活，通过它可直接将 CPU 总线接向外设。

8255A 的方框图如图 8-13 所示。

它由以下几部分组成。

1. 数据端口 A、B、C

它有三个输入/输出端口：Port A、Port B 和 Port C。每一个端口都是 8 位，都可以选择作为输入或输出，但功能上有着不同的特点。

（1）端口 A：一个 8 位数据输出锁存和缓冲器；一个 8 位数据输入锁存器。

（2）端口 B：一个 8 位数据输入/输出、锁存/缓冲器；一个 8 位数据输入缓冲器。

（3）端口 C：一个 8 位数据输出锁存/缓冲器；一个 8 位数据输入缓冲器（输入没有锁存）。

通常端口 A 或 B 作为输入/输出的数据端口，而端口 C 作为控制或状态信息的端口，它在“方式”字的控制下，可以分成两个四位的端口。每个端口包含一个四位锁存器。它们分别与端口 A 和 B 配合使用，可用作为控制信号输出，或作为状态信号输入。

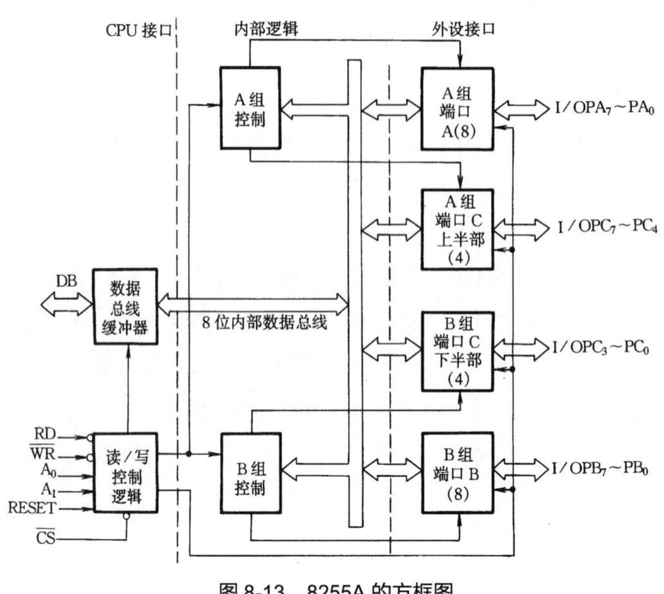

图 8-13　8255A 的方框图

2. A 组和 B 组控制电路

这是两组根据 CPU 的命令字控制 8255A 工作方式的电路。它们有控制寄存器，接收 CPU 输出的命令字，然后分别决定两组的工作方式，也可根据 CPU 的命令字对端口 C 的每一位实现按位“复位”或“置位”操作。

A 组控制电路控制端口 A 和端口 C 的上半部（$PC_7 \sim PC_4$）。

B 组控制电路控制端口 B 和端口 C 的下半部（$PC_3 \sim PC_0$）。

3. 数据总线缓冲器

这是一个三态双向 8 位缓冲器，它是 8255A 与系统数据总线的接口。输入/输出的数据以及 CPU 发出的控制字和外设送来的状态信息，都是通过这个缓冲器传送的。

4. 读/写和控制逻辑

它与 CPU 的地址总线中的 A_1、A_0 以及有关的控制信号（$\overline{RD}$、$\overline{WR}$、RESET、IO/$\overline{M}$）相连，由它控制把 CPU 的控制命令或输出数据送至相应的端口；也由它控制把外设的状态信息或输入数据通过相应的端口，送至 CPU。

5. 控制信号功能

（1）$\overline{CS}$（Chip Select）——选片信号，低电平有效，由它启动 CPU 与 8255A 之间的通信（Communication）。

（2）$\overline{RD}$——读信号，低电平有效。它控制 8255A 送出数据或状态信息至 CPU。

（3）$\overline{WR}$——写信号，低电平有效。它控制把 CPU 输出的数据或命令信号写到 8255A。

（4）RESET——复位信号，高电平有效，它清除控制寄存器并置所有端口（A、B、C）为输入方式。

6. 端口寻址

8255A 中有三个输入输出端口，另外，内部还有一个控制字寄存器，共有四个端口，要有两个输入端来加以选择，这两个输入端通常接到地址总线的最低两位 A_1 和 A_0。

A_1、A_0 和 $\overline{RD}$、$\overline{WR}$ 及 $\overline{CS}$ 组合所实现的各种功能，如表 8-2 所示。

8.2.2　8255A 的引线

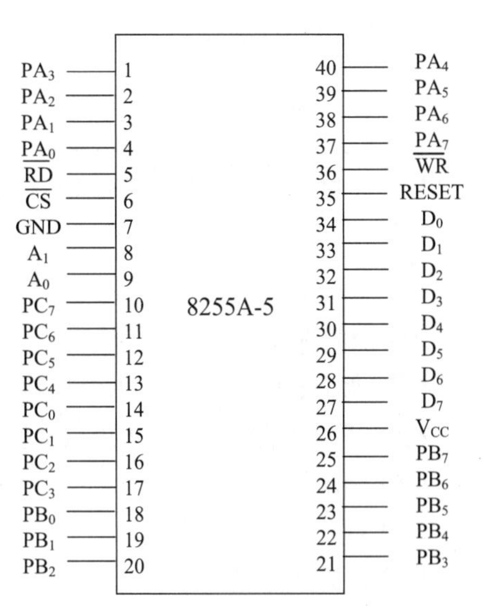

图 8-14　8255A 的引脚信号

8255A 采用 40 条引脚的双列直插式（Dual In-line Package，DIP）封装，其引脚信号如图 8-14 所示。

$\overline{CS}$：片选信号（输入）；

$\overline{RD}$：读信号（输入）；

$\overline{WR}$：写信号（输入）；

A_1、A_0：片内寄存器选择信号（输入）；

$D_7 \sim D_0$：与 CPU 侧连接的数据线（双向）；

$PA_7 \sim PA_0$：A 口外设数据线（双向）；

$PB_7 \sim PB_0$：B 口外设数据线（双向）；

$PC_7 \sim PC_0$：C 口外设数据线（双向）；

RESET：复位信号（输入）。

8.2.3　工作方式

8255A 有三种基本的工作方式。

（1）方式 0（Mode 0）—— 基本输入/输出。

（2）方式 1（Mode 1）—— 选通输入/输出。

（3）方式 2（Mode 2）—— 双向传送。

1. 方式 0

方式 0 是一种基本的输入或输出方式。在这种工作方式下，三个端口的每一个都可由程序选定作为输入或输出，但这种方式没有规定固定的用于应答式的联络信号（Handshaking）线。8255 没有时钟输入信号，其时序由引脚控制信号定时，如图 8-15 所示。

表 8–2　8255A 端口选择表

A_1	A_0	$\overline{RD}$	$\overline{WR}$	$\overline{CS}$	输入操作（读）
0	0	0	1	0	端口 A→数据总线
0	1	0	1	0	端口 B→数据总线
1	0	0	1	0	端口 C→数据总线
A_1	A_0	$\overline{RD}$	$\overline{WR}$	$\overline{CS}$	输出操作（写）
0	0	1	0	0	数据总线→端口 A
0	1	1	0	0	数据总线→端口 B
1	0	1	0	0	数据总线→端口 C
1	1	1	0	0	数据总线→控制字寄存器
A_1	A_0	$\overline{RD}$	$\overline{WR}$	$\overline{CS}$	断开功能
×	×	×	×	1	数据总线→三态
1	1	0	1	0	非法状态
×	×	1	1	0	数据总线→三态

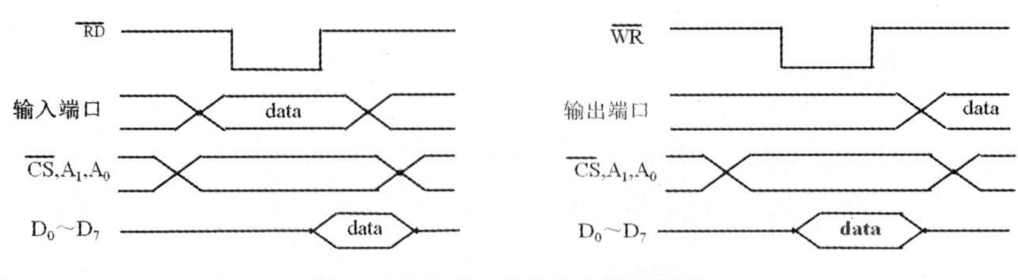

图 8-15　方式 0 的输入和输出时序

其基本功能如下。

（1）两个 8 位端口（A、B）和两个 4 位端口（C）。

（2）任一个端口可以作为输入或输出。

（3）输出是锁存的。

（4）输入是不锁存的。

（5）在方式 0 时，各个端口的输入、输出可以有 16 种不同的组合。

在这种工作方式下，任一个端口都可由 CPU 用简单的输入或输出指令来进行读或写。方式 0 可作为查询式输入或输出的接口电路，此时端口 A 和 B 分别可作为一个数据端口，而端口 C 的某些位可作为这两个数据端口的控制和状态信息。

2. 方式 1

这是一种选通的 I/O 方式。在这种方式时，端口 A 或端口 B 仍作为数据的输入/输出，但同时规定端口 C 的某些位作为控制或状态信息。其工作特点如下。

（1）需要设置专用的联络信号线或应答信号线，以便对外设和 CPU 进行联络。此时 CPU 与外设之间的数据传送可以为查询传送或中断传送。数据的输入输出都有锁存功能。

（2）任意一个端口都可作为输入或输出。若端口 A 和端口 B 都工作于方式 1，端口 C 的大部分引脚分配用来作专用（固定）的联络信号。还留下两位，这两位可以由程序指定作为输入或输出，也具有置位/复位功能。

（3）若只有一个端口工作于方式 1，余下的 13 位，可以工作在方式 0（由控制字决定）。

如图 8-16 所示方式 1 下的选通输入情形。其中各个控制信号的意义如下。

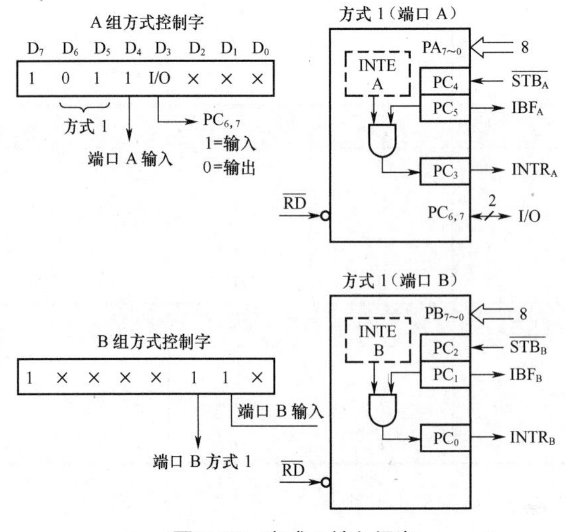

图 8-16　方式 1 输入组态

$\overline{STB}$（Strobe）——选通输入，低电平有效。这是由外设供给的输入信号，当其有效时，把输入装置来的数据送入输入锁存器。

IBF（Input Buffer Full）——输入缓冲器满，高电平有效，这是一个 8255A 输至外设的联络信号。当其有效时，表示数据已输入至输入锁存器，它由 $\overline{STB}$ 信号置位（高电平），而 $\overline{RD}$ 信号的上升沿使其复位。

INTR（Interrupt Request）——中断请求信号，高电平有效，这是 8255A 的一个输出信号，可用于向 CPU 的中断请求信号，以要求 CPU 服务。它在 $\overline{STB}$ 为高，IBF 为高和 INTE（中断允许）为高时被置为高。而由 $\overline{RD}$ 信号的下降沿清除。

INTEA（Interrupt Enable A）——端口 A 中断允许信号，可由用户通过对 PC4 的按位置位/复位来控制（PC4=1，允许中断）。而 INTEB 由 PC_2 的置位/复位控制。它们由 CPU 输出的控制字来选择。

在方式 1 输出时，如图 8-17 所示。

$\overline{OBF}$（Output Buffer Full）——输出缓冲器满信号，低电平有效，这是 8255A 输出给外设的一个控制信号。当其有效时，表示 CPU 已经把数据输出给指定的端口，外设可以把数据输出。它由输出命令 $\overline{WR}$ 的上升沿置成有效，由 $\overline{ACK}$ 的有效信号使其恢复为高。

$\overline{ACK}$（Acknowledge）——低电平有效，这是一个外设的响应信号，指示 CPU 输出给 8255A 的数据已经由外设接收。

INTR——中断请求信号，高电平有效。当输出装置已经接收了 CPU 输出的数据后，它用来作为向 CPU 提出新的中断请求，要求 CPU 继续输出数据。当 $\overline{ACK}$ 为“1”（高电平），$\overline{OBF}$ 为“1”（高电平）和 INTE 为“1”（高电平）时，使其置位（高电平），而 $\overline{WR}$ 信号的下降沿使其复位（低电平）。

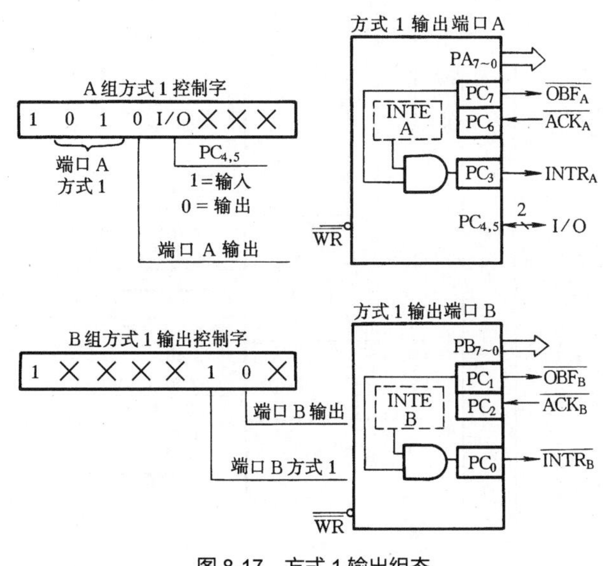

图 8-17 方式 1 输出组态

INTE A 由 PC_6 的置位/复位控制。而 INTE B 由 PC_2 的置位/复位控制。

3. 方式 2

这种工作方式，使外设在单一的 8 位总线上，既能发送，也能接收数据（双向总线 I/O）。工作时可用程序查询方式，也可工作于中断方式。其主要特点如下。

（1）方式 2 只用于端口 A。

（2）一个 8 位的双向总线端口（端口 A）和一个 5 位控制端口（端口 C）。

（3）输入和输出是锁存的。

（4）5 位控制端口用作端口 A 的控制和状态信息，如图 8-18 所示。

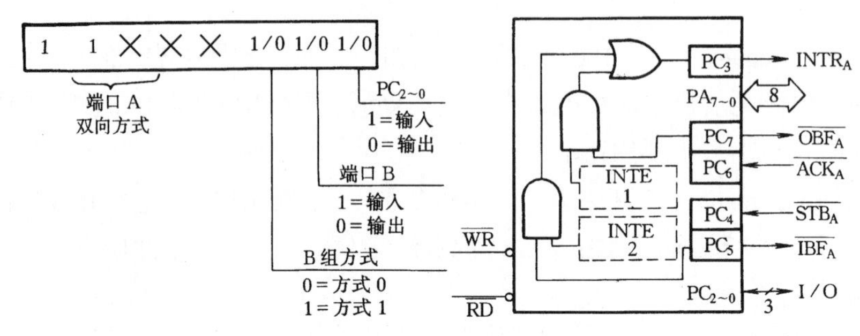

图 8-18　8255A 方式 2 组态

8.2.4　控制字和状态字

8255A 的工作方式，可由 CPU 用 I/O 指令输出一个控制字到 8255A 的控制字寄存器来选择。这个控制命令字的格式如图 8-19 所示。可以分别选择端口 A 和端口 B 的工作方式，端口 C 分成两部分，上半部随端口 A，下半部随端口 B。端口 A 能工作于方式 0、1 和 2，而端口 B 只能工作于方式 0 和 1。

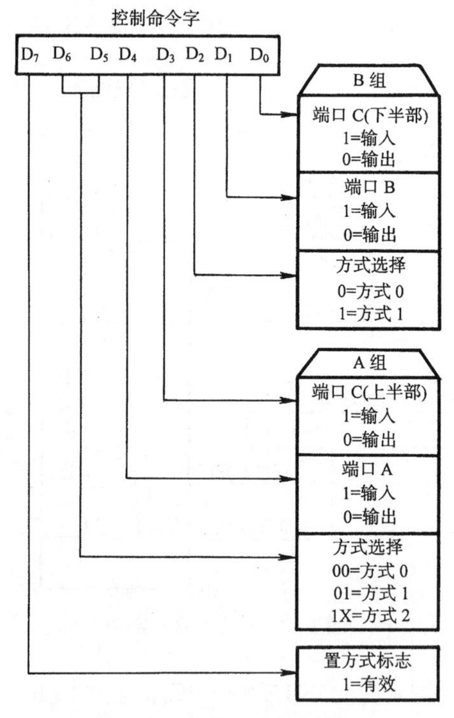

图 8-19　8255A 的控制命令字

当 8255A 与 CPU 采用查询方式工作时，要求 CPU 读取 C 端口的内容，根据上述对端口 PC 各位的定义及对中断屏蔽情况可以很容易地知道读出的状态字中各位的含义，各位的定义如下：

PC7	PC6	PC5	PC4	PC3	PC2	PC1	PC0
I/O	I/O	IBF_A	$INTE_A$	$INTR_A$	$INTE_B$	IBF_B	$INTR_B$

方式 1 输入

$\overline{OBF_A}$	$INTE_A$	I/O	I/O	$INTR_A$	$INTE_B$	$\overline{OBF_B}$	$INTR_B$

方式 1 输出

$\overline{OBF_A}$	$INTE_1$	IBF_A	$INTE_2$	$INTR_A$	X	X	X

方式 2

B 组，由方式 0 或方式 1 定义

8.2.5 8255A 应用举例

下面以双机并行通信接口为例，说明 8255A 的应用。

（1）要求在甲乙两台微机之间并行传送 1KB 数据。甲机发送，乙机接收。甲机一侧的 8255A 采用方式 1 工作，乙机一侧的 8255A 采用方式 0 工作。两机的 CPU 与接口之间都采用查询方式交换数据。

（2）根据要求，双机均采用可编程并行接口芯片 8255A 构成接口电路，只是 8255A 的工作方式不同。

（3）根据上述要求，接口电路的连接如图 8-20 所示。

甲机 8255A 为方式 1 发送（输出），因此，把 PA 口指定为输出，发送数据，PC_7 和 PC_6 引脚由方式 1 规定作为联络线 $\overline{OBF}$ 和 $\overline{ACK}$ 。乙机 8255A 为方式 0 接收（输入），把 PA 口用作为输入，接收数据，联络信号自行选择，可选择 PC_4 和 PC_0 作为联络信号线，PC4 输入、PC_0 输出。虽然，两侧的 8255A 都设置了联络信号线，但它们是不同的，甲机 8255A 工作在方式 1，其联络信号 PC_7、PC_6 是由方式 1 规定的；而乙机的 8255A 工作在方式 0，其联络信号线是可以选择的，比如可选 PC_5、PC_7 或 PC_6、PC_7 等。

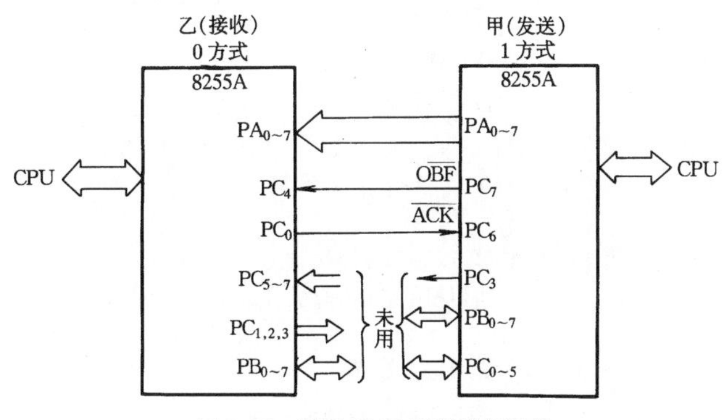

图 8-20　利用 8255 进行并行通信

软件编程如下。

① 甲机发送程序：

```
MOV  DX, 303H              ; 8255A 命令口
MOV  AL, 10100000B         ; 端口 A，方式 1，端口 B 没用方式字
OUT  DX, AL                ; 输出方式字
MOV  AL, 0DH               ; 置发送中断允许 INTEA=1
OUT  DX, AL                ; PC6 置“1”
```

```
      MOV  AX, 030H                ; 发送数据的首地址
      MOV  ES, AX
      MOV  BX, 00H
      MOV  CX, 3FFH                ; 置发送字节数
      MOV  DX, 300H                ; 置 8255A 数据字地址
      MOV  AL, ES:[BX]             ; 取第一个发送数据
      OUT  DX, AL                  ; 写第一个数，产生第一个 OBF 信号
      INC  BX                      ; 指向下一个数
      DEC  CX                      ; 字节数-1
L:    MOV  DX, 302H                ; 8255A 状态口
      IN   AL, DX                  ; 输入状态
      AND  AL, 08H                 ; 检查有无 INTRA
      JZ   L                       ; 若无中断请求则等待
      MOV  DX, 300H                ; 置数据口地址
      MOV  AL, ES:[EBX]            ; 取数据
      OUT  DX, AL                  ; 输出
      INC  BX
      DEC  CX
      JNZ  L                       ; 未发送完循环
      MOV  AX, 4C00H
      INT  21H                     ; 发送完成，返回 DOS
```

在上述发送程序中，是检查 INTR 位，实际上也可以检查发送缓冲器满 $\overline{OBF}$（PC_7）位的状态。

② 乙机接收程序：

```
      MOV  DX, 303H                ; 置 8255A 命令口地址
      MOV  AL, 10011000B           ; 端口 A 方式 0、PC4 输入、PC0
      OUT  DX, AL                  ; 输出的方式字
      MOV  AL, 00000001B           ; PC0 置 1 控制字
      OUT  DX, AL                  ; 输出使 ACK =1
      MOV  AX, 040H                ; 接收区首地址
      MOV  ES, AX
      MOV  BX, 00H
      MOV  CX, 3FFH                ; 置字节数
L1:   MOV  DX, 302H                ; 8255A  PC 口
      IN   AL, DX                  ; 查甲机的 OBF = 0?（PC4 = 0?）
      AND  AL, 10H
      JNZ  L1                      ; 无数据，等待
      MOV  DX, 300H                ; 8255A 数据口地址
      IN   AL, DX                  ; 输入数据
      MOV  ES:[BX], AL             ; 存入内存
      MOV  DX, 303H
      MOV  AL, 00000000B           ; PC0 置 0
      OUT  DX, AL                  ; 产生 ACK 信号
      NOP
      NOP
      MOV       AL, 00000001B      ; PC0 置 1
      OUT       DX, AL             ; ACK 变高
      INC       BX
```

```
DEC       CX
JNZ       L1                  ；未接收完，循环
MOV       AX, 4C00H
INT       21H                 ；接收完，返回 DOS
```

8.3　串行通信及串行通信接口芯片 8251

串行通信是指数据一位一位地传送（在一条线上顺序传送），具有节省传送线，成本低的特点。但是串行传送的速度慢，若并行传送所需的时间为 T，则串行传送的时间至少为 NT（其中 N 为位数）。

8.3.1　串行通信概述

1. 串行通信的分类

在串行通信中，有两种最基本的通信方式。

（1）非同步（异步）通信（Asynchronous Data Communication，ASYNC）

它用起始位表示字符的开始，用停止位表示字符的结束。如图 8-21 所示。

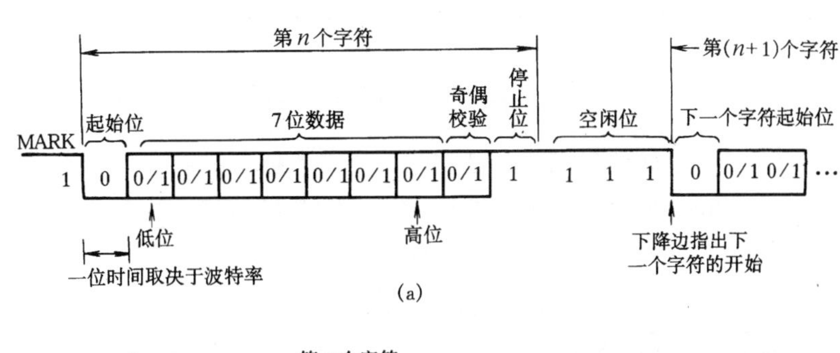

(a)

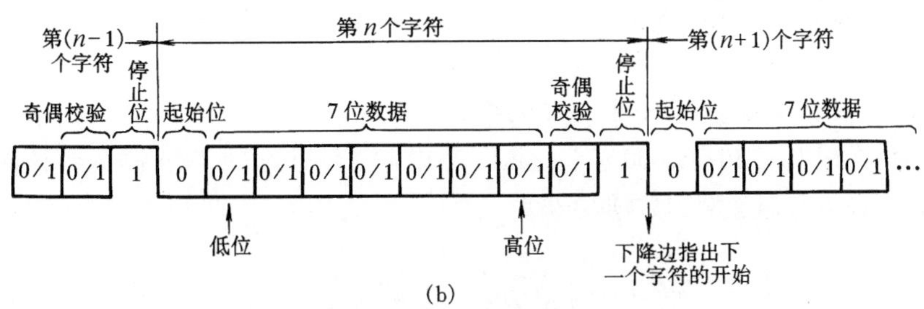

(b)

图 8-21　异步通信的格式

起始位占用一位；字符编码为 7 位（ASCII）；第 8 位为奇、偶校验位，加上这一位将使字符中“1”的个数为奇数（或偶数）；停止位可以是一位、一位半或两位。于是一个字符就由 10 个、10.5 个或 11 个二进制位构成。

用这样的方式表示字符，则字符可以一个接着一个传送。

在非同步数据传送中，在 CPU 与外设之间必须遵循三项规定。

① 字符格式

即前述的字符的编码形式、奇偶校验形式，以及起始位和停止位的规定。例如用 ASCII 编码，字符为 7 位，加一个奇偶校验位，一个起始位，以及一个停止位共 10 位。

② 数据信号传送速率

数据信号传送速率的规定，对于 CPU 与外界的通信是很重要的。假如数据传送的速率是 120bit/s，而每一字符包含 10 个数据位，则每秒传送的二进制位数为

$$10 \times 120 = 1\,200\text{bit/s}$$

则每一位的传送时间即为

$$T_d = 1/1\,200 = 0.833\text{ms}$$

③ 波特率（Baud Rate）

串行通信的信号常常要通过调制解调器进行传送。

在数据信源出口与调制器入口间，或者解调器出口与数据信宿入口间，用数据信号传输率（bit/s）来描述数字信号的传输速度；而在调制器出口、通信线路与解调器入口之间，用单位时间内线路状态变化（电信号变化）的数目即波特率来描述传输速度，如图 8-22 所示。

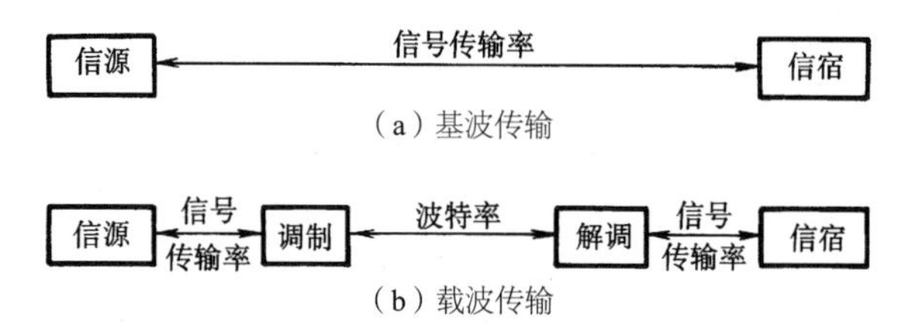

图 8-22　信号传输率与波特率的关系

当采用“零调制”或“空调制”，即基波传输时，或在单位时间内仅调制或解调一个信号时，则数字信号传输率（bit/s）与波特率是一致的。在采用调制解调器的载波传输系统中，两者间的关系为：

$$C=B\log_2 n$$

其中：

C——数据信号传输速率（bit/s）；

B——调制速率（baud）；

n——调制信号数或线路状态数，它是 2 的整数倍。

异步通信的传送速度在 50～9 600 波特之间，常用于计算机到 CRT 终端和字符打印机之间的通信、直通电报，以及无线电通信的数据发送等。

（2）同步传送

在异步传送中，每一个字符都要用起始位和停止位作为字符开始和结束的标志，至少占用了 1/5 的时间，所以，在数据块传送时，为了提高速度，就去掉这些标志，在数据块开始处用同步字符来指示。如图 8-23 所示。

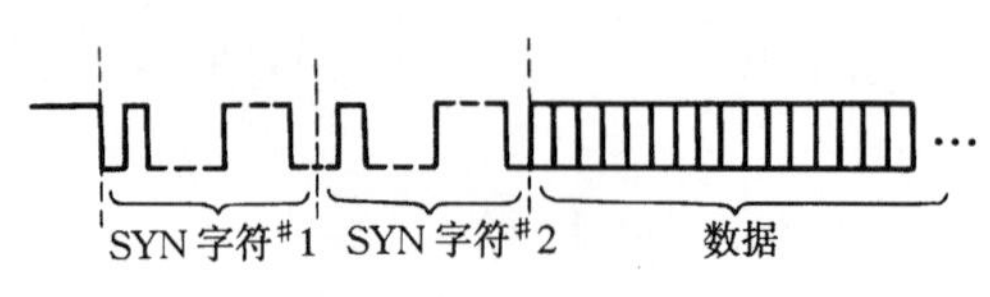

图 8-23　同步字符

同步传送的速度高于异步传送，通常为几十至几百千波特（Kilobaud）。但它要求有时钟来实现发送端与接收端之间的同步，故而硬件复杂。常应用于计算机到计算机之间的通信、计算机到 CRT/外设之间的通信等。

2. 数据传送方向

通常串行通信，数据在两个站之间是双向传送的，A 站可作为发送端，B 站作为接收端，也可以 A 站作为接收端，而 B 站作为发送端，根据要求又可以分为半双工和完全双工两种。

（1）半双工（Half Duplex）

半双工传送方式如图 8-24 所示。

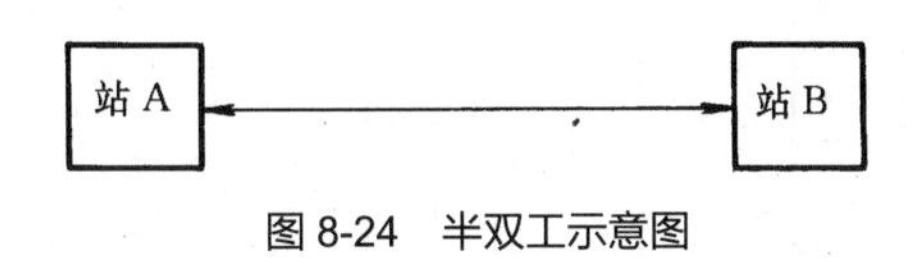

图 8-24　半双工示意图

每次只能有一个站发送，即只能是由 A 发送到 B，或是由 B 发送到 A，不能 A 和 B 同时发送。

（2）完全双工（Full Duplex）

完全双工传送方式如图 8-25 所示，即两个站同时都能发送。

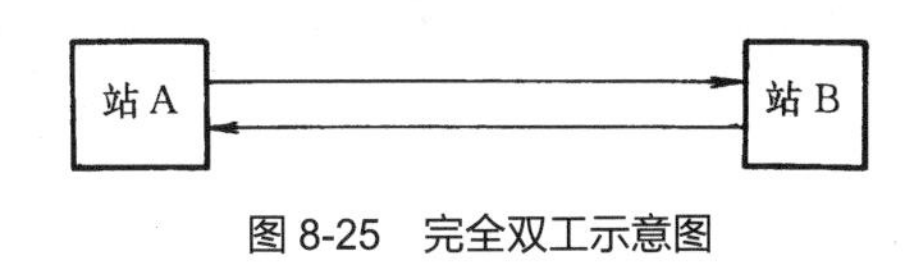

图 8-25　完全双工示意图

3. 串行 I/O 的实现

串行传送时数据是一位一位依次顺序传送的，而在计算机中数据是并行的。所以当数据由计算机送至数据终端时，要先把并行的数据转换为串行的再传送，而在计算机接收由终端送来的数据时，要先把串行数据的转换为并行的才能处理加工，这样的转换可用软件也可用硬件实现。目前通常用可编程的串行接口芯片来实现。如后面要介绍的 Intel 8251 芯片。

8.3.2　8251 可编程通信接口

8251 是 Intel 公司生产的通用同步/异步收发器（Universal Synchronous/Asynchronous Receiver/Transmitter，USART），既能实现异步通信也能实现同步通信。

1. 8251 的基本性能

（1）同步波特率 0～64Kbit/s，异步波特率 0～19.2Kbit/s。

（2）同步传送：5～8bit/字符，内部或外部同步，可自动插入同步字符。

（3）异步传送：5～8bit/字符，时钟速率为通信波特率的 1、16 或 64 倍。

（4）可产生中止字符（Break Character）；可产生 1、$1\frac{1}{2}$ 或 2 个位的停止位；或检查假启动位，自动检测和处理中止字符。

（5）完全双工，双缓冲器发送和接收器。

（6）出错检测：具有奇偶、溢出和帧错误等检测电路。

2. 8251 的结构

如图 8-26 所示，整个 8251 可以分成五个主要部分：接收器、发送器、调制控制、读写控制以及 I/O 缓冲器。而 I/O 缓冲器由状态缓冲器、发送数据/命令缓冲器和接收数据缓冲器三部分组成。8251 的内部由内部数据总线实现相互之间的通信。

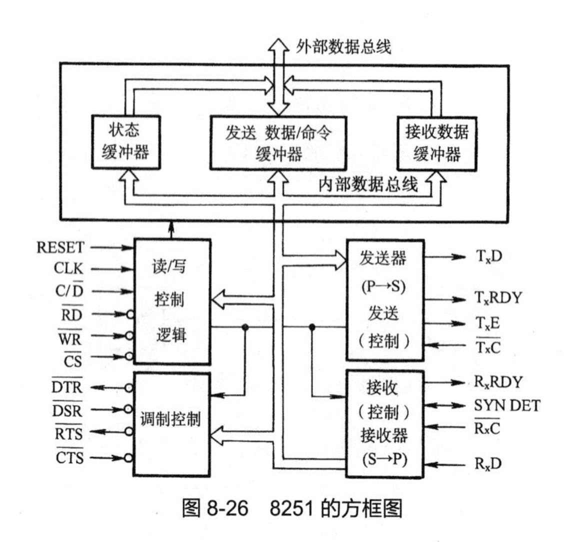

图 8-26　8251 的方框图

主要由数据总线缓冲器、读写控制逻辑、发送缓冲器与发送控制电路、接收缓冲器与接收控制电路、Modem 控制电路组成。

3．引脚

8251 可用来作为 CPU 与外设或调制解调器之间的接口，如图 8-27 所示。它的接口信号可以分为两组：一组为与 CPU 接口的信号；另一组为与外设（或调制器）接口的信号。

（1）与 CPU 的接口信号

① $DB_{7\sim0}$——8251 的外部三态双向数据总线，它可以连到 CPU 的数据总线。CPU 与 8251 之间的命令信息、数据以及状态信息都是通过这组数据总线传送的。

② CLK——由这个 CLK 输入产生 8251 的内部时序。CLK 的频率在同步方式工作时，必须大于接收器和发送器输入时钟频率的 30 倍；在异步方式工作时，必须大于输入时钟的 4.5 倍。

另外，规定 CLK 的周期要在 0.42 ~1.35μs 的范围内。

③ $\overline{CS}$——选片信号，它应由 CPU 的 IO/$\overline{M}$ 及地址信号经译码后供给。

④ C/$\overline{D}$——控制/数据端。在 CPU 读操作时，若此端为高电平，由数据总线读入的是 8251 的状态信息；此端为低电平，读入的是数据。在 CPU 写操作时，此端为高电平，CPU 通过数据总线输出的是命令信息；此端为低电平，输出的是数据。此端通常连到 CPU 地址总线的 A_0。

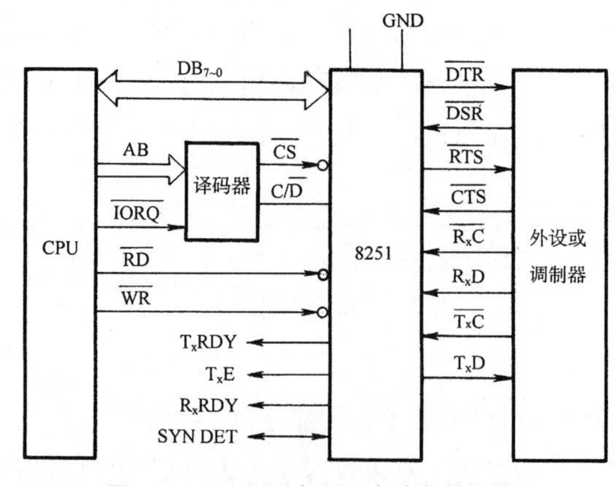

图 8-27　CPU 通过 8251 与串行外设接口

⑤ T_xRDY（Transmitter Ready）——发送准备好信号。只有当 USART 允许发送（即 $\overline{CTS}$ 是低，同时 T_xEN 是高），且发送命令/数据缓冲器为空时，此信号有效。它用以通知 CPU，8251 已准备好接收一个数据。当 CPU 与 8251 之间用查询方式（Polling）交换信息时，此信号可作为一个“状态”信号（Hand Shake）；在用中断方式交换信息时，此信号可作为 8251 的一个中断请求信号。当 USART 从 CPU 接收了一个字符时，T_xRDY 复位。

⑥ T_xE（Transmitter Empty）——发送器空信号。当它有效（高电平）时，表示发送器中的并行到串行转换器空。在同步方式工作时，若 CPU 来不及输出一个新的字符，则它变高，同时发送器在输出线上插入同步字符，以填补传送空隙。

⑦ R_xRDY（Receiver Ready）——接收器准备好信号。若命令寄存器的 R_xE（Receive Enable）位置位，当 8251 已经从它的串行输入端接收了一个字符，可以传送到 CPU 时，此信号有效。在查询方式时，此信号可作为一个“状态”信号；在中断方式时可作为一个中断请求信号。当 CPU 读了一个字符后，此信号复位。

⑧ SYNDET（Synchronous Detect）——同步检测信号。它只用于同步方式，究竟作为输入端还是输出端，取决于 8251 是工作于外同步还是内同步方式。在 RESET 时，此信号复位。当工作于内同步方式时，这是一个输出端。在 8251 已经检测到所要求的同步字符时，此信号为高，输出以指示 USART 已达到同步。若 8251 由程序规定为双字符同步时，此信号在第二个同步字符的最后一位的中间变高。当 CPU 执行一次读状态操作时，SYNDET 复位。

当工作于外同步方式时，这是一个输入端从此端输入的一个正跳沿，使 8251 在下一个 R_xC 的下降沿开始收集字符。SYNDET 输入高电平至少应维持一个 R_xC 周期，直至 R_xC 出现下一个下降沿。

（2）与装置的接口信号

① $\overline{DTR}$（Data Terminal Ready）——数据终端准备好。这是一个通用的输出信号，低电平有效。它能由命令字的 bit1 置“1”变为有效，用以表示 CPU 准备就绪。

② $\overline{DSR}$（Data Set Ready）——数据装置准备好。这是一个通用的输入信号，低电平有效。用以表示调制器或外设已准备好。CPU 可通过读入状态字检测这个信号（状态字的 bit7）。$\overline{DTR}$ 与 $\overline{DSR}$ 是一组信号，通常用于接收器。

③ $\overline{RTS}$（Reguest To Send）——请求传送，这是一个输出信号，等效于 $\overline{DTR}$。这个信号用于通知调制器 CPU 准备好发送。可由命令字的 bit5 置 1 来使其有效（低电平有效）。

④ $\overline{CTS}$（Clear To Send）——准许传送，这是调制器对 USART 的 $\overline{RTS}$ 信号的响应，当其有效时（低电平）USART 发送数据。

⑤ $\overline{R_xC}$（Receiver Clock）——接收器时钟。这个时钟控制 USART 接收字符的速度。

在同步方式，$\overline{R_xC}$ 等于波特率，由调制解调器供给。

在异步方式，$\overline{R_xC}$ 是波特率的 1、16 或 64 倍，由方式控制字预先选择。USART 在 $\overline{R_xC}$ 的上升沿采样数据。

⑥ $\overline{R_xD}$（Receiver Data）——接收器数据，字符在这条线上串行地被接收，在 USART 中转换为并行的字符。高电平表示 Mark，即“1”。

⑦ $\overline{T_xC}$（Transmitter Clock）——发送器时钟，这个时钟控制 USART 发送字符的速度。时钟速度与波特率之间的关系同 $\overline{R_xC}$。数据在 $\overline{T_xC}$ 的下降沿由 USART 移位输出。

⑧ $\overline{T_xD}$（Transmitter Data）——发送器数据。由 CPU 送来的并行的字符在这条线上被串行地发送。高电平代表 Mark，即“1”。

8.3.3　8251 的编程

8251 是一个可编程的多功能通信接口。所以在具体使用时必须对它进行初始化编程，确定它的具体工作方式。例如，规定工作于同步还是异步方式、传送的波特率、字符格式等。

初始化编程必须在系统 RESET 以后，在 USART 工作以前进行，即 USART 不论工作于任何方式，都必须先经过初始化。

初始化编程的过程如图 8-28 所示的流程图。

方式选择字格式如图 8-29 所示。

方式选择字可以分为四组，每组两位。首先，由 D_1D_0 确定是工作于同步方式还是异步方式。当 $D_1D_0 = 00$ 时，则为同步方式；而在 $D_1D_0 \neq 00$ 时为异步方式，且 D_1D_0 的三种组合用以选择输入时钟频率与波特率之间的系数。

D_3D_2 用以确定字符的位数：D_5D_4 用以确定奇偶校验的性质，它们的规定都是很明确的。

D_7D_6 在同步和异步方式时的意义是不同的。异步时，用以规定停止位的位数；同步时，用以确定是内同步还是外同步，以及同步字符的个数。

在同步方式时，紧跟在方式选择字后面的是由程序输入的同步字符。它是用与方式选择字类似的方法由 CPU 传输给 USART 的。

在输入同步字符后，或在异步方式时，在方式选择字后应由 CPU 输给命令字。

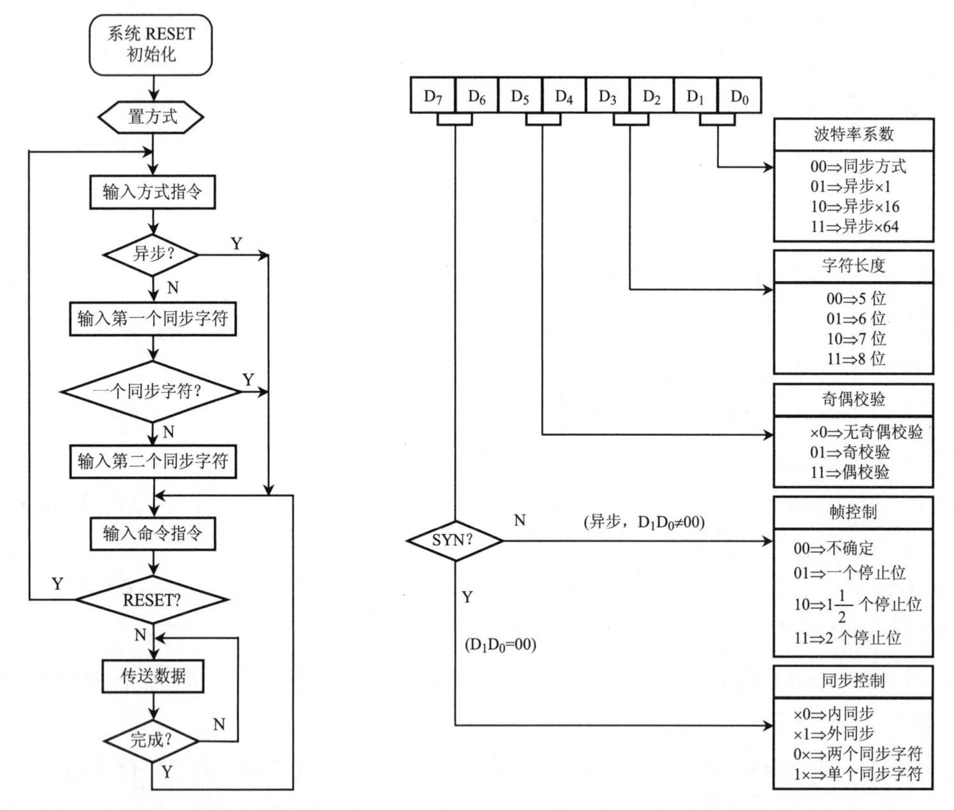

图 8-28　8251 初始化编程的流程图　　　　图 8-29　方式选择字格式

方式选择字是规定 8251 的工作方式，而命令字直接使 8251 处于规定的工作状态。以准备接收或发送数据。

8251 上还有状态寄存器，CPU 可通过 I/O 读操作把 8251 的状态字读入 CPU，以控制 CPU 与 8251 之间的数据交换。

8.4 数模（D/A）转换与模数（A/D）转换接口

在许多工业生产过程中，参与测量和控制的物理量，往往是连续变化的模拟量，例如温度、压力、流量、位移、电压、电流等，而微型计算机只能处理数字量的信息。外界的模拟量要输入计算机，必须要经过 A/D（Analog to Digit）转换器，将其转换成计算机所能接受的数字量，才能进行运算、加工处理。若计算机的控制对象是模拟量，也必须先把计算机输出的数字量经过 D/A（Digit to Analog）转换器，将其转换成模拟量形式的控制信号，才能去驱动有关的控制对象。

8.4.1 数模（D/A）转换器

D/A 转换器是计算机或其他数字系统与模拟量控制对象之间联系的桥梁，它的任务是将离散的数字信号转换为连续变化的模拟信号。在工业控制领域中，D/A 转换器是不可缺少的重要组成部分。

1. D/A 转换的基本原理

数字量是由一位一位的数位构成的，每个数位都代表一定的权。为了把一个数字量变为模拟量，必须把每一位的数码按照权来转换为对应的模拟量，再把各模拟量相加，这样，得到的总模拟量便对应于给定的数据。

D/A 转换器的主要部件是电阻开关网络，通常是由输入的二进制数的各位控制一些开关，通过电阻网络，在运算放大器的输入端产生与二进制数各位的权成比例的电流，经过运算放大器相加和转换而成为与二进制数成比例的模拟电压。

最简单的 D/A 转换器电路如图 8-30（a）所示，V_{REF} 是一个足够精度的参考电压，运算放大器输入端的各支路对应待转换数据的第 0 位、第 1 位、…、第 $n-1$ 位。支路中的开关由对应的数位来控制，如果该数位为“1”，则对应的开关闭合；如果该数位为“0”，则对应的开关打开。各输入支路中的电阻分别为 R、2R、4R、…这些电阻称为权电阻。

假设输入端有 4 个支路，4 个开关从全部断开到全部闭合，运算放大器可以得到 16 种不同的电流输入。这就是说，通过电阻网络，可以把 0000～1111 转换成大小不同的电流，从而可以在运算放大器的输出端得到大小不同的电压。如果由数字 0000 每次增 1，一直变化到 1111，就可以得到一个阶梯波电压，如图 8-30（b）所示。

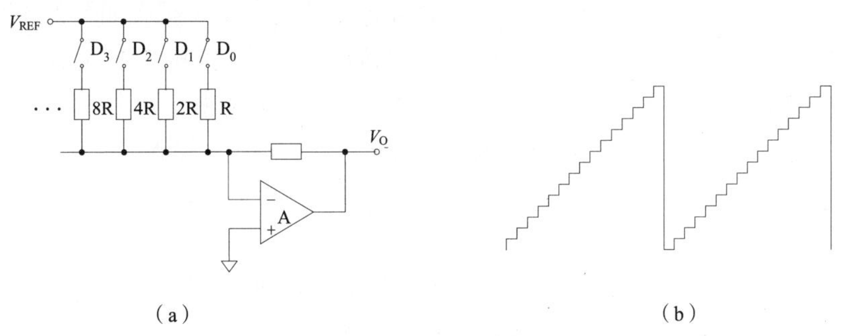

图 8-30 D/A 转换的基本原理

D/A 转换器的输出形式有电压、电流两大类型。电压输出型的 D/A 转换器相当于一个电压源，内阻较小，选用这种芯片时，与它匹配的负载电阻应较大；电流型的 D/A 转换器相当于电流源，内阻较大，选用这种芯片时，负载电阻不可太大。

2. D/A 转换器的主要技术指标

（1）分辨率

这是 D/A 转换器对微小输入量变化敏感程度的描述，通常用数字量的位数来表示，如 8 位、12 位等。对一个分辨率为 n 位的转换器，能够分辨满量程的 2^{-n} 输入信号。例如，分辨率为 8 位的 D/A 转换器能给出满量程电压的 1/256（即 $1/2^8$）的分辨能力。

（2）精度

精度反映 D/A 转换的精确程度，可分为绝对精度和相对精度。绝对精度是指对应于给定的数字量，D/A 输出端实际测得的模拟输出值（电流或电压）与理论值之差。相对精度是指在零点和满量程值校准后，各种数字输入的模拟量输出与理论值之差，可把各种输入的误差画成曲线。

（3）建立时间

建立时间也称稳定时间，是指在 D/A 的数字输入端加上满量程的变化（如从全“0”变为全“1”）以后，其模拟输出稳定到最终值$\pm\frac{1}{2}$LSB 时所需的时间。当输出的模拟量为电流时，建立时间较短；当输出的模拟量为电压时，建立时间较长，主要是输出运算放大器所需的时间。

（4）输出电平

不同型号的 D/A 转换器的输出电平相差较大。一般电压型的 D/A 转换器输出为 0～5V 或 0～10V；电流型的 D/A 转换器，输出电流为几毫安至几安。

（5）线性误差

相邻两个数字量之间的差应是 1LSB，即理想的转换特性应是线性的。在满量程范围内，偏离理想的转换特性的最大值称为线性误差。

（6）温度系数

温度系数是指在规定的范围内，相应于温度每变化 1℃，增益、线性度、零点及偏移（对双极性 D/A）等参数的变化量。温度系数直接影响转换精度。

3. 典型的 D/A 转换器芯片 DAC0832

集成 D/A 芯片类型很多，按其转换方式分有并行和串行两大类；按生产工艺分有双极型（TTL 型）、MOS 型等；按分辨率分有 8 位、10 位、12 位、16 位等；按输出方式分有电压型和电流型两类。

（1）DAC0832 的逻辑结构

DAC0832 是美国国家半导体公司生产的 8 位 D/A 芯片，其逻辑结构框图如图 8-31 所示。DAC0832 内部有两个数据缓冲寄存器：8 位输入寄存器和 8 位 DAC 寄存器。其转换结果以一组差动电流 I_{OUT1} 和 I_{OUT2} 输出。8 位输入寄存器的输入端可直接与 CPU 的数据线相连接。两个数据缓冲寄存器的工作状态分别受 LE_1 和 LE_2 控制。当 $LE_1 = 1$ 时，8 位输入寄存器的输出随输入而变化；当 $LE_1 = 0$ 时，输入数据被锁存。同理，8 位 DAC 寄存器的工作状态受 LE_2 的控制。

DAC0832 共有 20 个引脚，各引脚定义如下。

- DI_7～DI_0：8 位数字量输入信号，其中 DI_0 为最低位，DI_7 为最高位。
- $\overline{CS}$：片选输入信号，低电平有效。

- $\overline{WR_1}$：数据写入信号 1，低电平有效。
- ILE：输入寄存器的允许信号，高电平有效。ILE 信号和$\overline{CS}$、$\overline{WR_1}$共同控制选通输入寄存器。当$\overline{CS}$、$\overline{WR_1}$均为低电平，而 ILE 为高电平时，$LE_1=1$，输入数据立即被送至 8 位输入寄存器的输出端，当上述三个控制信号中任一个无效时，LE_1变低，输入寄存器将数据锁存，输出端呈保持状态。

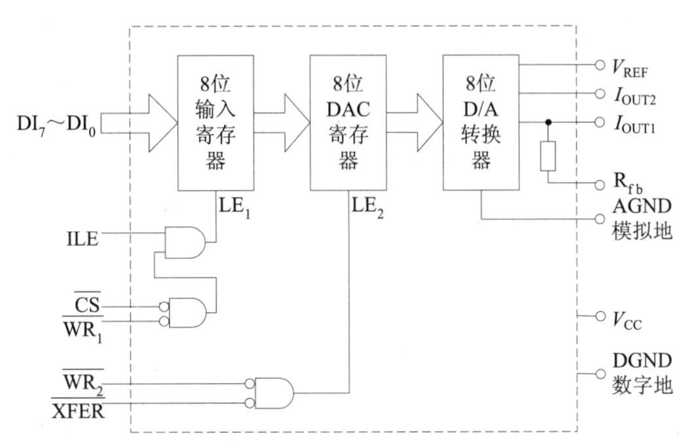

图 8-31　DAC0832 逻辑结构框图

- $\overline{XFER}$：传送控制信号，低电平有效。用它来控制$\overline{WR_2}$是否起作用，在控制多个 DAC 0832 同时输出时特别有用。
- $\overline{WR_2}$：数据写入信号 2，低电平有效。当$\overline{XFER}$和$\overline{WR_2}$同时有效时，输入寄存器中的数据被装入 DAC 寄存器，并同时启动一次 D/A 转换。
- I_{OUT1}：电流输出 1。当 DAC 寄存器中全为“1”时，输出电流最大，当 DAC 寄存器中全为“0”时，输出电流最小。
- I_{OUT2}：电流输出 2。它与 I_{OUT1} 的关系是：

$I_{OUT1}+I_{OUT2}=$常数

- R_{fb}：内部反馈电阻引脚，该电阻在芯片内，R_{fb}端可以直接接到外部运算放大器的输出端。这样，相当于将一个反馈电阻接在运算放大器的输入端和输出端。
- V_{REF}：参考电压输入端，可接正电压，也可接负电压，范围为−10V ~ +10V。
- V_{CC}：芯片电源。+5V ~ +15V，典型值为+15V。
- AGND：模拟地。芯片模拟信号接地点。
- DGND：数字地。芯片数字信号接地点。

（2）DAC0832 的输入工作方式

改变 DAC0832 的有关控制信号的电平，可使 DAC0832 处于三种不同的工作方式。

① 直通方式

当$\overline{CS}$、$\overline{WR_1}$、$\overline{WR_2}$和$\overline{XFER}$都接数字地，ILE 接高电平时，芯片即处于直通状态。此时，8 位数字量一旦到达 DI_7 ~ DI_0 输入端，就立即进行 D/A 转换而输出。在此种方式下，DAC0809 不能直接和数据总线相连接。

② 单缓冲方式

此方式是使两个寄存器中任一个处于直通状态，另一个工作于受控锁存器状态或两个寄存器同步受控。一般的做法是将 $\overline{WR_2}$ 和 $\overline{XFER}$ 接数字地，使 DAC 寄存器处于直通状态。另外把 ILE 接高电平，$\overline{CS}$ 接端口地址译码信号，$\overline{WR_1}$ 接 CPU 系统总线的 $\overline{IOW}$ 信号，这样便可通过执行一条输出指令，选中该端口，使 $\overline{CS}$ 和 $\overline{WR_1}$ 有效，启动 D/A 转换。

③ 双缓冲方式

双缓冲方式的一大用途是数据接收和启动转换可以异步进行，即在对某数据转换的同时，能进行下一数据的接收，以提高转换速率。这时，可将 ILE 接高电平，$\overline{WR_1}$ 和 $\overline{WR_2}$ 接 CPU 的 $\overline{IOW}$，$\overline{CS}$ 和 $\overline{XFER}$ 分别接两个不同的 I/O 地址译码信号。执行输出指令时，$\overline{WR_1}$ 和 $\overline{WR_2}$ 均为低电平。这样，第一条输出指令，选中 $\overline{CS}$ 端口，把数据写入输入寄存器；再执行第二条输出指令，选中 $\overline{XFER}$ 端口，把输入寄存器的内容写入 DAC 寄存器，实现 D/A 转换。

双缓冲方式的另一用途是可实现多个模拟输出通道同时进行 D/A 转换，即在不同的时刻把要转换的数据分别打入各 D/A 芯片的输入寄存器，然后由一个转换命令同时启动多个 D/A 的转换。

4. D/A 转换器与微处理器的接口

D/A 转换器与微处理器间的信号连接包括三部分，即数据线、控制线和地址线。

微处理器的输出数据要传送给 D/A 转换器，首先要把数据总线上的输出信号连接到 D/A 转换芯片的数据输入端。若 D/A 芯片内带有锁存器，微处理器就把 D/A 芯片当作一个并行输出端口；若 D/A 芯片内无锁存器，微处理器就把 D/A 芯片当作一个并行输出的外设，二者之间还需增加并行输出的接口。这是因为微处理器要处理各种信息，其数据总线上的数据总是不断变化的，使得送给 D/A 转换器的数据在数据总线上停留时间很短，因而在一般情况下需要锁存器来保存微处理器送给 D/A 转换器的数据。

如图 8-32 所示的是 DAC0832 工作于双缓冲方式下，与 8 位微处理器的连接图。

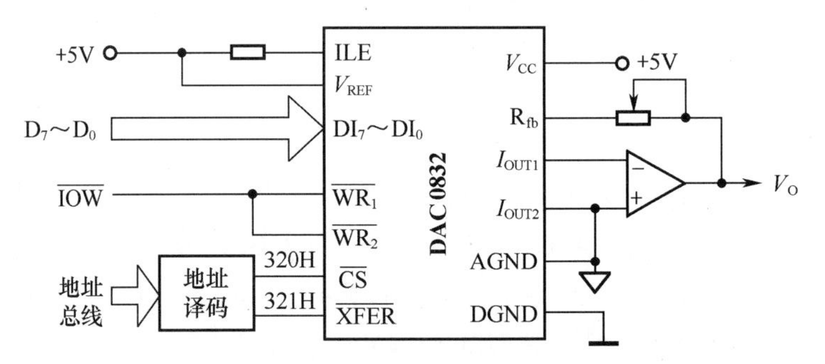

图 8-32 DAC0832 与 8 位微处理器的连接

图 8-32 中，$\overline{CS}$ 的端口地址为 320H，$\overline{XFER}$ 的端口地址为 321H。CPU 执行第一条输出指令，将待转换的数据打入输入寄存器；再执行第二条输出指令，把输入寄存器的内容写入 DAC 寄存器，并启动 D/A 转换。执行第二条输出指令时，AL 中的数据为多少都无关紧要，主要目的是使 $\overline{XFER}$ 有效。

一个数据通过 DAC0832 输出的典型程序段如下：

```
MOV     DX, 320H        ; 指向输入寄存器
MOV     AL, DATA        ; DATA 为被转换的数据
OUT     DX, AL          ; 数据打入输入寄存器
INC     DX              ; 指向 DAC 寄存器
OUT     DX, AL          ; 选通 DAC 寄存器，启动 D/A 转换
```

8.4.2　模数（A/D）转换器

A/D 转换器是模拟信号源与计算机或其他数字系统之间联系的桥梁，它的任务是将连续变化的模拟信号转换为数字信号，以便计算机或其他数字系统进行处理、存储、控制和显示。在工业控制和数据采集及其他领域中，A/D 转换器是不可缺少的重要组成部分。

1. A/D 转换的基本原理

A/D 转换器中应用最为广泛的是逐次逼近型的 A/D 转换器，其转换原理如图 8-33（a）所示，主要有逐次逼近寄存器（SAR）、D/A 转换器、比较器、时序和控制逻辑等部分组成。其实质是逐次把设定的 SAR 中的数字量经 D/A 转换后得到电压 V_C，与待转换的模拟电压 V_X 进行比较。比较时，先从 SAR 的最高位开始，逐次确定各位的数码应是“1”还是“0”。

转换前，先将 SAR 各位清零。转换开始时，控制逻辑电路先设定 SAR 的最高位为“1”，其余位为“0”，此试探值经 D/A 转换成电压 V_C，然后将 V_C 与模拟输入电压 V_X 比较。如果 $V_X \geq V_C$，说明 SAR 最高位的“1”应予保留；如果 $V_X < V_C$，说明 SAR 的该位应予清零。然后再对 SAR 的次高位置“1”，依上述方法进行 D/A 转换和比较。如此重复上述过程，直至确定 SAR 的最低位为止。最后，SAR 中的内容就是与输入模拟量 V_X 相对应的二进制数字量。显然 A/D 转换器的位数 n 决定于 SAR 的位数即 D/A 的位数。图 8-33（b）表示 4 位 A/D 转换器的逐次逼近过程。转换结果能否准确逼近模拟信号，主要取决于 SAR 和 D/A 的位数。位数越多，越能准确逼近模拟量，但转换所需的时间也越长。

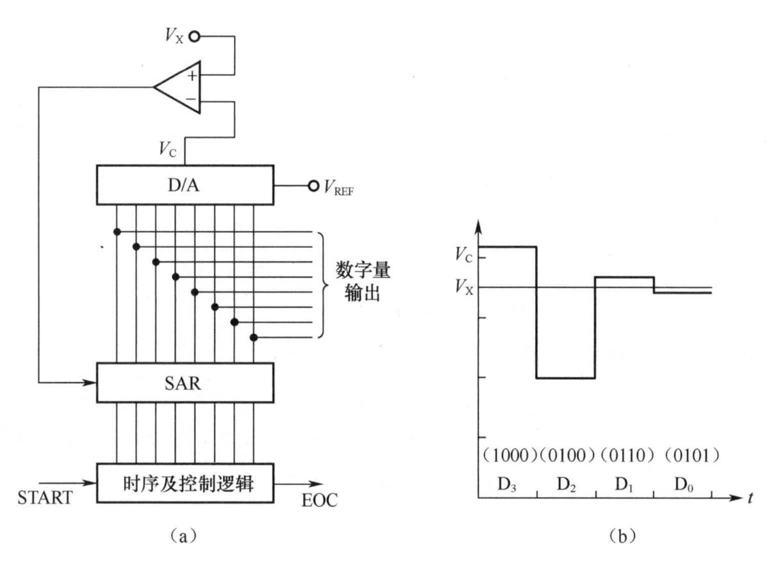

图 8-33　逐次逼近型转换原理

2. A/D 转换器的主要技术指标

（1）分辨率

分辨率是指 A/D 转换器响应输入电压微小变化的能力。通常用数字输出的最低位（LSB）所对应的模拟输入的电平值表示。若输入电压的满量程为 V_{FS}，转换器的位数为 n，分辨率为 $\frac{1}{2^n}V_{FS}$，当输入电压的满量程为 $V_{FS} = 10V$，则 10 位 A/D 转换器的分辨率为 10V/1024≈0.01V。由于分辨率与转

换器的位数 n 直接有关，所以常用位数来表示分辨率，表 8-3 列出几种位数与分辨率的关系。

表 8-3　位数与分辨率的关系

位　数	分辨率（分数）	分辨率/%
4	$1/2^4 = 1/16$	6.25
8	$1/2^8 = 1/256$	0.39
10	$1/2^{10} = 1/1024$	0.098
12	$1/2^{12} = 1/4096$	0.024
16	$1/2^{16} = 1/65536$	0.0015

值得注意的是，分辨率和精度是两个不同的概念，不要把两者相混淆，即使分辨率很高，也可能由于温度漂移、线性度等原因，而使其精度不够高。

（2）精度

精度可分为绝对精度和相对精度。

绝对精度是指对应给定的数字量，在输出端输出的模拟量的实际值与理论值之间的最大差值。通常用数字量的最小有效值（LSB）的分数值来表示绝对精度。例如±1LSB、$\pm\frac{1}{2}$ LSB、$\pm\frac{1}{4}$ LSB 等。

相对精度是指在零点满量程校准后，任意数字输出所对应模拟输入量的实际值与理论值之差，用模拟电压满量程的百分比表示。

（3）转换时间

转换时间是指 A/D 转换器完成一次转换所需的时间，即从启动信号开始到转换结束并得到稳定的数字输出量所需的时间，通常为微秒级。一般约定，转换时间大于 1ms 的为低速，1ms～1μs 的为中速，1ns~1μs 的为高速，小于 1μs 的为超高速。

（4）电源灵敏度

电源灵敏度是指 A/D 转换器的供电电源的电压发生变化时，产生的转换误差。一般用电源电压变化 1%时相应的模拟量变化的百分数来表示。

（5）量程

量程是指所能转换的模拟输入电压范围，分单极性和双极性两种类型，例如：

单极性　量程为 0～+5V，0～+10V，0～+20V

双极性　量程为−5V～+5V，−10V～+10V

（6）输出逻辑电平

多数 A/D 转换器的输出逻辑电平与 TTL 电平兼容。在考虑数字量输出与微处理器的数据总线接口时，应注意是否要三态逻辑输出，是否要对数据进行锁存等。

（7）工作温度范围

由于温度会对比较器、运算放大器、电阻网络等产生影响，故只在一定的温度范围内才能保证额定精度指标。

3. 典型 A/D 转换器芯片 ADC0809

ADC0809 是美国国家半导体公司生产的逐次逼近型 8 位 A/D 转换器芯片。片内有 8 路模拟开关，可输入 8 个模拟量。单极性，量程为 0～+5V。外接 CLK 为 640kHz 时，典型的转换速度为 100μs。片内带有三态输出缓冲器，数据输出端可与数据总线直接相连。ADC0809 的逻辑结构框图如图 8-34 所示。

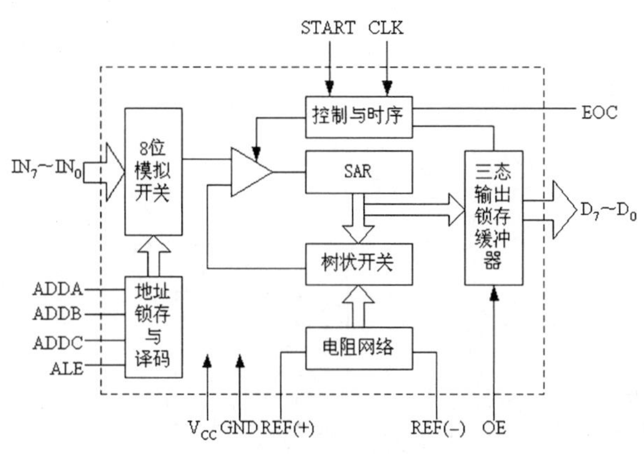

图 8-34　ADC0809 逻辑结构框图

ADC0809 共有 28 个引脚，各引脚定义如下。

- IN_7 ~ IN_0：8 通道模拟量输入信号。
- ADDC、ADDB、ADDA：通道号选择信号，其中 ADDA 是 LSB 位。通道号选择与模拟量输入选通的关系见表 8-4。
- ALE：通道号锁存控制端。当它为高电平时，将 ADDC、ADDB、ADDA 锁存。
- D_7 ~ D_0：结果数据输出端。其中 D_7 为最高有效位。

表 8–4　通道号选择与模拟量输入选通的关系

中选模拟通道	ADDC	ADDB	ADDA
IN_0	0	0	0
IN_1	0	0	1
IN_2	0	1	0
IN_3	0	1	1
IN_4	1	0	0
IN_5	1	0	1
IN_6	1	1	0
IN_7	1	1	1

- START：启动 A/D 转换信号，高电平有效，当给出一个 START 信号后，转换开始。
- EOC：转换结束信号，高电平有效，当 A/D 转换完毕，EOC 的高电平可用作中断请求信号或查询信号。
- OE：输出使能信号，高电平有效，当此信号有效时，打开输出三态门，将转换后的结果送至数据总线。
- CLK：外接时钟信号（CLK<1.28MHz）。
- REF（+）、REF（−）：参考电压输入。通常将 REF（−）接模拟地，参考电压从 REF（+）引入。

4. A/D 转换器与微处理器的接口

A/D 转换芯片与微处理器接口时，除了要有数据信息的传送外，还应有控制信息和状态信息的联系。其工作过程是：CPU 送出控制信号至 A/D 转换器的启动端，使 A/D 转换器开始转换；A/D 转换需要一定的转换时间，当 CPU 查询到转换完成，CPU 执行输入指令将 A/D 转换的结果读入。

图 8-35 为 ADC0809 芯片通过通用接口芯片 8255A 与 CPU（8088）的接口。ADC0809 的输出数

据通过 8255A 的 PA 口输入给 CPU，而地址锁存信号 ALE 和地址译码输入信号 ADDC、ADDB 和 ADDA 由 8255A 的 PB 口的 $PB_3\sim PB_0$ 提供。A/D 转换的状态信息 EOC 则由 PC_4 输入。

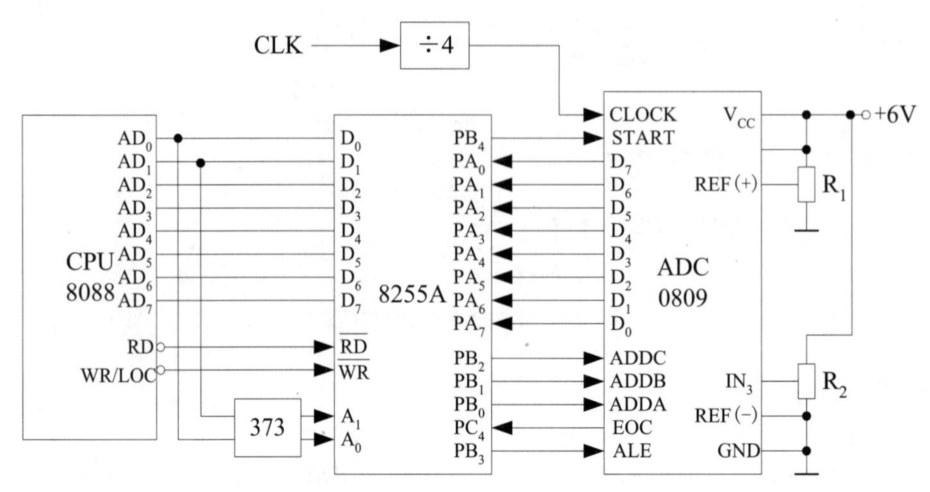

图 8-35　ADC0809 与 CPU 的接口

在对以上电路进行 A/D 转换的编程前，需先确定数据的输入方式，以便选择 8255A 的工作方式。例如，在本例中，假定以查询方式读取 A/D 转换后的结果，则 8255A 可设定 A 口为输入，B 口为输出，均为方式 0，PC_4 为输入。

A/D 转换的程序如下：

```
      ORG 1000H
START:    MOV  AL, 98H      ; 8255A 初始化，方式 0，A 口输入，B 口输出
      MOV  DX, 0FFH         ; 8255A 控制字端口地址
      OUT  DX, AL           ; 送 8255A 方式字
      MOV  AL, 0BH          ; 选 IN3 输入端和地址锁存信号
      MOV  DL, 0FDH         ; 8255A 的 B 口地址
      OUT  DX, AL           ; 送 IN3 通道地址
      MOV  AL, 1BH          ; START←PB4 = 1
      OUT  DX, AL           ; 启动 A/D 转换
      MOV  AL, 0BH
      OUT  DX, AL           ; START←PB4 = 0
      MOV  DL, 0FEH         ; 8255A 的 C 口地址
TEST:     IN       AL, DX   ; 读 C 口状态
      AND  AL, 10H          ; 检测 EOC 状态
      JZ   TEST             ; 如果未转换完，再测试；转换完则继续
      MOV  DL, 0FCH         ; 8255A 的 A 口地址
      IN       AL, DX       ; 读转换结果
      HLT                   ; 停机
```

习　题

8.1　定时与计数技术在微机系统中有什么作用？

8.2　8253 有哪几种工作方式？各有何特点？其用途如何？

8.3　在某一应用系统中，8253 地址为 340H～343H，定时器 0 用作分频器（N 为分频系数），定时器 2 用作外部事件计数器，如何编制初始化程序？

8.4　若已有一频率发生器，其频率为 1MHz，若要求通过 8253，产生每秒一次的信号，8253 应如何连接？编写初始化程序。

8.5　8253 计数器/定时器中，时钟信号 CLK 和门脉冲信号 GATE 分别起什么作用？

8.6　说明 8253 在 6 种工作模式下的特点，并分别举例说明使用场合。

8.7　编程将 8253 计数器 0 设置为模式 1，计数初值为 3000H；计数器 1 设置为模式 2 计数初值为 2010H；计数器 2 设置为模式 4，计数初值为 4030H；计数器 3 设置为模式 3，计数初值为 5060H。

8.8　下面是一个 8253 的初始化程序段。8253 的控制口地址为 46H，3 个计数器端口地址分别为 40H、42H、44H。在 8253 初始化前，先将 8259A 的所有中断进行屏蔽，8259A 的奇地址端口为 81H。请对下面的程序段加详细注释，并以十进制数表示出各计数器初值。

```
INI: CLI
     MOV     AL, 0FFH
     OUT     81H, AL
     MOV     AL, 36H
     OUT     46H, AL
     MOV     AL, 0
     OUT     40H, AL
     MOV     AL, 40H
     OUT     40H, AL
     MOV     AL, 54H
     OUT     46H, AL
     MOV     AL, 18H
     OUT     42H, AL
     MOV     AL, OB6H
     OUT     46H, AL
     MOV     AL, 46H
     OUT     44H, AL
     MOV     AL, 80H
     OUT     44H, AL
```

8.9　在输入过程和输出过程中，并行接口分别起什么作用？

8.10　8255A 的 3 个端口在使用时有什么差别？

8.11　当数据从 8255A 的端口 C 往数据总线上读出时，8255A 的几个控制信号 CS#、Al、AO、RD#、WR#分别是什么？

8.12　8255A 的方式选择控制字和置 1/置 0 控制字都是写入控制端口的，那么，它们是由什么来区分的？

8.13　8255A 有哪几种基本工作方式？对这些工作方式有什么规定？

8.14　对 8255A 设置工作方式，8255A 的控制口地址为 00C6H。要求端口 A 工作在方式 1，输入；端口 B 工作在方式 0，输出；端口 C 的高 4 位配合端口 A 工作；低 4 位为输入。

8.15　8255A 的方式 0 一般使用在什么场合？在方式 0 时，如要使用应答信号进行联络，应该怎么办？

8.16　8255A 的方式 2 用在什么场合？说明端口 A 工作于方式 2 时各信号之间的时序关系。

8.17　为什么串行接口部件中的 4 个寄存器可以只用 1 位地址来进行区分？

8.18　在数据通信系统中，什么情况下可以采用全双工方式？什么情况下可用半双工方式？

8.19　什么叫同步通信方式？什么叫异步通信方式？它们各有什么优缺点？

8.20　设异步传输时，每个字符对应一个起始位、七个信息位、一个奇/偶校验位和一个停止位，如果波特率为 9 600，则每秒钟能传输的最大字符数为多少个？

8.21　从 8251A 的编程结构中，可以看到 8251A 有几个寄存器和外部电路有关？一共要几个端口地址？为什么？

8.22　8251A 内部有哪些功能模块？其中读/写控制逻辑电路的主要功能是什么？

8.23　8251A 和外设之间有哪些连接信号？

8.24　参考初始化流程，用程序段对 8251A 进行同步模式设置。奇地址端口地址为 66H，规定用内同步方式，同步字符为两个，用奇校验，七个数据位。

8.25　设计一个采用异步通信方式输出字符的程序段，规定波特率因子为 64，七个数据位，一个停止位，用偶校验，端口地址为 40H、42H，缓冲区首址为 2000H：3000H。

8.26　D/A 转换器接口的任务是什么？它和微处理器连接时，一般有哪几种接口形式？

8.27　DAC 分辨率和微机系统数据总线宽度相同或高于系统数据总线宽度时，其连接方式有何不同？

8.28　用带两级数据缓冲器的 D/A 转换器时，为什么有时要用三条输出指令才完成 16 位或 12 位数据转换？

8.29　A/D 转换器接口电路一般应完成哪些任务？

8.30　A/D 转换器与 CPU 之间采用查询方式和采用中断方式下，接口电路有什么不同？

09

第9章　微处理器性能提高技术

自从 20 世纪 70 年代以来，随着微处理器技术的不断发展以及计算机技术的广泛应用，人们对计算机性能的要求越来越高，多年来，处理器的性能以指数形式增长。处理器性能的提高，一方面得益于先进的半导体集成电路制造工艺的不断提升，另一方面得益于处理器结构的改进。本章介绍提高微处理器性能的基本技术，包括精简指令集技术、指令流水线技术、浮点数据处理技术以及并行处理技术。

9.1 精简指令集计算机技术

精简指令集计算机技术起源于 20 世纪 70 年代初期，向量巨型机 CRAY-I 就是最先采用精简指令的面向寄存器操作的高速计算机。20 世纪 70 年代中期，IBM 公司研制成功 IBM 801 小型机，它采用单周期固定格式指令、高速缓冲存储器以及编译技术相结合等方法，为以后精简指令集计算机技术的研究和应用奠定了基础。

1982 年，第一个精简指令集计算机处理器芯片 RISC-I 由美国加州大学伯克利分校的帕特森（Paterson）等人研制成功，随后该团队又研制了 RISC-II 32 位处理器。在此之后，精简指令集计算机技术得到推广，并在高级工作站上得到了广泛的应用。目前，最新开发的处理器芯片包括嵌入式控制器（单片机）、数字信号处理器（DSP 芯片），都普遍采用了精简指令集计算机设计思想。

9.1.1 复杂指令集和精简指令集

目前，大多数人广泛使用的个人计算机（简称 PC 机）属于一个典型的复杂指令集计算机；现在我们来了解一下另外一个广泛应用的计算机结构，即精简指令集计算机。

1. CISC 和 RISC

指令系统是计算机软件和硬件的接口。传统处理器的指令系统含有功能强大但复杂的指令，并且所有指令的机器代码长短不一样，且指令条数较多，通常都在 300 条以上。这就是复杂指令集计算机（Comlex Instruction Set Computer，CISC）。

CISC 的优势是其指令系统非常丰富、程序设计方便、程序短小、执行性能高，功能强大的指令系统能使高级语言同机器语言的语义差别缩小且使得编译更加简单。这也是 CISC 能够长期生存并且被广泛应用的重要原因。但是 CISC 庞大的指令系统和功能强大的复杂指令使处理器硬件复杂，也使微程序的体积变大，更主要的是指令代码和执行时间长短不一样，不易使用先进的流水线技术，导致其执行速度和性能难以进一步提高。

统计分析表明，计算机大部分时间是在执行简单指令，复杂指令的使用频率比较低。有的复杂指令并没有被系统程序员所使用，甚至有些编译程序设计员也没有用上某些复杂的指令。因此，对于一个 CISC 结构的指令系统而言，其符合帕累托法则（Pareto Principle），即：只有约 20%的指令被经常使用，其使用量约占整个程序的 80%；而该指令系统中大约 80%的指令却很少使用，其使用量仅占整个程序的 20%，而且使用频率较高的指令通常是那些简单指令。

能否设计这样一种指令系统的简单计算机呢？即，它只有少数简单、常用的指令。这就是精简指令集计算机（Reduced Instruction Set Computer，RISC）。该计算机可以使得处理器的硬件也变得简单，能够比较方便地实现优化、使每个时钟周期内完成一条指令的执行，并提高时钟频率。这样使整个系统的总性能达到很高，甚至有可能超过庞大复杂的计算机。相对于传统的 CISC 而言，RISC 是处理器结构上的一次重大革新。

2. 处理器性能公式

CISC 和 RISC 的性能可以通过处理器执行时间来衡量。因此，经典的处理器性能公式可以表示为：

$$处理器执行时间=IC \times CPI \times T$$

其中，IC 代表程序的指令条数，CPI 表示执行每条指令所需的平均时钟周期数，T 表示每个时钟周期的时间，即时钟频率的倒数。

处理器执行的时间越短，计算机性能越高。因此，减少时钟周期 T 可以提高 CISC 和 RISC 的性能。CISC 通过使用复杂指令减少程序的指令条数 IC 来提高处理器的性能；而 RISC 虽然需要更多指令实现程序功能，但简单指令所需的平均时间周期 CPI 却减少了，同样也可以实现性能的提升。

长期以来，计算机的组织和结构一直向着增加处理器复杂性方向发展，即：处理器具有更多的指令、更多的寻址方式和更多的寄存器。而 RISC 却向简单化的方向发展。从这两个不同的角度出发都可以提高处理器的性能。那么，CISC 和 RISC 相比，究竟是谁的性能更胜一筹呢？这种争执曾经存在了较长一段时间。不少学者对这个问题进行了各种探讨和比较尝试，但得到的结果并不十分明确。目前，人们也越来越意识到 RISC 可以包含 CISC 的结构特征以增强其性能，而 CISC 同样也可以借鉴 RISC 的特点来增强其性能。

从 80486 处理器开始借鉴了 RISC 思想，将其常用指令改为硬件逻辑直接实现，设计了 5 级指令流水线，对于常用的简单指令可以在一个时钟周期内执行完成。Pentium 处理器借鉴了 RISC 中的超标量结构，单独设计了一条只执行简单指令的 V 流水线，将 L1 Cache 扩大，并将浮点指令也纳入指令流水线中。Pentium Pro 及以后的 IA-32 处理器在译码阶段将复杂指令分解成非常简单的微代码，后续阶段就按照 RISC 思想进行设计和实现。这样，既保持了 Intel 80x86 处理器的兼容性，又提高了其运行速度。

9.1.2 RISC 技术的主要特点

精简指令集的主要特征如下。

（1）指令条数较少。RISC 的设计思想就是减少处理器的指令条数。RISC 的指令系统是由使用频率较高的简单指令组成，目前 RISC 根据需要增加了诸如多媒体指令等富有特色的指令。

（2）寻址方式简单。RISC 的数据寻址方式很少，一般不少于五种。除基本的立即数寻址和寄存器寻址外，访问存储器只采用简单的直接寻址、寄存器间接寻址或相对寻址，复杂的寻址方式可以用简单寻址方式在软件中合成。

（3）面向寄存器操作。CISC 中设置了很多寄存器操作指令，处理器每次与存储器交换数据时，都有可能访问速率较慢的主存系统，这就导致存储器访问指令的实际执行性能可能很低。RISC 处理器器内部设置了较多的通用寄存器（通常在 32 个以上），这就使得大多数操作可以在具有较高访问速率的寄存器与寄存器之间进行，而访问存储器只能通过 Load 指令和 Store 指令实现。

（4）指令格式规整。RISC 处理器的指令格式一般只有一种或很少的几种，指令长度也是固定的，通常是四个字节。固定指令的各个字段，尤其是操作码字段可以使得译码器操作码和寄存器操作数同时进行。

（5）单周期执行。RISC 的指令条数少、寻址简单、指令格式固定，其指令译码和执行单元比较容易实现，因此一般直接用硬件逻辑实现，以提高指令执行速度，这就保证了 RISC 可以在一个时钟周期内完成一条指令的执行。

（6）先进的指令流水线技术。RISC 使用了“超级流水线”（Superpipelining）技术，其原理是将流水线的步骤划分得更多，并加倍内部时钟频率，时紧接着的两个步骤可以重叠一部分执行，这样使得每个时钟可以完成多条指令的执行，进而提高指令流水线的性能。此外，RISC 还普遍采用超标量结构，在处理器内部设置多个相互独立的执行单元，使得一个周期可以同时执行多条指令，每个时钟周期能够完成多条指令。

（7）编译器优化。RISC 为了实现复杂指令的功能需要通过优化编译程序来更好地支持高级语言。例如，算术逻辑运算等指令不使用内存器操作数，所有操作数都在通用寄存器中，而大量的通用寄存器也便于编译程序进行优化。因此，对编译程序的优化对编译程序的开发提出了更高的要求。

（8）其他。RISC 结构还具有一些其他特点。例如，由于 RISC 的简单，使得其研制开发相对容易，能够将宝贵的芯片有效面积用于频繁使用的功能上，还能在芯片上集成高速缓冲存储器 Cache 和浮点处理单元 FPU 等功能部件。

9.2　指令流水线技术

指令流水线（Instruction Pipelining）技术能够将多条指令重叠执行，是提高处理器执行速度的一个关键技术。

9.2.1　指令流水线思想

指令流水线的思想类似于现代化工厂的生产（装配）流水线。在工厂的生产流水线上，把生产某个产品的过程分解成若干个工序，每个工序用同样的单位时间，在各自的工位上，完成各自工序的工作。各个工序连接起来就像流水用的管道（Pipe）。这样，若个产品可以在不同的工序上同时被装配，每个单位时间都能完成一个产品的装配，生产出一个成品。虽然完成一个产品的时间并没有因此减少，但是单位时间内的成品流出率却大大提高了。

指令的执行过程也类似于现代化工厂的生产（装配）流水线，其执行过程可以分解成多个步骤（Step）。简单情况下将指令执行过程分成两个步骤：读取（Fetch）指令和执行（Execute）指令。在执行指令时，可以利用处理器不使用存储器的时间读取指令，从而实现这两个步骤的并行操作，这就是所谓的“指令预取”。

处理器中执行指令的过程还可以分解为“译码”和“执行”两个阶段，这就是所谓的处理器“取指-译码-执行”的指令周期。为了充分利用流水线思想，可以将指令的执行进一步分解为以下五个步骤。

Step 1　指令读取 S1：将下一条指令从存储器读出，保存到处理器内部的指令寄存器中。

Step 2　指令译码 S2：确定指令操作码和操作数（地址码），翻译指令的功能。

Step 3　地址计算 S3：计算寄存器操作数的有效地址。

Step 4　指令执行 S4：读取源操作数，进行算术逻辑运算等指令操作。

Step 5　结果回写 S5：保存执行结果（目的操作数）。

按照传统的串行顺序的执行方式，一条指令执行完成后再开始执行下一条指令。如果每条指令都需要经过这五个步骤，每个步骤的执行时间为一个单位时间（例如时钟周期），则执行 N 条指令的时间是 5N 个单位时间。

如果把这五个步骤分别安排在五个相互独立的硬件处理单元中执行，一条指令在一个处理单元完成一个操作后进入下一个处理单元，下一条指令就可以进入这个处理单元进行操作，这样多条指令在流水线的各个步骤中就可以重叠执行、同时操作。当然，并不是每种指令都需要五个步骤，每个步骤的操作时间也可能不尽相同。然而，为了简化指令流水线硬件电路，通常设计所有指令都经过同样的操作步骤，并且每个步骤的操作时间也相同。

图 9-1 是描述流水线操作的时间空间图，简称时空图。其中，横坐标表示时间，纵坐标是指令处理的各个阶段，表示空间，方框内的数字表示指令。在理想的流水线操作情况下，每个单位时间可以完成一条指令的执行，N 条指令的运行时间是 N+4 个单位时间。显然，采用指令流水线技术提高了处理器的指令执行速度。

指令流水线技术实际上是把执行指令这个过程分解成多个子过程，执行指令的功能单元也设计成多个相应的处理单元，多个子过程在多个处理单元中并行执行，同时处理多条指令。正如图 9-1 所示，流水线技术并没有减少每个指令的执行时间，但是显著减少了整个程序的执行时间。

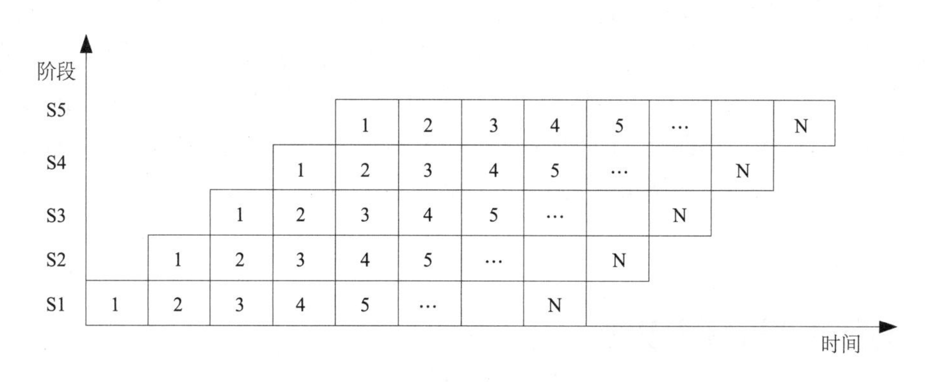

图 9-1　指令流水线的时空图

9.2.2　Pentium 超标量指令流水线

Pentium 处理器采用超标量技术，设计了两个可以并行操作的执行单元，形成了两条指令流水线。Pentium 的超标量整数指令流水线的各个阶段与 80486 类似，在原始五个步骤的基础上将后三个步骤设计为可以在它的两个流水线（U 流水线和 V 流水线）上同时执行，如图 9-2 所示。

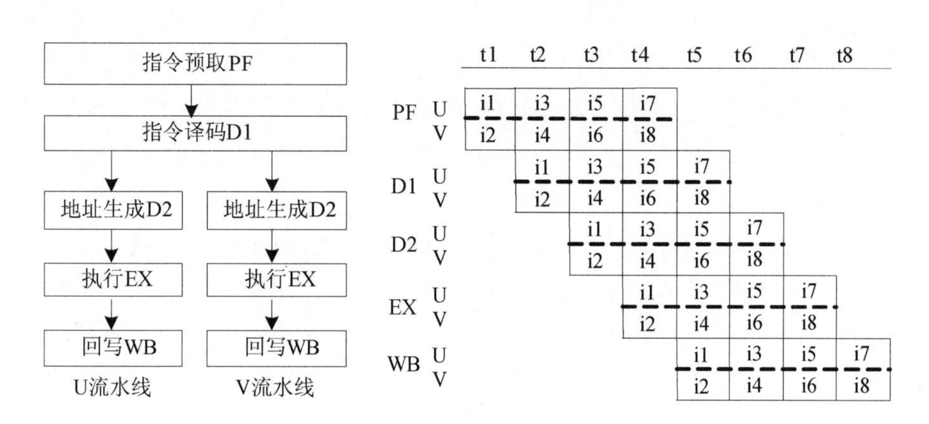

图 9-2　Pentium 的超标量指令流水线

步骤描述如下。

Step 1　指令预取 PF：处理器从指令 Cache 读取指令代码，并将代码对齐到下一条待译码指令的首字节。由于指令长度是变长的，所以这个步骤有一个缓冲器保存正在译码的指令和其后的一条指令。

Step 2 指令译码 D1：处理器译码指令决定操作码和地址信息。还可进行指令配对检测和分支预测。

Step 3 地址生成 D2：产生访问存储器的地址。

Step 4 指令执行 EX：存取数据 Cache，或者计算 ALU、移位数或其他数据通道中功能单元的结果。

Step 5 数据回写 W5：将指令结果更新寄存器和标志。

Pentium 处理器设计了两条存储器地址生成（指令译码 2）、执行和回写流水线，其指令预取 PF 核指令译码 D1 步骤可以并行取出、译码两条简单指令，然后分别发向 U 流水线和 V 流水线。但 Pentium 结构的两条流水线并不是完全相同的，所有整型指令都可以在 U 流水线上执行，只有简单整数指令可以在 V 流水线上执行，复杂指令则只能由 U 流水线执行微代码序列（微程序）实现；浮点指令都在 U 流水线上执行，但浮点交换指令 FXCH 却可以在 V 流水线上执行。这样，在一定条件下，Pentium 允许在一个时钟周期中同时运行两条整数指令，或者运行一条浮点指令（但浮点交换指令可以与另一条浮点指令配对同时执行）。

9.3 浮点数据处理单元

简单的数据处理、实时控制领域一般都使用整数，因此传统的处理器或简单的微处理器只有整数处理单元。但在实际应用当中还要使用实数，尤其是科学计算等工程领域。有些实数通过移动小数点位置，可以用整数编码表达或处理，但可能会损失精度。实数也可以经过一定格式转换后，完全用整数指令仿真，但处理速度不尽人意。在计算机中表达实数要用浮点数据格式。Intel 80x87 是与 Intel 80x86 处理器配合使用的浮点处理器，80486 及以后的 IA-32 处理器中已经集成了浮点处理单元（Floating-Point Unit，FPU），统称为 FPU。

9.3.1 浮点寄存器

浮点处理单元采用一些寄存器来协助完成浮点运算。组成 x87 FPU 浮点执行环境的寄存器主要是 8 个浮点数据寄存器和几个专用寄存器（标记寄存器、状态寄存器和控制寄存器）。

1. 浮点数据寄存器

x87 FPU 浮点处理单元有 8 个浮点数据寄存器（FPU Data Register，FPR），编号为 FPR0～FPR7，如图 9-3 所示。每个浮点寄存器都是 80 位的，以扩展精度格式存储数据。当其他类型的数据压入数据寄存器时，将自动转换成扩展精度保存；相反，当从数据寄存器取出数据时，系统也会自动转换成要求的数据类型。x87FPU 采用早期处理器的堆栈结构，八个数据寄存器不是随机存取，而是按照“后进先出”的堆栈原则工作，并且首尾循环。所以，浮点数据寄存器常被称为浮点数据栈，或浮点寄存器栈。

为了表明浮点数据寄存器中数据的性质，对应每个 FPR 寄存器都有一个两位的标记（Tag）位，八个标记 tag0～tag7 组成一个 16 位的标记寄存器。

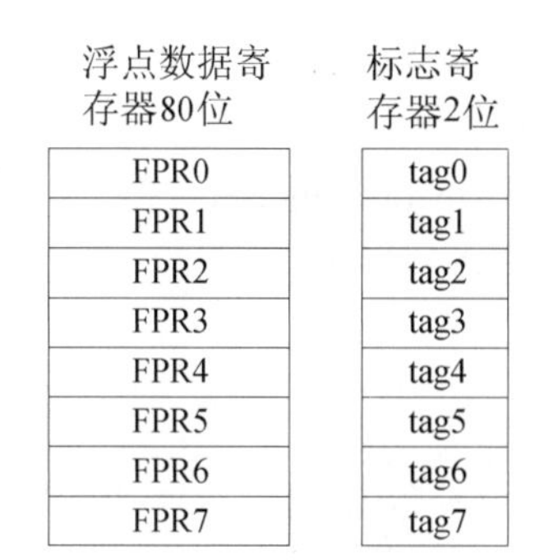

标记 tag 值的含义

00：对应数据寄存器存有有效的数据

01：对应数据寄存器的数据为0

10：对应数据寄存器的数据是特殊数据(非数NaN、无限大或非规格化格式)

11：对应数据寄存器内没有数据，为空（Empty）状态

图 9-3　浮点数据寄存器

2. 浮点状态寄存器

16 位浮点状态寄存器表明浮点处理单元当前的各种操作状态，每条浮点指令都对它进行修改以反映执行结果，其作用与整数处理单元的标志寄存器 EFLAGS 相当，如图 9-4（a）所示。

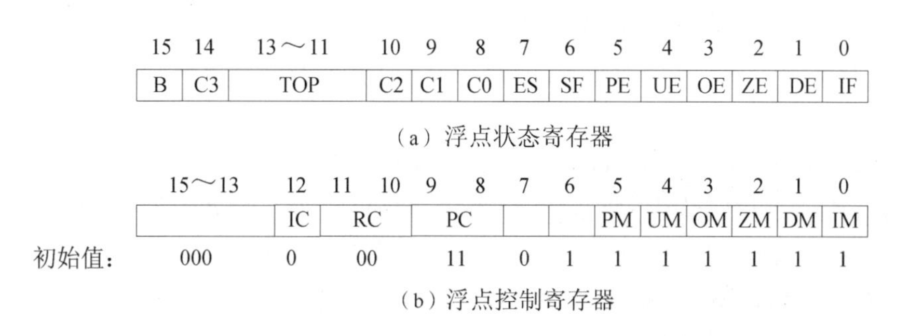

图 9-4　浮点状态寄存器和浮点控制寄存器

（1）堆栈标记

堆栈有栈顶，浮点状态寄存器的 TOP（D_{13} ~ D_{11}）字段指明哪个浮点数据寄存器 FPR 是当前栈顶，这 3 位组合而得到的数字 0 ~ 7 指示当前栈顶的数据寄存器 FPR0 ~ FPR7 的编号。

浮点数据寄存器有可能出现溢出操作错误。当下一个数据寄存器为非空时，继续压入数据就发生堆栈上溢（Stack Overflow）；当上一个浮点寄存器已没有数据时，继续取出数据就会发生堆栈下溢（Stack Underflow）。SF（D_6）堆栈溢出标志为 1，表示寄存器栈有溢出错误。条件码 C1 说明是堆栈上溢（C1=1）还是下溢（C1=0）。条件码（Condition Code）共 4 位，其他 3 位（C3、C2、C0）保存浮点比较指令的比较结果。

（2）异常标记

状态寄存器的低 6 位反映了浮点运算可能出现的 6 种异常。

① 精度异常（Precision Exception，PE）为 1，表示结果或操作数超过指定的精度范围，结果不准确。

② 下溢异常（Underflow Exception，UE）为 1，表示非 0 的结果太小，以致出现下溢。

③ 上溢异常（Overflow Exception，OE）为 1，表示结果太大，以致出现上溢。

④ 非格式化操作异常（Denormalized operand Exception，DE）为 1，表示至少有一个操作数是非格式化的。

⑤ 被零除异常（Zero Divide Exception，ZE）为 1，表示除数为 0 的错误。

⑥ 非法操作异常（Invalid operation Exception，IE）为 1，表示操作是非法的。

除 DE 外，IEEE 754 标准也定义了上述其他异常。另外，ES（Error Summary，错误总结）标志在任何一个未被屏蔽的异常发生时，都会置位。B（FPU Busy，浮点处理单元忙）为 1，表示浮点处理单元正在执行浮点指令；为 0，表示空闲。

3. 浮点控制寄存器

16 位浮点控制寄存器用于控制浮点处理单元的异常屏蔽、精度和舍入操作，如图 9-4（b）所示，该图中的下面一行数字是初始值。

（1）异常屏蔽控制（Exception Mask Control）

控制寄存器的低 6 位决定六种错误是否被屏蔽，其中任意一位为 1 就表示不允许产生相应的异常（屏蔽）。它们与状态寄存器的低 6 位相对应，具体如下。

① PEM（Precision Exception Mask），精度异常屏蔽。

② UEM（Underflow Exception Mask），下溢异常屏蔽。

③ OEM（Overflow Exception Mask），上溢异常屏蔽。

④ DEM（Denormalized operand Exception Mask），非格式化操作异常屏蔽。

⑤ ZEM（Zero Divide Exception Mask），被零除异常屏蔽。

⑥ IEM（Invalid operation Exception Mask），非法操作异常屏蔽。

通过屏蔽特定异常，程序员可以将多数异常留给 FPU 处理，而主要处理严重的异常情况。x87 FPU 初始化后默认屏蔽所有异常。

（2）精度控制（Precision Control）

精度控制 PC 有 2 位，用于控制浮点计算结果的精度。

① PC=100 时，为 32 位单精度。

② PC=01 时，保留。

③ PC=10 时，为 64 为精度。

④ PC=11 时，为 80 位扩展精度。

程序通常采用默认扩展精度，以使结果的有效数最多，即精度最高。采用单精度和双精度是为了支持 IEEE 标准，也是为了在用低精度数据类型进行计算时精度不变化。精度控制位仅仅影响浮点加、减、乘、除和平方指令的结果。

（3）舍入控制（Rounding Control）

只要有可能，浮点处理单元就会按照要求的格式（单精度、双精度或扩展精度）产生一个精确值。但是，经常会出现精度值无法用要求的目的操作数格式编码的情况，这时就需要进行舍入操作。2 位舍入控制 RC 控制浮点计算采用的舍入类型，如表 9-1 所示。

表 9-1 舍入控制

RC	舍入类型	舍入原则
00	就近舍入（偶）	舍入结果最接近准确值。如果上下两个值一样接近，就取偶数结果（最低位为 0）
01	向下舍入（趋向 $-\infty$）	舍入结果接近但不大于准确值
10	向上舍入（趋向 $+\infty$）	舍入结果接近但不小于准确值
11	向零舍入（趋向 0）	舍入结果接近但绝对值不大于准确值

各舍入类型说明如下。

① 就近舍入（Round to Nearest）是默认的舍入方法，它与“四舍五入”原则类似，提供了最接近准确值的近似值，适合于大多数应用程序。例如，有效数字超过规定位数的多余数字是 1001，它大于超过规定最低位的一半（即 0.5），故最低位进 1。如果多余数字是 0111，它小于最低位的一半，则舍掉多余数字（截断尾数、截尾）即可。对于多余数字是 1000 即正好是最低位一半的特殊情况，最低位为 0 则舍掉多余位，最低位为 1 则进位 1，使得最低位仍为 0（偶数）。

② 向下舍入（Round Down）用于得到运算结果的上界。对正数，就是截尾；对负数，只有多余位不全为 0 则最低位进 1。

③ 向上舍入（Round Up）用于得到运算结果的下界。对负数，就是截尾；对正数，只有多余位不全为 0 则最低位进 1。

④ 向零舍入（Round toward Zero）就是向数轴原点舍入，不论是正数还是负数都是截尾，使绝对值小于准确值，所以称为截断（Truncate）舍入。它常用于浮点处理单元进行正数运算。

另外，无穷大控制 IC（Infinity Control）用于兼容 Intel 80287 数学协处理器。它对以后的 x87 FPU 没有意义。

9.3.2 Pentium 浮点指令

多媒体扩展指令集（Multi Media eXtension，MMX）是 Intel 公司于 1996 年推出的一项多媒体指令增强技术。MMX 指令集中包括有 57 条多媒体指令，通过这些指令可以一次处理多个数据，在处理结果超过实际处理能力的时候也能进行正常处理，这样在软件的配合下，就可以得到更高的性能。由于 MMX 指令并没有带来 3D 游戏性能的显著提升，1999 年 Intel 公司在 Pentium III CPU 产品中推出了数据流单指令序列扩展指令（Streaming SIMD Extension, SSE）。SSE 兼容 MMX 指令，它可以通过 SIMD（单指令多数据技术）和单时钟周期并行处理多个浮点来有效地提高浮点运算速度。

1. SSE 技术

SSE 指令集共有 70 条指令，其中 12 条为增强和完善 MMX 指令集而增加的 SIMD 整数指令（助记符仍以字符 P 开头）、八条高速缓冲存储器优化处理指令以及最主要的五条 SIMD 单精度浮点处理指令。50 条 SSE 指令系统的 SIMD 浮点指令分成若干组，有数据传送、算术运算、逻辑运算比较、数据转换、数组组合、状态管理指令。

数据流 SIMD 扩至技术在原来的 IA-32 编程环境的基础上，主要提供了八个 128 位的 SIMD 浮点数据寄存器 XMM0～XMM7，增加了 70 条指令的 SSE 指令集，用于支持 128 位紧缩单精度浮点数据。

（1）紧缩单精度浮点数据

SSE 技术支持的主要数据类型是紧缩单精度浮点操作数（Packed Single-Precision Floating-Point）。它是将四个相互独立的 32 位单精度（Single-Precision，SP）浮点数据组合在一个 128 位的数据中，如图 9-5 所示。

由于采用与紧缩整数数据类似的紧缩浮点数据，所以多数 SIMD 浮点指令一次可以处理四对 32 位单精度浮点数据。

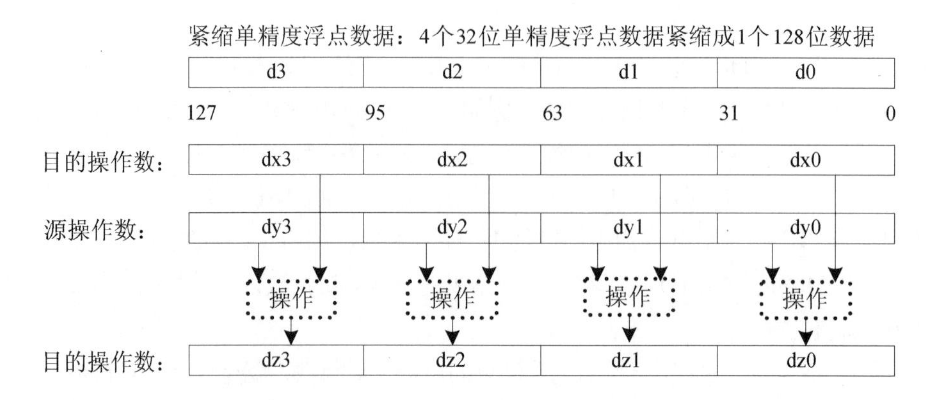

图 9-5 紧缩单精度浮点数据格式和 128 位操作模式

（2）SSE 寄存器

SSE 技术提供了八个 128 位的 SIMD 浮点数据寄存器。每个 SIMD 浮点数据寄存器都可以直接存取，寄存器名为 XMM0～XMM7。他们用于存放数据而不能用于寻址存储器。SSE 还提供了一个 32 位的控制/状态寄存器 MXCSR（SIMD Floating-Point Control and Status Register）用于屏蔽/允许数字异常处理程序、设置舍入类型、选择刷新至零模式、观察状态标志，如图 9-6 所示。

31～16	15	14 13	12	11	10	9	8	7	6	5	4	3	2	1	0
保留	FZ	RC	PM	UM	OM	ZM	DM	IM	保留	PE	UE	OE	ZE	DE	IE

图 9-6 浮点 SIMD 控制/状态寄存器

MXCSR 寄存器 D_1～D_6 的最低 6 位是六个反映是否产生 SIMD 浮点无效数值异常的状态标志。D_{12}～D_7 是六个对应 SIMD 浮点数值异常的屏蔽控制标志。RC 是两个舍入控制位，控制 SIMD 浮点数据的舍入原则。默认采用就近舍入原则。FZ（Flush-to-Zero）刷新至零标志。

2. SSE2 技术

2000 年 11 月，Intel 公司推出的 Pentium 4 处理器采用的 SIMD 技术加入了 SSE2 指令，扩展了双精度浮点并行处理能力。SSE2 技术主要新增了紧缩双精度浮点数据类型和 76 条浮点 SIMD 指令，这些指令与 SSE 指令集非常相似。SSE2 技术除了 76 条双精度浮点指令外，还在原来 MMX 和 SSE 技术基础上补充了 68 条 SIMD 扩展整数指令、高速缓存控制和指令排序指令，共计 144 条 SIMD 指令。

SSE2 技术包括 IA-32 处理器原有的 32 位通用寄存器、64 位 MMX 寄存器、128 位 XMM 寄存器、32 位的标志寄存器 EFLAGS 和浮点控制/状态寄存器 MXCSR 等，但并没有引入新的寄存器和指令执行状态。它主要利用 XMM 寄存器新增了一种 128 位紧缩双精度浮点数据和四种 128 位 SIMD 整数数据类型，如图 9-7 所示。

紧缩双精度浮点数据（Packed Double-precision Floating-point）由两个符合 IEEE 754 标准的 64 位双精度浮点数组成，紧缩成一个双 4 字节数据。128 位紧缩整数（128 bit Packed Integer）包含 16 个字节整数、八个字整数、四个双字整数或两个 4 字整数。采用 SSE2 技术，可进行两组双精度浮点数据或 64 位整数操作，还可以进行四组 32 位整数、八组 16 位整数和 16 组 8 位整数操作。

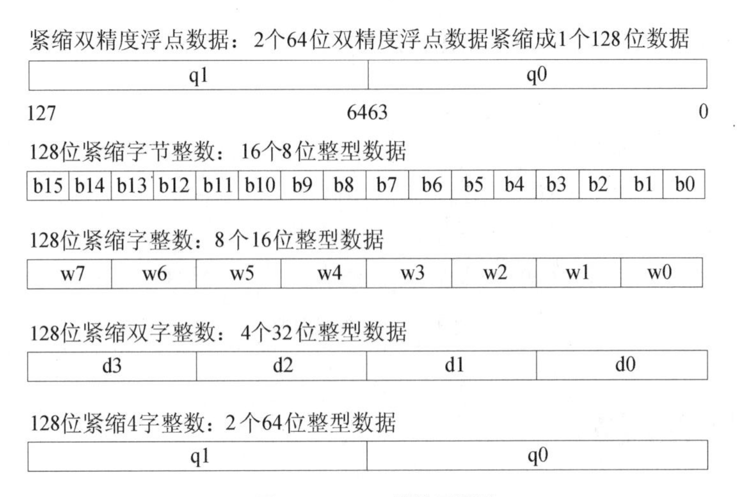

图 9-7 SSE2 的整型类型

3. SSE3 技术

2003 年，Intel 推出了新一代采用 90nm 工艺技术的 Pentium 4 处理器。该处理器新增了十三条 SSE3 指令，其中十条用于完善 MMX、SSE 和 SSE2 指令，一条用于 x87 FPU 编程中浮点数转换位整数的加速指令，两条用于加速线程的同步指令。SSE3 指令的编程环境没有改变，也没有引入新的数据结构或新的状态。Intel Core2 处理器引入了补充 SSE3 指令，即 SSSE3(Supplement Straming SIMD Extension 3)，该指令一共补充了包括十二条水平运算指令、六条求绝对值指令和两条乘-加指令等共计 32 条指令。

SSE3 指令支持的水平运算和对称运算很有特色。

（1）水平运算指令

大多数 SIMD 指令进行垂直操作，即两个紧缩操作数的同一个位置数据进行操作，结果也保存在该位置。水平运算指令用于进行水平操作，即在同一个紧缩操作数的连续位置数据进行加或减。SSE3 指令有单精度浮点水平加法（HADDPS）、减法（HSUBPS）和双精度浮点水平加法（HADDPD）、减法（HSUBPD）指令，如图 9-8 所示。

HADDPS指令

操作数：	dx3	dx2	dx1	dx0
操作数：	dy3	dy2	dy1	dy0
结果：	dy3+dy2	dy1+dy0	dx3+dx2	dx1+dx0

HADDPD指令

操作数：	qx1	qx0
操作数：	qy1	qy0
结果：	qy1+qy0	qx1+qx0

HSUBPS指令

操作数：	dx3	dx2	dx1	dx0
操作数：	dy3	dy2	dy1	dy0
结果：	dy3−dy2	dy1−dy0	dx3−dx2	dx1−dx0

HSUBPD 指令

操作数：	qx1	qx0
操作数：	qy1	qy0
结果：	qy1−qy0	qx1−qx0

图 9-8 水平加法和水平减法指令

（2）对称加减指令

SSE3 的对称加减指令 ADDSUBPS 将第 2 和第 4 个单精度浮点数对进行加法，将第 1 和 3 个单精度浮点数对进行减法，即对称处理。ADDSUBPD 指令则用于对称处理双精度浮点数，如图 9-9 所示。

ADDSUBPS指令

操作数：	dx3	dx2	dx1	dx0
操作数：	dy3	dy2	dy1	dy0
结果：	dx3+dy3	dx2−dy2	dx1+dy1	dx0−dy0

ADDSUBPD指令

操作数：	qx1	qx0
操作数：	qy1	qy0
结果：	qx1+qy1	qx0−qy0

图 9-9　对称加减指令

9.4　并行处理技术

9.4.1　并行性概念

并行性（Parallelism）是在同一时刻或同一段时间内处理多个任务。有两种性质的并行性：同一时刻发生的并行性称为同时性（Simultaneous），同一段时间内发生的并行性称为并发性（Concurrency）。

并行性存在与计算机系统的各个层次，例如，多条指令之间的并行（指令级并行）、多个线程或进程之间之间的并行（线程级并行或进程级并行）、多个处理器系统之间的并行（系统级并行）。提高并行的具体方法有多种，其基本思想可以归纳为以下三种技术途径。

（1）时间重叠（Time-Interleaving）：将一套硬件设备分解成多个可以独立使用的部分，多个任务在时间上相互错开，重叠使用同一套硬件设备的各个部件，也称为时间并行。例如，指令流水线技术就是典型的时间重叠方法。

（2）资源重复（Resource-Replication）：通过重复设置资源，尤其是硬件资源，使得多个任务可以同时使用，也称为空间并行。例如，在处理器执行单元中设置多个整数处理单元、单个芯片多个处理器核心、多处理器系统等。

（3）资源共享（Resource-Sharing）：多个任务按一定时间顺序轮流使用同一套硬件设备。例如，多道程序、分时操作系统、网络打印机等都是利用资源共享方法建立的，这样可以降低成本，提高设备的利用率。

9.4.2　数据级并行技术

数据级并行（Data Level Parallel，DLP）是指处理器能够同时处理多条数据。数据并行需要了解 SIMD、MMX、SSE 等。

SIMD：Single Instruction Multiple Data，单指令多数据，即同一操作会重复处理多个数据，一条语句处理多个数据的指令，就是 SIMD 指令。SIMD 指令的出现是从多媒体时代开始的，由于多媒体中很多数据的处理就是 SIMD 的模型，所以，诞生了 SIMD 指令。现在的高性能处理器都支持 SIMD 指令，Intel 从 1996 年开始增加 MMX（MultiMedia eXtensions）指令集（也即 SIMD 指令），后来逐步增加了 SSE（Streaming SIMD Extensions）、SSE2、SSE3、SSSE3、SSE4.1、SSE4.2、AVX（Advanced Vector Extensions）指令集。所以，数据级并行也是依靠处理器的指令集完成。

1996 年，弗林（Flynn）提出了一个简单的计算机结构分类模型，这就是至今还使用的 Flynn

分类法（Flynn’s Taxonomy）。弗林按照处理器中并行操作的指令流个数和数据流个数将计算机分成以下 4 类。

① 单指令流单数据流（Single Instruction stream，Single Data stream，SISD）：单处理器系统。

② 单指令流多数据流（Single Instruction stream，Multiple Data stream，SIMD）：同一个指令使用不同的数据流被多个处理器执行。

③ 多指令流单数据流（Multiple Instruction stream，Single Data stream，MISD）：目前还没有这种类型的商用多处理器系统

④ 多指令流多数据流（Multiple Instruction stream，Multiple Data stream，MIMD）：多个处理器读取各自的指令，使用各自的数据进行操作。多计算机系统、并行计算机、分布式计算机系统、机群系统等都属于 MIMD 系统。

9.4.3　指令级并行技术

在介绍指令级并行技术之前需要先介绍一些相关概念。

1. **相关概念**

（1）标量技术和超标量技术

标量（Scalar）数据是指仅含一个数值的量。它是相对于向量（Vector）数据而言的。向量数据是具有多个数值的量。传统的处理器进行单值数据的标量操作，涉及的是进行单个数值操作的标量指令，称之为标量处理器；超标量（Superscalar）是指为提高指令的执行性能而设计的一种处理器。该处理器的常用指令可以同时启动，并相互独立地执行。这样，处理器采用多条（超）标量指令流水线，就可以在一个时钟周期完成多条指令的执行，从而提高处理器的性能

（2）指令级并行概念

指令是处理器执行的基本单元，多个指令之间可能存在相关，但也存在很多没有相互依赖关系的情况。没有相关的多个指令可以在超标量处理器的多个流水线或多个执行单元同时执行。存在相关的多个指令需要尽量消除相关，并实行并行执行。所以，超标量处理器需要发掘指令之间的并行执行能力，也就是提高处理器内部操作的并行程度，称之为指令级并行（Instruction-Level Parallel，ILP）。

（3）超标量指令级并行处理器

早期指令级并行处理器是基于冯・诺依曼体系结构的。该处理器按顺序发送指令，随后，处理器通过采用多条流水线来提高并行执行的程度。但是，随着并行程度的提高，按照指令顺序的串行发送已不能提供足够的指令给多条流水线了，指令发送成了瓶颈。于是出现了并行指令发送（Paralled Issue）来代替串行发送，实现了同时将多条指令发送到指令执行单元。

并行发送采用了超长指令字（Very Long Instruction Word，VLIW）技术。它利用编译程序确定指令是否相关，并把许多不相关的简单指令合并为一条很长的指令字。当 VLIW 指令字进入处理器后，它很容易被分解为原来指令的许多操作，这些操作可以分别送到独立的执行单元中同时执行。VLIW 技术需要智能化的编译程序的支持，用软件对程序进行处理，称之为静态调度方法。采用该技术的处理器称之为标量指令级并行处理器。

超标量指令级并行处理器使用复杂的硬件电路实现并行发送，称之为动态调度方法。使用硬件动态调度方法的优势是不需要修改软件或者重新编译就可以获得性能的提高。这三种类型的处理器区别如表 9-2 所示。

表9–2　三种处理器的对比

处理器名称	处理器采用的技术	处理器的并行化特征
基于冯·诺依曼体系结构的处理器	非流水线处理器	顺序发送，顺序执行
标量指令级并行（ILP）处理器	非流水线处理器或含有多个非流水线执行单元处理器	顺序发送，并行执行
超标量指令级并行（ILP）处理器	超长指令字（VLIW）技术和含有多流水线执行单元的超标量处理器	并行发送，并行执行

2. 指令级并行的相关技术

（1）乱序执行和寄存器重命名

DAVR1 和 DAVR2 是两个 32 位变量，分析如下四条指令组成的程序片段：

```
I1:  mov eax,dvar1
I2:  mov ebx,eax
I3:  add ecx,100
I4:  mov eax,dvar2
```

其中，第 2 条指令（I2）的 EXA 数据与第 1 条指令（I1）相关，因此 I2 指令需要等待 I1 指令先执行产生 EAX 结果，二者不能同时执行。如果采用串行执行，则 I2 指令必需等待。第 3 条指令与前两条指令都不相关，因此可以提前发送和执行。为了保证并行发送，引入了乱序发送（Out-of-order Issue），使得处理器不必按照程序顺序逐条地串行发送指令，只要发送的指令间不存在相关就可以乱序发送。由于多条指令进入执行单元，并引入了乱序发送，使得指令的执行顺序也可能是乱序的，即乱序执行（Out-of-order Execution）；因此指令执行完成的顺序也可能是乱序的，即乱序完成（Out-of-order Completion）。这时，处理器需要进行指令确认（Instruction Commit），以保证程序执行的逻辑一致，也就是最终的执行结果仍然是程序的正确顺序，即顺序退出（In-order Retirement）。

第 4 条指令（I4）使用了 EAX，与 I2 指令相关，所有不能提到 I2 指令之前执行。但它们只是使用了相同的寄存器名，即名字相关（Name Dependency），实际上保存的数据之间没有关系，称为假数据相关。如果 I4 指令使用另一个寄存器，如 EDX，那么就与 I2 指令无关了，这称为寄存器重命名（Register Renaming）或寄存器更名。

（2）静态分支预测

Pentium Pro 和 Pentium II 引入了静态分支预测方法来解决对于分支目标缓冲器 BTB 中动态分支预测没有记录的转移指令的分支预测问题。它的预测算法如下：

① 预测无条件转移指令发生分支。

② 预测向前分支的条件指令不发生分支。例如：

```
            jc begin            ;向前的转移指令,静态预测不发生分支
            ... ...
    begin:  call convert        ;无条件转移指令,静态预测发生分支
```

③ 预测向后分支的条件转移指令发生分支。例如：

```
begin:
            ... ...
            jc begin            ;向后的转移指令,静态预测发生分支,适合于循环情况
```

（3）推测执行

程序中存在着大量的分支结构，这种控制相关将阻止条件转移指令后的指令发送和执行。为此，处理器采用静态和动态的分支预测技术推测指令分支路径，并按照推测结果发送和执行指令，这就

是推测执行（Speculative Execution），也称为推断执行或前瞻执行。如果推测正确，可以有效地消除分支引起的停顿，加快分支处理的速度。

3. 指令级并行技术的应用

（1）80x86 处理器

Intel 80x86 处理器具有以下特点。

① Intel 8086、80286 和 80386 处理器是早期的非流水线处理器，顺序串行发送和执行指令。

② 80486 是标量指令级并行处理器，采用了指令流水线，使用预取分支目标处理指令分支，具有内部数据旁路，按程序顺序发送指令到执行单元。

③ Pentium 属于早期超标量指令级并行处理器，采用了两条指令流水线，指令顺序发送，运用动态分支预测实现推测执行。

④ Pentium Pro、Pentium II 和 Pentium III（P6 微结构）属于高性能的超标量指令级并行处理器，采用动态执行技术。寄存器命名用于解决操作数之间的假数据相关；在指令间无相关的情况下，指令的实际是乱序执行；分支预测用于判断程序的执行方向，并沿预测的分支方向执行指令；乱序和推测执行的临时结果暂存起来，并最终按照指令顺序输出执行结果，以保证程序执行的正确性。

⑤ Pentium 4（NetBurst）继承了动态执行技术，并有所改进。

（2）IA-64 架构

超标量技术主要是通过复杂的硬件在程序执行的过程中动态发掘指令级并行，而超长指令字 VLIW 技术主要是通过智能编译程序用软件方法处理指令级并行。Intel 公司和 HP 公司合作开发的 IA-64 结构处理器就是源于 VLIW 技术，并赋予新的名称：显示并行计算（Explicitly Parallel Instruction Computing，EPIC）。Intel 公司也陆续推出多款采用 EPIC 技术架构的 64 位处理器。

IA-64 结构的指令采用 41 位编码，三条指令码加上 5 位模版域拼装成一个指令束，构成一个 128 位的长指令字。指令束的模版域是体现三条指令间并行特征的属性字段，由编译程序写入，并清楚地高速处理器哪些指令可以并行执行以及指令使用的执行单元。

（3）P6 微结构

处理器的微结构（Microarchitecture）是指在半导体芯片上设计、布局和实现指令集结构 ISA。Pentium Pro、Pentium II 和 Pentium III 的动态执行结果基本相同，属于 P6 微结构。P6 微结构的动态执行流水线包含三个组成部分：顺序发送前端（In-order Issue Front-end）、乱序执行核心（Out-of-order Core）和顺序退出单元（In-order Retirement Unit），它们之间通过重排序缓冲区（Re-Order Buffer，ROB）建立联系，具有 3 路超标量、12 级超级流水线，如图 9-10 所示。

① 顺序发送前端从指令 Cache 读取 32 个字节的指令，并将已经对齐指令边界的 16 个字节的指令提供给译码器。译码器经过寄存器更名消除假数据相关之后直接发送到乱序执行核心，或者分配到重排序缓冲区 ROB 中。

② 乱序执行核心从重排序缓冲区得到等待执行的微操作，并将它们存入保留站。只要某个微操作的操作数已经准备好，而且具有可用的执行单元，则乱序核心就将它分配到相应执行单元进行执行，而不管原指令的顺序如何。执行单元有五个端口，可以同时接受分配来的五个微操作。执行完的微操作被标以完成状态，然后又被存入重排序缓冲区 ROB 中。

③ 顺序退出单元读取 ROB 中已经执行完成的微操作，并按照原程序顺序将执行完的微操作从 ROB 中退出，必要时还进行数据的回写，将乱序执行的临时结果变为永久结果。

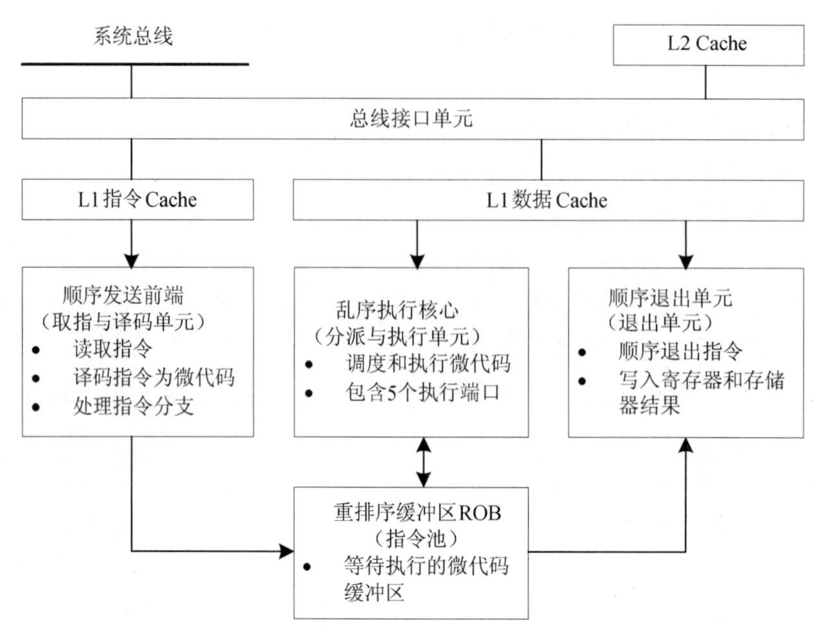

图 9-10　P6 系列的动态执行微结构

④ 重排序缓冲区 ROB 是一个通用的微代码操作库，按照程序顺序保存最多 40 个微操作，库内的微操作等待着执行或退出。从顺序发送前端分配的微操作被加上“执行”的状态标志，被乱序执行核心读取然后执行完的微操作又返回到 ROB，但状态标志变为“完成”。执行完的微操作则由顺序退出单元负责从 ROB 中退出，最终实现其功能。

9.4.4　线程级并行技术

线程级并行处理器采用的典型技术有同时多线程（Simultaneous Multi-Threading，SMT）和单芯片多处理器（Chip Multi-Processors，CMP）。单芯片多处理器技术是在一个芯片上制作多个处理器，Intel 的多核处理器采用了该技术。多线程技术是通过复制处理器上的结构状态，让同一个处理器上的多线程同时执行并共享处理器的执行资源，最大限度地提高部件的利用率。同时多线程技术最具吸引力的是只需小规模改变处理器核心的设计，几乎不用增加额外的成本就可以显著地提升效能。

Pentium 4 一方面沿袭传统的指令级并行方法，通过进一步提高软硬件复杂度来提升性能，例如其 NetBurst 微结构。另一方面通过开发线程级并行（Thread-Level Parallel，TLP）方法从更高层次发掘软件中的并行性来提高性能，例如其超线程技术（Hyper Threading，HT）。超线程技术是同时多线程技术的一种，其原理是让 CPU 同时执行多重线程，从而发挥更大效率。Intel 公司首先在其面向服务器的 Xeon 处理器上采用超线程技术。从 3.06GHz 的 Pentium4 开始，之后的所有处理器都支持 HT 技术。

（1）NetBurst 微结构

Pentium 4 处理器是基于 NetBurt 微结构的，其流水线主要由三部分组成：顺序前端、乱序执行核心和顺序退出。其框图如图 9-11 所示。

① 顺序前端负责读取指令，并将 IA-32 指令译码称为微操作，以原始程序顺序连续地向执行核心提供微操作代码。其中，L1 指令 Cache 被改进为执行踪迹 Cache（Execution Trace Cache），踪迹

Cache 存储已译码指令（即微操作）。指令只被译码一次，并被放置于踪迹 Cache。IA-32 指令译码器只有在没有命中踪迹 Cache 时才需要从 L2 Cache 取得新的 IA-32 指令并译码。其中，复杂指令的译码由微代码 ROM 生成。

② 乱序执行核心抽取代码流的并行性，按照微操作需要执行资源的就绪情况来乱序调度和分派微操作的执行。执行过程中的操作数从 L1 数据 Cache 存取。

③ 乱序退出部分将乱序执行后的微操作以原来的程序顺序重新排序，然后退出流水线，最终完成指令的执行，并据此更新状态。退出部分同时跟踪程序分支的情况，更新分支目标缓冲器 BTB 的分支目标信息和分支历史。

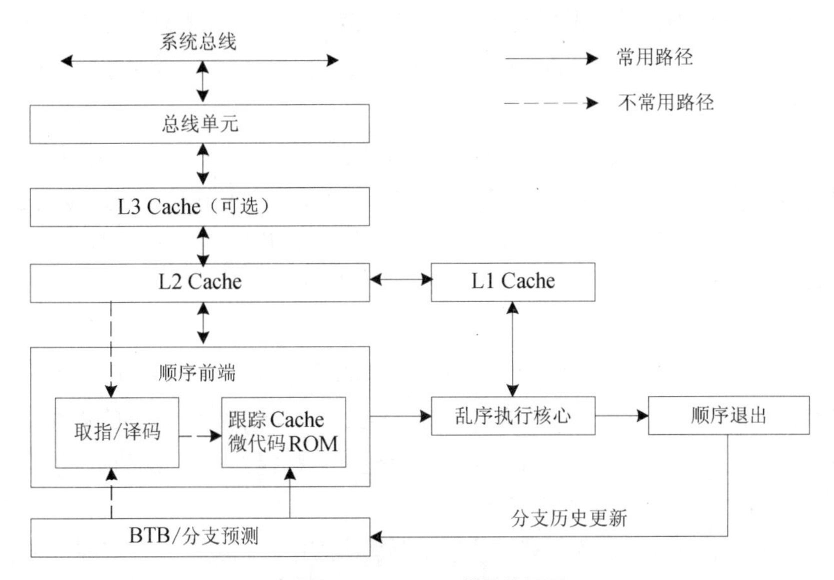

图 9-11　NetBurst 微结构框图

（2）Pentium 4 的超线程技术

Pentium 4 的超线程流水线技术框图如图 9-12 所示。其主要思想如下。

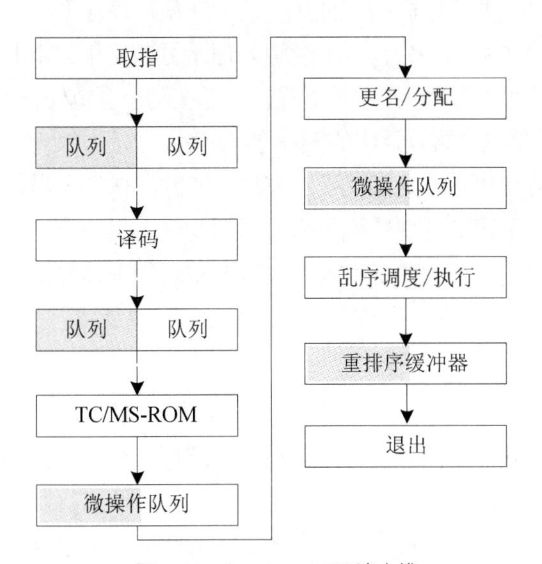

图 9-12　Pentium 4 TH 流水线

流水线前端负责为后续阶段提供已译码指令，即微操作。指令通常来自执行踪迹Cache（TC），即L1指令Cache。只有踪迹Cache未命中时，才从L2 Cache读取指令并译码。与踪迹Cache临近的是微代码ROM（MS-ROM），它保存长指令和复杂指令的以译码指令。

有两套相互独立的指令指针跟踪着两个软件线程的执行过程。在每个时钟周期，两个逻辑处理器都可以随机访问Cache。如果两个逻辑处理器同时需要访问踪迹Cache，则将一个时钟给一个逻辑处理器，下一个时钟给另外一个逻辑处理器。如果一个逻辑处理器被阻塞或不能使用踪迹Cache，另一个逻辑处理器可以在每个时钟周期利用踪迹Cache的全部带宽。微代码ROM由两个逻辑处理器共享，像踪迹Cache一样被交替使用。

如果踪迹 Cache 未命中，取指得到的指令字节就保存在每个逻辑处理器各自的队列缓冲器中。当两个线程同时需要译码指令时，队列缓冲器在两个线程之间交替，这样两个线程就可以共享同一个译码逻辑。

当微操作从踪迹Cache、微代码ROM取得或从译码逻辑传递过来之后，微操作放置于微操作队列中。微操作队列使前端和乱序执行核心分离。它划分两个区域，每个逻辑处理器各占一半。这样，不管前端出现情况还是执行阻塞，两个逻辑处理器都可以独立继续其处理过程。

乱序执行核心由分配、更名、调度、执行等功能组成，它以尽量快的速度乱序执行指令，而不关心原始程序顺序。

分配逻辑从微操作队列取出微操作，然后分配需要的缓冲器。部分关键缓冲器分成两个区域，每个逻辑处理器最多使用其中一半。寄存器更名将 IA-32 寄存器转换为机器的物理寄存器，这将 8 个通用寄存器动态扩展成128个物理寄存器。每个逻辑处理器都包含一个寄存器别名表（Register Alias Table，RAT），以便跟踪各自寄存器的使用情况。

微操作一旦完成分配和更名过程，就被放置于两套队列中。一套用于存储器操作，另一套用于其他操作，两套队列也同样划分成两个区域。每个时钟交替地从两个逻辑处理器的微操作队列取出微操作，将它们尽快地送到调度器。调度器不区别微操作来自哪个逻辑处理器，只要该微操作的执行资源得到满足，就分派它去执行。

执行单元也不区分逻辑处理器，微操作被执行后放在重排序缓冲器中。重排序缓冲器将执行阶段与退出阶段分离。它也分成两个部分，每个逻辑处理器可以使用其中的一部分。

退出逻辑跟踪两个逻辑处理器可以退出的微操作，并在两个逻辑处理器之间交替以程序顺序退出微操作。如果一个逻辑处理器没有可以退出的微操作，则另一个逻辑处理器就使用全部的退出带宽。

两个逻辑处理器保持各自状态，共享几乎所有执行资源，保证以最小的花费实现超线程。

超线程同时还保证在一个逻辑处理器被阻塞或不活动时，另一个逻辑处理器能够继续处理，并使用全部的处理能力。而这些目标的实现得益于有效的逻辑处理器算法选择、创建性的区域划分和许多关键资源的重组算法。

9.4.5 多核技术

指令流水线技术可以使处理器重叠执行多条指令，超标量处理器利用多条指令流水线同时执行多条指令，多处理器（Multiprocessor）系统使用多个处理器并行执行多个进程或线程。多核（Multi-Core）技术将多个处理器核心集成在一个半导体芯片上构成多处理器系统。

多核技术在一个物理封装内制作了两个或多个处理器执行核心，使多个处理器耦合得更加紧密，同时共享系统总线、主存等资源，可以有效地执行多线程的应用程序。

基于不同的微结构，Intel 多核处理器由多种形式。例如，Intel Pentium 至尊版处理器是第一个引入多核技术的 IA-32 系列处理器，它有两个物理处理器核心，每个处理器核心都包含超线程技术，共支持四个逻辑处理器，如图 9-13（a）所示。Inel Pentium D 提供了多个处理器核心，但不支持超线程技术，如图 9-13（b）所示。这些都是基于 NetBurst 微结构实现的多核技术。

Intel Core Duo 处理器是基于 Pentium M 微结构的多核处理器。Intel 酷睿系列处理器才是基于 Intel Core 微结构的多核处理器，双核共享 L2 Cache。例如，Intel Core 2 Duo 处理器支持双核，如图 9-13（c）所示；Intel Core 2 Quad 处理器则支持 4 核，如图 9-13（d）所示。

在过去 30 多年里，通过提高时钟频率、优化执行执行流和加大高速缓存容量等方法可以提高处理器性能。随着处理器性能提高，软件程序不用改进就可以获得执行性能的提高。软件开发人员自然享受着这道免费“性能午餐”。当然，如果软件能够对处理器特性进行优化，会获得更多的性能提升。

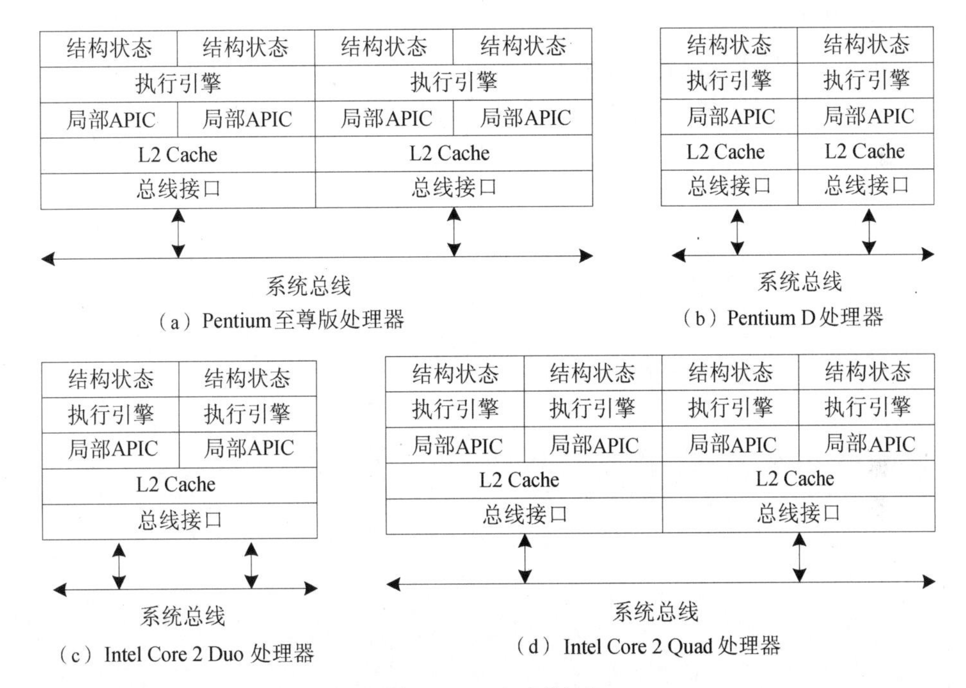

图 9-13 Intel 多核结构

近年来，新一代处理器的性能提升主要依赖于超线程、多核和高速缓存等技术的应用。而当前大多数应用程序并不能直接从超线程和多核技术中获益，因此，高速缓存技术的应用虽然还会继续提供，但可能不再免费。多线程技术将迫使软件开发人员改进其单线程、串行执行的程序，并发性程序设计或许会成为一个新的革新，而高性能程序设计也越来越需要软件开发人员了解处理器硬件结构。

习 题

9.1 为什么说 RISC 是计算机结构上的革新？

9.2 多媒体指令为什么常被称为 SIMD 指令？

9.3 什么是简单指令和复杂指令？结合 RISC 处理器，说明把指令分为简单和复杂的原因。

9.4 什么是紧缩整数型数据和紧缩浮点数据？扩展有 SSE3 指令的 Pentium 4 支持哪些紧缩数据类型？

9.5 SIMD 是什么？举例说明 MMX 指令如何利用这个结构特性。

9.6 判断题

（1）处理器性能可以用程序执行时间反映。

（2）RISC 的指令条数少、指令简单、格式固定，所以编译程序也容易实现，并且不需要优化。

（3）使用指令流水线技术使得每条指令的执行时间大大减少，提高了性能。

（4）通常，RISC 处理器只有“取数 LOAD”和“存数 STORE”指令访问存储器。

9.7 Intel 公司所谓的微结构对应计算机层次结构的哪个层次？

9.8 新一代 IA-32 处理器将指令译码为微操作有什么特别的作用？

9.9 乱码执行是什么含义？

9.10 Flynn 分类法以什么内容为分类依据？

9.11 为什么说动态超标量技术为软件提供了免费的“性能午餐”？